KB139950

Oriental & Scientific

동서 기상학

Weather Prediction

Oriental & Scientific

동서 기상학

Weather Prediction

장동순 지음

KSI 한국학술정보[주]

들어가는 말

지난 10여 년 동안 대한민국의 기상을 동양의 운기론에 기초한 모델을 가지고 중・장기 기상 예측을 해왔다. 이 과정에서 『황제내경』과 기타 문헌에 나타난 운기론의 내용을 공학에서 최적 설계를 하듯이 수정하고 보완하여 새로운 기상 예측 모델을 정립하고자 노력하고 있다. 이 새로운 방법이 비록 최종적으로 완성된 모델이라고 할 수는 없으나 이론전개 과정의 일반성과 합리성, 그리고 그 모델에 의한 중장기 기상 예측 과정이 간결함에도 불구하고 정확도가 높아 매년 그 결과를 흥미롭게 검토하고 있다.

어떻게 슈퍼컴퓨터나 인공위성과 같은 첨단 과학 장비를 동원하지 않고 단지 60년 주기로 순환하는 현상학적인 모델을 가지고 일 년 전에 행한 계절별 기상 특징과 같은 다양한 예측이 적중할 수 있을까? 실제로 지난 10년간 장마 특성과 기간에 관한 예측에 대해서는 거의 100% 적중률을 보인 것으로 생각된다. 비근한 예가 2010년 광화문지하도를 침수시킨 가을장마와 2011년 우면산 산사태를 야기한 2달간의 긴 장마에 대한 예측이다. 독자들도 그동안 발표된 기상달력의 내용과 매스컴에 나타난 자료에서 이를 쉽게 확인할 수 있을 것으로 판단한다.

작금의 지구촌 기상의 근본적인 문제는 특히 지난 30년간 가속되어 온 온난화와 지속적인 개발에 따른 도시의 사막화 현상 등에 기인한다. 온난화와 사막화의 복합적인 현상은 지표면의 온도의 상승을 유도하였고 그 결과, 내리는 빗물보다 높은 지표면의 온도는 빗물을 순조롭게 지하로 침투시키는 대신 마치 뜨거운 프라이팬에서 물이 튀듯이 그대로 하늘로 증발하는 현상을 나타낸다.

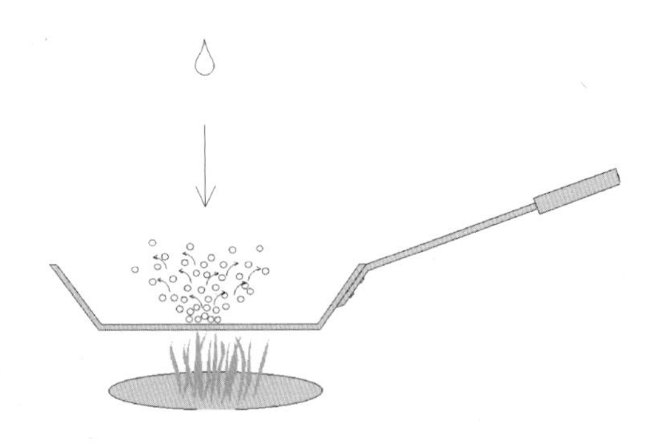

강수 시 지표면 온도 상승에 따른 빗물의 튀는 현상

이 결과 수자원이 지하수로 유입되어 지표수로 올라와 하늘로 증발하는 완전한 수자원 순환 대신 그대로 지표수에서 하늘로 순환하는 "half-cycle" 형태에 의한 비정상적인 순환에 의한 집중호우 현상이 빈발하였다. 그 대표적인 결과가 PMP(Probable Maximum Precipitation, 예상가능최대강수량)에 준하는 집중호우가 모든 지역에서 현실로 나타나고 있다는 점이다. 구체적인 사례 중 하나가 2000년 6월에 작성한 우리나라 PMP 지도에 의하면 강릉의 1일 최대 강수량은 840mm로 예고되어 있다.

기상과 같은 비선형적적인 특성이 강한 시스템의 경우 작은 섭동(perturbation)의 결과만으로도 큰 변화가 야기되므로 더욱더 예측이 어려운 결과로 나타난다.

이러한 기상재난이 일상화되고 있는 상황에서는 신뢰도가 높은 기상 예측의 방법이 더욱 필요하다고 할 수 있다. 굳이 기상경영의 차원이 아니더라도 2010년 광화문 침수, 2011년 우면산 산사태의 교훈에서 보듯이 어떤 점에서는 요순시대와 같이 치산치수가 성군이나 치자의 제일 중요한 덕목으로 대두되고 있는 작금의 상황이다. 이제는 에너지, 건설, 냉난방, 패션이나 레저 등에 관련된 기업을 포함하여 정부나 지자체는 물론이고 가정이나 개인적인 생활정보의 차원에서도 기상정보에 대한 중요성이 극대화되고 있다.

그러나 때론 슈퍼컴퓨터와 인공위성이라는 문명의 이기의 지원을 받는 과학적 기상 예측의 방법도 국지성이 강한 불안정한 기상 현상의 경우에는 예측이라기보다는 실황중계에 가까운 무기력한 결과를 나타내는 경우가 비일비재하게 나타내고 있다. 이 책은 기상 예측이 불확실한 상황에서 왜 더욱 순환하는 특성을 가진 운기이론과 전달현상을 정확하게 계산하는 서양의 슈퍼컴의 방법이 기상 예측을 위하여 결합하여야 하는지 그 필요성을 제시하고 있다.

이 책에서는 장마, 계절별 날씨 등 우리나라 기상에 대하여 전통적인 기상학 이론에 운기론적인 개념을 곁들여서 설명하였다. 특히 지난 다년간의 매년 기상달력을 만들면서 저자가 생각한 그해의 운기적인 특성을 기상 예측 사례의 하나로 그대로 적었다. 물론 그 당시의 운기론과 전달현상론 차원에서 해석이 완전하지 못한 사항도 그대로 적음으로써 독자들은 실제 일어난 기상상황과 이 책에서 제시한 예측 결과를 비교함으로써 해석상의 오류를 통하여 운기학의 물리적인 기전을 배울 수 있는 기회를 제공하였다.

다시 한 번 독자들에게 강조하고 싶은 것은 이 책에 게재된 연도별 기상달력의 예측 내용은 매년 주어지는 운기이론을 한반도의 중위도 지방에 적용한 구체적인 결과의 하나라는 점이다. 이것이 시사하는 점은 같은 해에 운기이론을 다른 지역에 적용하였을 경우 내재된 운기론의 속성의 발현이 달라지기에 그 결과는 매우 다른 내용이 될 수 있다는 것이다. 구체적으로 지상과 하늘에 모두 찬 기운이 도는 운기의 경우 수자원이 풍부한 지역이나 계절에는 많은 강수 현상이 발생할 것이다. 반대로 건조한 사막이나 계절에는 지상에서 찬 냉기에 의한 수증기의 증발이 극도로 억제되어 오히려 청명한 기상이나 한발이 발생할 수 있다. 2012년 한반도의 봄부터 여름까지의 한발이 이에 해당한다. 이와 같이 하나의 운기 특성이 지역과 계절에 따라 극단적으로 다른 기상 현상을 나타내게 된다. 그러므로 운기적인 특성이 열유동의 관점에서 어떤 형태로 발현될지에 대한 이해가 중요하다.

저자가 중국학자들에 비해 운기론을 가지고 기상 현상을 보다 잘 예측할 수 있었다면 그 이유는 저자가 슈퍼컴퓨터와 같은 도구를 이용한 전산열유체 기법에 의한 환경과 에너지 분야의 해석과 설계가 주 전공 분야라는 것이 큰 도움을 주었을 것으로 판단한다. 그렇기 때문에 『황제내경』에 근원을 둔 운기이론을 가지고 중국 본토나 한의학분야에서 기상 예측에 크게 성공을 거두지 못한 것이 아마도 열역학, 유체역학, 그리고 열전달과 같은 공학이론을 운기론에 효과적으로 적용하지 못했기 때문이 아닌가 생각한다.

기상경영이 매우 강조되고 있는 기상이변의 시대에 이 책과 같은 서양의 전달현상론과 동양의 운기론의 결합이 짧게는 1-2개월에서 길게는 다년간의 중장기 기상 예측에 초석이 되기를 바라는 마음이다. 이 책을 저술함에 있어서 가급적이면 쉽게 쓰고자 노력하였으나 어렵다는 이야기를 많이 듣는다. 그러나 이 책의 내용이 핵공학이 전공인 저자가 보아도 어려운 여타 인기 있는 과학서적에 비해선 비교적 쉽다고 생각한다. 이 책이 어려워 보이는 이유는 우리가 동아시아의 전승지식인 역이나 순환론과 같은 개념에 대하여 교육을 받은 적이 없을 뿐만 아니라 부정적인 선입관에 기인한 부분이 적지 않을 것이라고 생각한다. 그동안 주변에서 항상 운기론에 대한 긍정적인 자세와 진지한 토론의 대상이 되었던 신미수, 김혜숙, 송우영, 김현경, 최혜선 박사들과 수많은 실험실 석・박사 학생들에게 깊은 감사를 표한다.

2012년 8월

장동순

CONTENTS

2장 기상과 운기 이야기

3장 60년 주기의 순환이론과 육십갑자

1. 천간과 지지 이론

2. 육십갑자의 순환

3. 육십갑자와 오운육기

/1장/

기상 예측 슈퍼컴퓨터에 왜 운기론이 필요한가?

화성에 탐사선을 보내고 줄기세포로 생명을 복제하는 21세기 과학문명의 시대에 기상이나 질병, 그리고 인간의 운명과 같은 본질적인 문제 등에서 발생하는 고비용 저효율의 복잡계 문제는 전 세계적인 경제 위기와 함께 서양과학의 분석학적인 패러다임에 어두운 일면으로 작용하고 있다. 이는 마치 완벽한 고전역학의 세계에서 단 하나의 미진한 문제로 남았던 흑체복사의 문제가 시사하였던 것 이상으로 새로운 패러다임의 도래에 대한 강력한 메시지를 인류에게 제시하고 있는 듯하다. 이에 대하여 어떠한 형태로든지 고전역학의 틀을 벗어나는 양자론(量子論)과 같은 새로운 모델의 제시가 필요한 시점이라 할 수 있다. 저자는 이러한 현대문명의 위기에 대한 대안의 하나로 특히 기상 예측 분야에서 동양의 역에 의한 운기론을 제시한다.

과학과 역학

세상에는 두 종류의 학문이 존재한다. 하나는 서양과학에서 기초한 역학(力學)이고 다른 하나는 동양의 변화이론인 역학(易學)이다. 두 학문 모두가 한글로는 "역학"이기는 하지만 하나는 뉴턴역학과 같이 힘(force)을 바탕으로 한 학문이며 하나는 주역과 같이 순환론에 기초한 변화이론(The Changing Theory)이다. 그러나 두 학문 모두 일반적인 원리나 가설에 기초하여 재현성 있는 결과를 보고자 하는 점은 같다.

힘 '역'자 역학의 분야는 힘들게 배워 익혀서 21세기 과학문명의 도구로 삼았다. 그러나 많은 시간을 들여 힘들게 배운 미분방정식과 같이 일상적인 개인의 삶에는 직접적인 도움이 되지 못하는 경우가 많다. 그러나 다른 하나인 변화할 '역'자 역학은 옛날에는 강태공, 제갈량, 소강절 등과 같이 오직 격물치지로 깨우친 사람만이 이를 이해하고 활용하였다. 그러나 지금은 누구나 서양의 학문을 배우듯이 동양의 역을 과학적인 방법으로 접근한다면 매일매일 생활에 크게 유용하게 사용할 수 있음을 사람들은 전혀 인식하지 못하고 있다. 더욱 안타까운 것은 아직도 많은 사람들은 이러한 동양의 역(易)을 구시대의 낡은 유물로 인식하고 있다는 점이다.

분석학적인 과학의 한계

주지하다시피 서양의 과학은 기본적인 가설이나 법칙하에 이론을 전개한다. 그리고 그 법칙이 성립함을 귀납적으로 확인한다. 부언하면 과학적인 방법이란 논리적인 증명이나 가시적인 증거의 제시 이전에 이론전개의 일반성과 일관성 있는 증명의 재현성을 기본적인 개념으로 삼고 있다. 이것은 동양의 술법에서도 다를 바 없다. 이러한 서양의 과학은 21세기 지구촌 인류에게 문명이기의 안락함과 풍요로움을 제공하였으나 분석학적인 방법으로의 지나친 경도는 매우 국부적인 분야에 안주함으로써 실용성과 유리되어 때론 학문을 위한 학문이라는 느낌을 주기에 이르렀다.

이러한 서양과학이 가지는 한계와 이에 대한 집착은 최근 지구촌에 회자되고 있는 복잡계 문제를 가속화시키고 있다. 특히 현대과학이 취약한 기상이나 경영 그리고 의료와 인간 자체의 분야에서 고비용 저효율의 딜레마는 마치 열 사망(Heat Death)을 재촉하는 엔트로피의 무한 증가처럼 지구촌 자본주의 경제의 근본적인 결함으로 대두되고 있다. 지구촌을 이끄는 지성이나 정치가는 복잡계에 의한 고비용 저효율의 딜레마를 해결하기 위해서는 새로운 패러다임이 요구됨을 그들은 깨닫지 못하고 있다. 마치 몇 백 년을 지배해 온 고전역학을 틀을 벗어난 막스 플랑크의 양자론과 같이 동양의 역이 지구촌에 새로운 패러다임으로 나타나야 한다.

왜 동양의 역(易)인가?

결론적으로 복잡계 문제의 해결책의 하나로 현대과학의 영역을 벗어나 동양의 변화이론인 역(易)을 새로운 도구로 인식하여야 할 시점에 이르렀다. 인공위성과 슈퍼컴퓨터라는 최첨단 과학문명을 이용한 기상 예측의 경우 보통 10일 이상일 경우 신뢰성 있는 예측이 가능하지 않은 반면에 이 책에서 주장하듯이 동양의 운기론은 몇 달 후 또는 일 년 후의 기상을 과학적(즉 이론전개의 일반성과 증명의 재현성인 방법)인 방법으로 예측하고 있음이 그 단적인 사례이다. 동양의 학문이 사용되어야 할 또 다른 분야가 역에 의한 미래예측과 운명론 그리고 풍수와 동양 의학 분야라 할 수 있다. 이러한 다른 분야에 대한 구체적인 언급은 본서의 내용을 넘는 것이므로 언급하지 않기로 한다.

서세동점의 근현대사를 지나면서 한국과 중국을 포함하는 동아시아에서 문화적 단절은 이 지역의 핵심 학문인 역경(易經)을 비롯한 대부분의 실용적인 술법이 모두 미신에 가깝다는 오류를 범하는 정도에까지 이르게 되었다. 그 주된 이유는 서양과학에 대한 극심한 사대주의와 함께 동양의 역이 음양이나 오행과 같이 과학의 차원에서는 정의되지 않은 추상적인 물리량을 사용하는 것에도 그 이유를 찾을 수 있다. 19세기 이후 동양에서 일어난 모든 학문적 전통의 단절은 아마도 인류사에 그 전례를 찾아보기 힘들 정도로 처절하였다. 이러한 동양의 역이 가지는 부정적인 이미지는 세분화된 영역에서의 이론전개의 일반성과 증명의 완벽한 재현성을 주장하는 과학적인 방법에 비교되어 더욱 심화되었다.

영국 케임브리지 대학의 교수인 조셉 니담은『중국의 과학과 문명』이라는 책에서 "왜 산업혁명이 화약과 나침반과 같은 과학문명을 가졌던 중국에서 태동하지 않고 유럽에서 시작되었는가?" 하는 의문을 제기하였다. 그리고 프린스턴대학에서 발간하여 몇 백만 부가 팔린 빌헬름의 주역 서문에서 칼 융은 장장 19쪽에 달하는 변화이론에 대한 본인의 솔직한 소회를 경외감으로 기술하였다. 이러한 내용들을 포함한 동양의 역의 우수성에 대한 구체적인 예를 제시하지 않더라도 춘추전국시대에 국가의 운명을 좌우한 병법 이론 등으로 만개하였던 동양의 역(易)을 과학적인 방법론으로 다시 언급할 때가 되지 않았나 하는 생각을 한다.

일 년 또는 몇 개월 후 구체적인 기상을 예측하는 운기론

2011년은 6월부터 8월 중순까지의 두 달간의 긴 장마가 한반도를 강타하여 장마 후 피서철 성수기 효과를 보려던 많은 상인들이 낭패를 겪었다. 필자는 2011년 장마는 두 달간의 긴 장마가 될 것임을 미리 예측하여 장마가 이미 끝났다는 기상청의 예보와 상반되어 매스컴에 크게 이슈화가 된 바 있다.

<미증유의 장마 뒤 폭우>

"장마 안 끝났다 내달까지 계속"
장동순 충남대 교수 주장

장마가 종료됐다는 기상청 발표와 달리 8월 13일까지 장마가 지속될 것이라는 주장이 한 국립대 교수에 의해 제기됐다. 서울과 강원, 경기 지역에 27일 수십 명의 인명피해를 낸 '물폭탄'이 쏟아진 가운데 장동순(환경공학) 충남대 교수는 자신이 2004년부터 제작한 기상달력을 바탕으로 8월 13일까지 장마가 지속될 것으로 예측했다. 장 교수는 지난 2004년부터 동양의 절기 이론을 이용해 1년치 날씨를 예측한 달력을 펴내고 있다. 그는 '5운(運) 6기(氣) 이론'을 재해석해 황사와 장마, 태풍, 폭설 등 일상생활과 밀접한 기상 현상을 예측하고 있다. 주역을 바탕으로 한 한의학 경전인 『황제내경(黃帝內經)』에 나온 운기이론을 활용, 운과 기의 조합에 따라 계절을 나눈다. 장 교수는 "우리 조상들이 장기 기상 예측을 위해 활용해온 5운6기 이론에서는 1년을 10개의 기간으로 나눠 기상의 특징을 설명한다"며 "올해의 경우 6월 중순부터 시작된 5번째 기간과 7월 23일부터 8월 13일까지의 6번째 기간이 장마 기간으로, 특히 6번째 기간은 폭염 때문에 수분 증발이 많아 매우 긴 장마로 이어지거나 장마 후에도 지속적으로 비가 오는 궂은 날씨가 이어질 것"이라고 주장했다.

문화일보 김창희 기자 | 2011.07.28.

이와 같이 이 책은 기상이변이 일상화되고 있는 요즈음 가깝게는 한 달 후인 다음 달의 기상을 예측하고, 길게는 일 년 또는 몇 년 후 미래의 기상을 예측할 수도 있다. 물론 기상 예측의 기간이 가까울수록 현재의 기상 상태를 근거로 그 경향을 예측할 수 있기에 예측의 신뢰도는 보다 높아진다. 보통 과학적인 차원에서 봄에 대한 기상이나 기후의 정보는 태양의 고도상승에 따른 온도의 상승과 그에 따른 국지풍이 전부이다. 그러나 동양의 운기론의 정보는 일 년 후, 즉 내년 봄의 날씨가 따듯할지, 추울지, 비가 많을지, 아니면 건조할지를 구체적으로 규정하는 모델을 가지고 있다. 이와 같이 수많은 기상변수에 대하여 중장기 예측이 가능함을 동양의 운기론은 주장한다.

구체적인 사안으로 장마를 예로 든다면 내년 장마가 장마기간에 비가 제대로 내릴지를 포함하여 그 시작하는 날과 언제 끝이 날지를 예측한다. 나아가서는 전통적인 장마기간 앞뒤로 봄장마나 늦여름 또는 가을장마 등의 가능성 여부를 이론적으로 예측할 수 있는 모델을 제시한다. 이런 몇 개월 후의 중장기 기상 예측에 대한 신뢰도의 제고는 백화점에서 동절기 재고 상품을 언제 마지막으로 정리 세일하여야 할지를 비롯하여 유럽에서 아시아로 오는 화물선의 항로를 언제 어느 방향으로 선택하여야 하는 등 다양한 분야에서 기상경영에 필수적인 판단기준으로 작용할 수 있다.

60년 주기의 운기 모델

과학적인 상식이나 사고방식을 가진 사람이면 카오스나 나비효과, 그리고 수차해석상의 현상학적인 모델링의 문제나 절삭오차 등의 문제를 고려할 때 이는 가능하지 않은 일로서 의문을 제기함이 오히려 당연하여 보인다. "어떻게 그것이 가능한가?" 하고 말이다. 그것에 대한 해답은 한마디로 기상의 기본적인 속성은 60년 주기를 가지고 순환하는 데 있다. 그리고 이러한 기본적인 속성은 위도나 지역에 따른 지형학적인 특성이나 온난화 등에 영향을 받으며 그 속성의 발현이 어느 정도 차이가 날 수 있다. 그 내재된 순환속성을 동양의 역의 이론에 의하여 물리적으로 파악한 후 주변의 수자원 환경이나 지형학적인 인자를 고려하여 기상상태가 과학적으로 어떻게 발현될지를 판단하는 것이 이 책에서 주장하는 새로운 운기이론이다. 같은 운기적인 순환속성을 가졌다 함은 마치 같은 종류의 씨앗을 파종하였을 때 주변 환경에 따라서 그 식물의 성장이나 결실여부가 크게 달라지는 것과 유사하다고 할 수 있다. 이는 북반구의 경우 운기론적으로 순환하는 기상인자가 같음에도 불구하고 지역에 따라 매우 다른 기상 현상이 나타날 수 있는 것과 맥락을 같이한다.

운기이론과 고천문학의 관계

동양의 절기나 기상을 언급할 때 보통 운기론(運氣論)이나 오운육기(五運六氣)라는 말이 언론에 회자되곤 한다. 이는 『황제내경』 소문에서 나온 말이다. 오운육기란 오운과 육기를 일컫는 것이다. 쉽게 설명하면 오운은 목화토금수의 오행의 순서대로 하늘을 지배하는 목운(木運)과 화운(火運) 그리고 토운(土運) 금운(金運) 수운(水運)을 말한다. 이러한 하늘의 기운은 규칙적으로 나타나는 주운(主運)과 매년 기운이 바뀌는 객운(客運)으로 나뉘기도 한다. 주운은 한마디로 매년 봄, 여름, 가을, 겨울과 같은 계절이 주기적으로 순환하는 것을 의미하며 객운은 매년 사계절이 도래하기는 하나 그 사계절의 특징이 매년 다르게 나타나는 것을 의미한다.

그리고 육기란 음양이 삼음과 삼양의 과정을 거쳐 변화하는 궐음(厥陰), 소음(少陰), 태음(太陰), 소양(少陽), 양명(陽明) 그리고 태양(太陽)을 말한다. 물론 이러한 삼음과 삼양의 단계에는 그에 합당한 기상학적인 이름이 부여된다. 구체적으로 궐음은 풍목(風木)이고, 소음은 군화(君火), 태음은 습토(濕土)이다. 그리고 소양은 상화(相火), 양명은 조금(燥金), 그리고 태양은 한수(寒水)라는 찬 기운을 상징한다. 또는 단순하게 기상학적인 인자로서 풍열서습조한(風熱暑濕燥寒)의 육기를 지칭하기도 한다. 이러한 육기는 지상의 기상 현상을 지배하는 것으로서 주운과 객운이 하늘의 기상을 기술하는 것과 대비된다. 육기는 역시 주기와 객기가 존재하면서 주운이나 객운과 유사한 역할을 한다.

이러한 하늘의 기운이 오운에 의하여 구성되는 원리는 고전적인 음양오행설에 따라 다섯으로 나누는 것에 기초한다. 보다 실증적인 예 중의 하나가 동양의 고대천문학에서는 하늘의 별자리를 중앙과 사방의 다섯 구역으로 나누어 중앙에 3원과 사방에 28수를 배치하는 독특한 방법을 취한다는 점에서 서양의 별자리 방식과는 전혀 다르다. 이때 중요한 물리적인 의미는 이 중앙과 사방의 다섯 개의 구역에 각각 그 하늘의 기운에 해당하는 색깔의 기운이 띠처럼 드리운다는 것이다. 즉 중앙에는 노란색이 돌고 동방창룡 7수(東方蒼龍 七宿)에는 푸른색, 북방현무 7수(北方玄武 七宿)의 검은색, 서방백호 7수(西方白虎 七宿)에는 흰색, 남방주작 7수(南方朱雀 七宿)는 화의 기운을 나타내는 붉은색이 돈다.

이러한 색깔에 의한 하늘의 기운은 날씨를 뜻하는 기상뿐만 아니라 고대 천문관측에서 중요한 판단기준이 된다. 그리고 중앙의 자미원, 태미원, 천시원 등의 기운을 받은 도시만이 천자의 나라로서 독립된 연호를 쓰는 독립국의 지위를 가질 수 있다고 한다, 이러한 기운을 가진 도시가 일본의 교토, 중국의 북경, 미국의 워싱턴, 우리나라의 계룡산 등이라고 한다.

우리나라 수도인 서울은 이러한 하늘의 중앙 황룡의 기운에 해당하는 자미원국이나 태미원국과 같은 천자국의 기운을 가지지 못하였기 때문에 역사적으로 독립국의 지위를 누리지 못한 경우가 많았다. 그래서 풍수이론은 고려와 조선에 지속적인 외세의 침입과 사대주의가 이에 기인한다고 주장한다. 일본도 수도를 교토에서 동경으로 옮긴 이후 국운의 쇠퇴를 겪고 있다는 것이 하늘의 별자리와 관계된 풍수기운의 해석이다. 한・중・일 동아시아 삼국은 이렇게 하늘의 별자리가 역(曆)을 통하여 기상이나 국운에 결정적인 영향을 미침을 잘알고 있기에, 고천문학에 대한 많은 측정 자료를 가지고 있는 이유이다.

소우주의 질병과 대우주 기상의 유기적인 관계

『황제내경』은 동양의학의 경전이다. 동양의학의 경전에서 기상문제를 다루고 있는 것은 소우주인 인간의 질병이 대우주인 자연의 기후 변화와 유기적인 관계를 가지며 민감하게 영향을 받기 때문이다. 쉬운 예를 하나 들면 새벽이나 봄에는 사람들이 간의 기운이 약해진다. 연도상으로는 2자로 끝나는 1972년(임자년), 1982년(임술년), 1992년(임신년), 2002년(임오년), 2012년(임진년) 그리고 2022년(임인년)과 같은 "임(壬)"자(字)가 들어가는 해에는 목의 기운이 왕하게 발현되는 목태과의 해이다. 목태과의 해에는 기상적인 측면에서는 강풍이 불며 이와 같이 바람이 강한 해나 계절 그리고 지역에는 목에 해당하는 장부인 간의 기운이 약해진다. 그러나 바람이 많은 해나 지역의 경우 간에 좋은 곡식이나 신맛의 과일 그리고 야채들의 작황이 좋아져서 나빠진 간을 치료하게 한다. 즉 제 고장 제철 음식을 주장하는 평범한 "신토불이" 이론이 실생활에서 중요함을 일깨워 주는 예라고 할 수 있다. 비근한 예 중의 하나가 바람이 많은 우리나라 제주도나 풍력발전 시설이 많은 미국의 캘리포니아에 신맛이 나는 과일의 작황이 좋은 이유가 여기에 있다. 그러므로 기상이나 기후를 예측하는 일은 인간의 건강이나 치병에 매우 중요한 인자가 됨을 알 수 있다. 그러므로 동양의학의 경전인 『황제내경』에서는 오운육기라는 기상 예측의 변화를 다루고 있는 것이다.

『황제내경』 소문 운기론만으로 예측이 가능하지 않은 이유

그러나 『황제내경』 소문을 비롯하여 운기론에 관한 동양의 문헌을 정독한다고 하여도 그 내용을 기상 예측에 직접적으로 활용하는 것은 쉽지 않다. 그 이유는 『황제내경』 소문의 내용이 대학 교재처럼 일반적인 정의나 이론에 기초하여 일관성 있는 방식으로 기술되어 있지 않기때문이다. 즉 정보의 전달이 가장 효율적인 과학적인 방법을 택하고 있지 않다. 그리고 운기의 기상변수들이 어떤 현상으로 발전되는가를 설명하기 위해서는 구름의 발생이나 이동현상에 대한 공학적 지식이 요구되나 예전에는 이러한 현상을 설명할 유체역학이나 열전달 이론에 대한 지식이 부재하였다. 그렇기 때문에 『황제내경』에 나와 있는 기상 예측의 방법을 제갈공명과 같은 몇몇의 탁월한 재사만이 격물치지의 방법으로 이해하였을 것으로 판단한다. 그러나 지금은 대부분의 사람들이 과학적으로 교육을 받았기 때문에 운기론의 행간에 내재되어 있는 유체역학이나 열전달의 공학적인 내용을 이해하는 데 큰 무리가 없을 것으로 판단한다.

육십갑자(六十甲子)가 기상을 예측하는 물리적인 변수

앞에서 언급한 바와 같이 동양의 운기론은 육십갑자에 의하여 60년 주기로 기상 특징이 반복된다는 것이다. 그래서 2002년은 임오년(壬午年)이므로 "임오(壬午)"라는 글자에 의하여 그해 기상이 결정되고 2012년은 임진년(壬辰年)이므로 "임진(壬辰)"이라는 글자를 가지고 그해 기상을 예측한다. 마찬가지로 2022년 임인년(壬寅年)은 "임인(壬寅)"에 내재된 기상인자를 과학적으로 분석하는 일이 중요하다. 그러므로 향후 100년 후나 1000년 전이나 어느 해이건 간에 기상의 인자는 그해 세운을 나타내는 "갑자(甲子)", "을축(乙丑)" 하는 육십갑자의 글자에 의존한다.

독자 여러분들은 동양의 운기론을 이해하기 위해서는 "갑자(甲子)"나 "을축(乙丑)" 하는 60갑자의 글자 자체가 "속도(v)"나 "질량(m)"과 같은 물리량임을 인식하는 것이 중요하다. 중학교 때 물리를 공부하기 위하여 속도나 가속도 용해도와 같은 개념을 공부하였듯이 이제는 갑자, 을축 하는 육십갑자와 같은 용어를 과학적인 물리량으로 정의하고 이해하여야 한다.

그러나 60년마다 반복되는 기본적인 기상인자는 주변 환경 즉 온난화나 풍수 조건 등의 변화에 의하여 달라지므로 이를 고려하여야 한다. 비근한 예가 지금의 서울의 기상이나 기후가 60년 전의 서울과는 차이가 나는 것이다. 그러나 내재된 기상의 속성은 60년 주기로 반복한다. 이러한 기상 속성이 주변 환경에 따라 구체적으로 어떻게 발현할지를 과학적으로 판단하는 것이 동양의 절기이론을 해석하여 중장기 기상 예측을 하는 방법이다. 이러한 주변 환경에 따라 달라지는 기상 예측의 방법은 마치 같은 사주팔자를 가지고 태어난 사람들이 주변 환경에 따라 매우 다른 인생을 살아갈 수 있는 것과 유사하다고 할 수 있다. 비록 그들이 다른 삶을 산다고 하여도 그들 삶에 내재된 삶의 기본적인 속성이 같음을 이해하여야 한다. 쉬운 예 중의 하나가 영조 임금과 사주가 같은 시골아낙의 생업이 수많은 꿀벌을 치는 양봉업이었다. 이들 두 사람의 삶의 공통점은 많은 것을 거느린다는 속성이다. 이를 이해한다면 동양의 역에 내재된 순환 속성을 이해하는 일이 크게 어렵지 않을 것이다.

세운의 변화에 의한 하늘과 지상의 대표적 기상 특징

일 년의 기상이 그해에 해당하는 갑자(甲子), 을축(乙丑) 하는 그해 육십갑자의 세운(歲運)으로 표시됨을 언급하였다. 2012년의 세운은 임진(壬辰)이다. 임진의 글자에서 임수는 오행에서 수의 기운이고 수의 기운은 검은색이다. 그리고 진은 용이다. 그러므로 2012년 임진년은 '흑룡'의 해라고 부른다. 이 세운은 갑자년이나 을축년과 같이 "갑"과 같은 천간과 "자"와 같은 지지로 표시된다. 우리가 잘 알고 있는 열 개의 "갑을병정무기경신임계"는 천간(天干)이며 이것은 하늘의 기운을 나타낸다. 그리고 "자축인묘진사오미신유술해"는 12지지로서 지상, 즉 땅이 가진 기운을 나타낸다. 임진년의 경우 이 임수와 진토는 각각 변화를 일으키는데 하늘의 기운인 천간은 천간합의 법칙을 따르고 땅의 기운인 지지는 지지충의 법칙에 의하여 변화한다. 임진년의 경우 아래와 같은 변화의 결과가 나타난다.

임진년	원래 기운	변화	기상상태
하늘	임수	천간합 정임합화목(丁壬合化木), 목태과(木太過)	임수의 냉기와 이것에 의한 유도된 강한 바람이 발생
지상(땅)	진토	진술충 태양한수 (辰戌冲 太陽寒水)	진토의 습기와 이것에 의하여 발생한 찬 기운이 존재

그러므로 임진년이면 기본적으로 일 년 내내 하늘에는 한기와 강풍이 불고 지상에는 냉기를 가진 습기가 있다고 판단한다. 이러한 기본적인 기운을 바탕으로 하여 다음에 언급하는 10개의 구간별 운기 특성을 더 고려하여야 한다.

사계절이 아닌 10개 계절의 양자적(量子的) 특성

후에 구체적으로 설명되겠지만, 운기론에서는 일 년이 단순하게 봄・여름・가을・겨울 4개의 계절로 구성되지 않는다. 일 년은 하늘에 오운이 있고 지상에 육기가 있다는 오운육기 모델에 의하여 10개의 계절적인 특성으로 분류된다. 구체적으로 60갑자로 주어지는 임진이나 임오와 같은 세운의 천간합의 법칙과 지지충의 법칙에 의하여 일 년은 하늘을 나타내는 천간의 기운은 다섯 개로 나누어지고 지상의 기운을 나타내는 지지는 6개의 다른 기운으로 분류된다.

그러므로 일 년은 구체적으로 1운1기에서 1운2기, 2운2기, 2운3기…… 5운6기까지 10개의 다른 기상특징을 가지는 구간으로 나누어진다. 이를 과학적인 용어로 표현하면 10개의 양자화(量子化)된 구간(계절)으로 나누어져 구간별로 기상 특징이 현격하게 다르게 나타날 수 있음을 이야기한다. 우리는 기상특징이 어느 날 또는 어느 절기부터 갑자기 더워지거나 날씨가 선선해지는 현상을 수시로 체험하는데 이를 이해하기 위해서는 운기 이론의 양자역학적 특성을 이해하여야 한다. 아래에 10개의 구간에 대한 예를 제시하였다. 이 10개의 구간은 천간의 기운이 양인지 음인지에 따라서 1운1기가 시작하는 날짜에 차이가 있으며 다른 구간은 절기의 시작과 끝나는 차이에 따라 약간의 차이를 보일 수 있다.

구간	1구간	2구간	3구간	4구간	5구간	6구간	7구간	8구간	9구간	10구간
5운6기	1운1기	1운2기	2운2기	2운3기	3운3기	3운4기	4운4기	4운5기	5운5기	5운6기
짝수년(陽年) 예, 2012년	1월 21일 ~ 3월 19일	3월 20일 ~ 3월 31일	4월 1일 ~ 5월 20일	5월 21일 ~ 6월 7일	6월 8일 ~ 7월 21일	7월 22일 ~ 8월 12일	8월 13일 ~ 9월 21일	9월 22일 ~ 11월 15일	11월 16일 ~ 11월 21일	11월 22일 ~ 1월 19일
홀수년(陰年) 예, 2007년	2월 2일 ~ 3월 20일	3월 21일 ~ 4월 1일	4월 2일 ~ 5월 20일	5월 21일 ~ 6월 8일	6월 9일 ~ 7월 22일	7월 23일 ~ 8월 13일	8월 14일 ~ 9월 22일	9월 23일 ~ 11월 16일	11월 17일 ~ 11월 22일	11월 23일 ~ 1월 7일

만일 2012년 임진년 5월 21일부터 6월 7일까지는 2운3기에 속하는 기간으로서 이때 유도된 운기는 하늘은 하늘에 더운 화의 기운이 부족하다는 화불급이고 지상은 찬 기운을 나타내는 태양한수의 기운을 가진다. 이에 기초하여 임진년 2운3기의 총체적인 기상 현상은 아래와 같이 표시된다.

하늘과 땅의 구분	2012년 세운과 2운3기의 기운 (5월 21일~6월 7일)	운기	기상 설명	종합판단
하늘의 운기	2운3기의 하늘의 기운(객운)	화불급(火不及)	화불급의 찬 기운과 임수의 찬 기운이 더하여지고 바람이 강하다.	5월 하순과 6월 초순은 온도가 높은 계절로서 장마 직전의 기간이다. 그러므로 지상에서 증발하는 수증기의 양이 실질적으로 많을 것으로 판단된다. 이때 하늘과 지상에 찬 기운이 도래하였으므로 매우 건조한 지역을 제외하고는 실질적으로 많은 강수현상이 예상된다. 그러나 지상의 기운인 태양한수의 찬 기운이 수증기의 증발을 억제할 경우 의외로 온도는 높으나 가문 날씨가 될수 있다.
	임진년 대표 하늘의 기운	임수와 목태과		
지상의 운기	2운3기의 지상의 기운(객기)	태양한수	지상은 진토의 습기 찬 기운에 태양한수의 기운이 집중적으로 나타나서 찬 기운이 많다.	
	임진년 대표 지상의 기운	태양한수		

즉 60년 주기에 10개의 계절과 같은 구간이 존재하니 운기론의 기본특성은 '60년의 순환×10개의 계절=600개'가 존재한다. 그러므로 600개의 기상특징을 가지는 구간에 대한 분석이 요구된다. 거기다가 각 구간의 기상특징을 위도나 지형학적 특성과 함께 온난화나 60갑자로 주어지는 일진이나 민심 등이 실질적인 변수로 등장한다. 그리고 최종적으로는 풍열서습조한과 같은 변수에 대하여 전달현상론적인 해석을 내려야 하므로 운기론에 의한 기상특징을 규정하는 것은 보기보다 어려운 과정임을 알 수 있다.

운기론은 하늘과 지상의 내재된 기상의 순환 속성을 설명

그러면 오운육기는 과연 무엇을 언급하고 있는가? 오운육기는 한마디로 매년 육십갑자로 주어지는 그해 세운의 천간합과 지지충에 의하여 하늘과 지상(땅)의 기상상태를 구분하여 기술한다. 이때 하늘의 기운을 나타내는 것이 주운(主運)과 객운(客運)이 있으며 지상의 기운을 나타내는 것에는 주기(主氣)와 객기(客氣)가 있다. 여기서 주운이나 주기와 같은 기운은 주된 기운으로서 매년 반복되는 똑 같은 기운이다. 즉 매년 같은 순서로 봄・여름・가을・겨울 사계절이 반복되는 것과 같다. 주운이나 주기는 글자 그대로 주(主)된 기운이므로 봄이 되면 어느 해를 막론하고 어느 정도는 따듯하고 봄바람이 분다. 봄이 되었는데 폭풍한설이 몰아치고 억수같이 쏟아지는 봄이라는 계절은 거의 없다. 이것이 주운이나 주기에 대한 물리적인 설명이다.

반대로 객운이나 객기는 객(客)이라는 단어가 손님을 뜻하듯이 매년 다르게 하늘과 땅에 나타나는 기운이다. 이렇게 매년 손님과 같은 객(客)의 기운이 객운과 객기로 순서를 달리하여 나타난다. 그러므로 연연세세 같은 봄이라 하더라도 더운 봄, 추운 봄, 건조한 봄, 비가 많은 봄, 날은 쌀쌀하나 봄꽃이 이른 봄 등 계절적 특성이 다르게 나타날 수 있는 것이다. 그리고 이러한 역동적인 주기성이 생태계의 가장 효율적이고 완벽한 변화체계의 모델이 아닌가 생각한다.

상식적인 차원에서 매년 봄 춘분이면 태양의 거리와 고도는 일정하게 유지된다. 그렇기 때문에 매년 춘분이 되면 우리는 기본적으로는 같은 기상이나 기후를 예상한다. 그러나 실제로 매년 우리가 겪는 기상 현상은 매년 같은 봄날씨가 우리에게 나타나지 않는다. 동양 운기론의 객운과 객기의 개념은 우리의 과학적인 상식과는 다르게 "매년 다양하고 다른 봄"과 같은 흥미로운 모델을 제시한다. 그러므로 동양의 운기론은, 일 년은 양자적인 개념과 같이 10개의 "분리된 기상 특성"을 가진 계절을 가지며 매년 봄은 같은 봄이 아닌 학문적으로 격조 있고 차원이 높은 계절에 대한 개념이나 정의를 우리에게 제시하는 것이다.

내재된 기상인자의 발현의 정량화에 대한 해석

구체적으로 운기론에서 객운과 객기는 그 정해진 기간 동안 하늘과 땅이 각각 더운지, 추운지, 건조한지, 습한지, 바람이 강한지 등을 언급한다고 보면 옳다. 가장 간단한 경우의 예를 들어 보자. 만일 어느 해 또는 어느 계절에 "땅은 덥고 하늘이 차다"라는 운기가 나타났다면 어떤 기상이 예상되는가? 땅이 덥고 하늘이 찬 경우 수자원이 풍부한 지역이라면(<예 1>) 땅은 온도가 높으니 수증기의 증발이 순조롭다. 그러면 "하늘로 올라간 수증기가 하늘에서 찬 기운을 만나게 되니 수증기가 쉽게 응결하여 비나 눈이 순조롭게 내린다"고 할 수 있다. 그러나 <예 2>와 같이 아주 건조한 사막지역이나 또는 한대지방에서는 오히려 강수나 강설이 적어서 가물 것으로 예측한다. 그러나 종합적인 판단은 앞에 임진년의 예와 같이 세운과 그 구간의 운기를 동시에 고려하여야 한다.

<예 1> $\dfrac{\text{차다(하늘)}}{\text{덥다(지상)}}$ 순조로운 강수(수자원이 풍부한 지역)

<예 2> $\dfrac{\text{차다(하늘)}}{\text{덥다(지상)}}$ 강수 현상 희귀(사막지대)

<예 3>과 같이 만일 지상이 찬데 하늘이 덥다면 이 경우는 지상에서는 수증기의 증발이 약하다. 이때 하늘에 온도가 높다면 하늘로 올라갈수록 주변 공기의 온도가 높아지는 역전층이 형성되어 지상에서 하늘로 수증기의 상승작용도 원활하지 못할 것이다. 역전층의 경우 일부의 수증기가 하늘로 어렵게 상승한다고 하여도 하늘은 온도가 높으니 많은 수증기를 함유할 수 있는 능력을 가진다. 그러므로 하늘에는 넓은 영역에 구름은 많이 끼나 비는 쉽게 내리지 않는 상황

이 된다. 이 경우 비가 온다고 하여도 냉기가 존재하는 곳에만 국지적으로 비가 올 것이니 국지성 호우의 가능성이 높은 상황이 된다. 2007년 정해년이 바로 그러한 해였다.

<예 3> 덥다(하늘) / 차다(지상) 구름이 넓은 지역에 형성(2007년 정해년 대한민국의 기상특징)

이러한 상황은 물론 위도나 지역적인 특성에 따라 크게 틀려진다. 예를 들어 북반구는 모두 같은 운기의 조건을 가진다. 그러나 세계 여러 나라가 다 같이 가물고 다 같이 비가 오는 것은 아니다. 극단적인 예를 들면 같은 위도 조건이라 하더라도 사막지역과 수자원의 공급이 원활한 지역이 크게 다를 것임을 생각하면 이해가 쉬울 것이다.

연월일시에 존재하는 60갑자의 주기성

동양의 운기론은 그해 60갑자가 중요한 역할을 함을 언급하였다. 그러나 이러한 60년 주기의 60갑자는 연(年)에만 존재하는 것이 아니고 연월일시에 모두 60단위를 주기로 하여 순환한다. 구체적으로 언급하면 60갑자는 매년, 매월, 매일, 매시에 각각 배당되어 60이라는 주기를 가지고 순환한다. 즉 연에서는 60년의 주기가 있고 월에는 60개월마다, 즉 5년마다 60갑자가 순환한다. 일에는 매일 매일에 60갑자가 하나씩 배당되어 60일을 주기로 순환한다. 그리고 시간에는 1각이

2시간인데 60각을 주기로 하여 순환한다. 그러므로 시간의 60갑자는 5일을 주기로 순환한다. 춘추전국시대에 전쟁의 방위학으로 중요하게 사용되는 기문둔갑이라는 술법은 이러한 5일 주기, 즉 60각(刻)에 따른 육십갑자의 순환을 매우 중요한 변수로 사용한다.

만일 2012년 12월 21일 새벽 자시를 60갑자로 표시하면 임진년 임자월 병진일 무자일이 된다. 이렇게 그 사람이 태어난 생년월일시를 육십갑자로 나타낸 것이 사주팔자 운명학의 기본적인 자료가 된다. 그러므로 사람을 기과학(氣科學)적인 차원에서 모델을 만든다면 태어난 생년월일시에 의하여 기본적인 사주팔자의 기운을 부여 받고 다시 연월일시를 60의 주기로 순환하는 4개의 육십갑자의 기운을 받으면서 살고 있다고 생각하여도 무리가 없을 것이다. 앞에서 이미 언급하였듯이 이러한 연월일시의 기운 중에서 연의 기운을 세운(世運, 歲運)이라 하고 월의 기운을 월령(月令), 그리고 일의 60갑자를 일진(日辰)이라고 부른다. 이 중에서 매일 매일의 일진의 기운 또한 기상에 실질적인 영향을 미친다.

일진이 기상에 미치는 영향의 중요성

매일 매일의 기운을 육십갑자로 표현한 것을 일진이라고 한다. 2012년 12월 21일의 일진은 앞에서 언급한 바와 같이 병진이다. 그리고 그날을 병진일이라고 한다. 이러한 일진이 본인에게 어떻게 작용하는가를 판단하는 것이 그날의 일진 또는 운수를 본다고 한다. 이러한 일진은 사람의 운명뿐만 아니라 기상에도 실질적으로 영향을 미친다. 자세한 설명은 후에 이루어지겠지만 60갑자를 구성하는 10개의 천간(즉 갑을병정무기경신임계)와 12개의 지지(자축인묘진사오미신유술해)에서 임계(壬癸)와 해자축(亥子丑)은 오행에서 수(水)에 해당하며 찬 기운이다.

반대로 병정(丙丁)과 사오미(巳午未)는 오행 상으로는 화의 기운이므로 더운 기운이다. 해자축이 찬 기운이라는 것은 해자축월이 추운 겨울에 해당되는 달이면서 한밤중의 시간, 그리고 방향으로는 북쪽을 가리키는 기운이라는 점에서 쉽게 이해가 간다. 반대로 사오미는 더운 여름이고 낮 시간이며 남쪽의 기운을 상징한다. 이 경우 만일 일진이 신해(辛亥)·임자(壬子)·계축(癸丑)과 같이 하늘과 땅이 모두 찬 기운으로 이어지는 여름날에는 비가 올 가능성이 높다. 그러나 이렇게 주장을 한다고 하여도 과연 이러한 말을 믿을 사람이 매우 적을 것이다. 그러나 믿든 그렇지 않든 이것은 사실이며 수자원이 풍부한 지역이나 여름철에는 이날 중에 비가 올 가능성이 매우 높다. 궁금한 독자들은 기상청 매일 매일의 강수자료를 일진을 가지고 확인하여 보면 그 상관관계에 크게 놀랄 것이다. 이것이 의미하는 바는 우리가 알고 있는 십간과 십이지지는 속도나 밀도와 같은 구체적인 물리량이라는 것이다. 이것을 인식하는 순간부터 동양의 학문은 21세기의 과학적인 실학으로 우리에게 다가올 것이다.

일진 인자는 태풍발생에도 중요 변수

이러한 일진에 의한 강수 가능성을 나타내는 정보의 신뢰도는 공학 분야에서 경험법칙의 수준 이상이라 할 수 있다. 만일 한 여름철에 일진이 을사・병오・정미로 이어진다면 이때 열대야가 생기거나 포화성 강수 현상이 발생할 가능성이 매우 높다. 또한 이러한 뜨거운 열기는 북태평양에서 동북 또는 동남아시아 쪽으로 태풍을 만들어 내는 기운이기도 하다.

이러한 병정 사오미의 더운 기운이 한겨울에 나타난다면 이때는 지역적으로 온도가 높아지는 현상이 나타나며 온도상승에 따른 상승기류 현상은 시베리아 기단의 찬바람을 남쪽으로 유도하게 한다. 그러므로 겨울철 일진에 병정 사오미의 도래는 따듯한 와중에 한파의 가능성이 있음을 아는 것이 지혜롭다. 결론적으로 우리가 매일매일 재미삼아 운수를 보는 일진은 여름철 태풍이나 겨울철 북풍을 일으키는 기상인자가 되는 것이다.

임수와 계수의 물리적인 차이와 기상에 대한 영향

마지막으로 한 가지를 더 언급하면 10개의 천간의 기운 중에서 임과 계는 오행상으로는 모두 수(水)를 의미한다. 즉 동양의 음양오행이론에서 갑을은 목이고 병정은 화이며 무기는 토이고 경신은 금이다. 그런데 임수는 양의 성질을 가진 수이고 계수는 음의 성질을 가진 수이다. 음양은 한마디로 밤과 낮이나 남녀를 나타내는 가장 기본적인 대립되는 물리량이다. 만일 어느 해가 임수인 연도가 있고 다음 해가 계수인 해가 있다면 그 2년간의 기상특징은 임수의 기운과 계수의 기운의 차이 의하여 결정적으로 영향을 받게 된다. 양의 기운을 가진 임수는 순간적으로 작동하는 냉기이며 음의 기운을 가진 계수 역시 찬 기운이나 그 기운이 서서히 그러나 지속적으로 작용한다. 이러한 음양의 특징은 마치 남녀가 자기를 배신한 애인에게 복수 하는 방법과 유사하다. 양의 남자는 강력한 화력을 가진 무기를 사용하는 반면에 음의 기운의 여자는 소량의 독약 등을 사용하여 서서히 죽어가게 만든다. 그래서 임년에는 강풍과 폭우의 가능성이 높고 계년에는 지속적인 이슬비가 내릴 가능성이 높다. 필자는 이러한 임수와 계수의 물리적인 특성 차이를 가지고 2003년 계미년에 일 년 내내 지속적으로 이슬비 형태의 세우(細雨)가 내릴 것을 예견하여 적중한 바 있다.

만일 이와 같이 임수와 계수 등 천간이나 지지가 가지는 특징에 대한 물리적 이해가 없다면 운기론을 설명한 『황제내경』의 소문을 아무리 정독한다고 하여도 기상 예측의 정확도를 기하기가 어렵다. 이것이 의미는 바는 동양의 역의 이론에 대한 과학적인 기초가 없다면, 오운육기 이론에 대한 경전해석을 열심히 한다고 하여도 예측의 정확도를 기대하기는 어렵다는 것이다. 최근 중국에서는 역대 기상자료와 재난관련 자료를 통계적으로 정리하여 운기학설이론에 대한 부분적인 검증을 시도하였지만 만족할 만한 성과를 거두지 못한 것은 전달현상에 관계된 공학적인 개념과 임수와 계수의 차이에 대한 물리적인 성찰의 부족에 기인한다고 생각된다.

예측의 한계를 벗어나는 기상이변

굳이 온난화 또는 기상재난이라는 말을 언급하지 않아도 지금은 기상이변이 일상화되고 있는 세상이다. 즉 기상의 변화가 이변으로 점철되고 있다. 더군다나 지표면의 사막화와 수많은 댐이나 보의 존재는 짧은 수자원 순환 사이클에 의하여 폭우나 폭설의 가능성을 증폭시키고 있다. 특히 온난화의 가속화는 삼면이 바다로 둘러싸인 한반도의 경우는 폭설과 폭우 그리고 열대야의 속출과 생태계의 급격한 변화를 나타내고 있다. 기상 현상의 비선형적(nonlinear)인 특성은 시공간을 넘나들면서 좁은 지역과 짧은 시간 내에도 기상변화의 실질적인 편차를 보이면서 이변의 속도를 증폭시키고 있다. 이러한 기상변화가 심할수록 슈퍼컴퓨터와 인공위성으로 대변되는 과학적 기상예보를 기상 실황중계적인 도구에 머무르게 하고 있는 경우가 빈번하게 발생하고 있다.

대한민국 기상이변

작금에 발생하고 있는 기상이변에 관해서는 누구라도 굳이 외국의 사례까지 거론할 필요성을 느끼지 않을 것이다. 그것은 앞에서 간단히 언급한 최근 몇 년간 국내에서 발생하고 있는 기상 현상만 하더라도 이변의 연속이라 할 만큼 극단적인 양상을 보이고 있기 때문이다. 예를 들면 2000년 庚辰年의 동해안에 충천하였던 대형 산불, 2001년 辛巳年 봄철에 나타나 전국적으로 양수기 부족현상을 보인 90년 만의 한발 후 곧바로 이어졌던 봄장마에 따른 홍수, 2002년 壬午年의 이른 봄철부터 늦은 가을까지 발생하여 마스크의 판매량을 증가시켰던 심한 황사현상, 2003년 癸未年의 일 년 내내 지속적으로 내린 강우에 의한 건설경기의 침체, 2004년 甲申年 3월 초 경칩 절기 전에 1박 2일로 경부고속도로를 마비시킨 100년만의 폭설, 그리고 2005년 을유년 마지막 달인 12월에 호남서해안을 강타하여 몇 천억의 피해를 낸 폭설에 의한 국가적인 재난 등이 쉽게 거론할 수 있는 기상이변의 몇 가지 대표적인 사례라고 할 수 있다.

최근 기상재난으로는 2010년 庚寅年 가을장마에 의한 광화문 지하도 침수와 북극진동에 의한 겨울철 한파가 새롭고, 2011년 신묘년은 두 달간의 긴 장마기간, 즉 6월 중순부터 8월 중순까지 내린 집중호우에 의하여 우면산 산사태와 같은 수재를 입었다.

기상 예측의 신뢰도 제고와 기상경영의 중요성

기상 예측의 중요성은 굳이 언급이 필요하지 않지만 얼마 전 스위스 다보스에서 열린 세계경제포럼에서는 향후 10년간의 가장 중요한 문제는 기상문제가 될 것이라고 제기하고 있다. 또한 우리나라 전경련이 발표한 기상이 경제에 미치는 영향은 연간 몇 조에 이를 것이라며 기상경영의 필요성에 대한 보고서를 내놓았다. 좀 더 가벼운 예로는 LG유통은 일 년간 판매량을 조사해 날씨와 상품 판매의 상관관계를 정리했다. 통계의 신뢰성면에서는 좀 더 검증이 필요한 이야기이기는 하지만 소주는 눈 올 땐 판매가 늘고 비 올 땐 줄어든다는 것이며 맥주는 더울 때 많이 팔리는 음료라는 것도 반드시 맞는 말은 아니라는 것이다. 즉 기온이 0도일 때보다 영하 2도일 때 판매량이 12% 늘어나는 음료가 맥주다. 이와 같이 기상은 에너지와 같은 근본적인 경제문제에서부터 시작하여 의상과 패션, 건강과 전염병과 같은 질병 그리고 레저와 스포츠와 홈쇼핑과 피자헛 운영 등 일상생활을 포함하여 산업 전반과 국가의 경쟁력인 치산치수 차원에서 막대한 영향을 미치는 인자인 것이다.

과학적 기상 예측 모델의 한계

이러한 기상 현상이 나라마다 정도의 차이는 있으나 과학적인 모델에 의한 예측을 벗어나 이변현상으로 나타나고 있다. 기상이변이라 함은 일차적으로는 단순히 통계적인 관점에서 최근 30년 기상통계의 평균치를 크게 벗어남을 의미한다. 그러나 과학적인 예측의 관점에서 기상이변이 속출하고 있다는 점은 범지구적인 차원에서 발생하고 있는 온난화 문제를 고려한다고 하여도 기상이라는 비선형계(nonlinear system)에 대한 예측모델에 대한 심각한 재고를 의미한다. 이에 앞서 기상 예측이 어려운 것은 주지하다시피 기상에 내재되어 있는 카오스 현상이나 소수점 16자리의 '2배 정밀도'('double precision') 절삭오차에서도 나타나는 나비효과, 기상자료의 부족과 부정확성, 그리고 수치해석을 위한 컴퓨터의 용량과 속도 그리고 그에 필요한 제반 현상학적인 모델의 한계 등이다. 그러나 이러한 점들을 모두 인정하고 온난화 현상을 감안한다고 하여도 기상 현상이 매우 자주 이변으로 나타나는 것에 대하여서는 기존의 기상 예측모델의 타당성에 대한 심각한 의구심을 제기할 수밖에 없는 것이 작금의 상황이다. 그것은 단적으로 60년 주기성에 따른 기상변화의 내재된 근본적인 속성을 배제하고 있기 때문이다.

60년 순환론의 과학적 증거

기상 예측은 순환주기성과 기상변수의 전달현상에 좌우된다. 그러나 과학적 기상 예측 모델은 동양의 역이 주장하는 순환주기성에 대한 이론이나 자료를 간과하고 있다. 최근 네이처에 발표된 대서양 수표면의 평균온도가 지난 8,000년 동안 55~70년의 일정한 주기를 가지고 반복하고 있다는 것이 순환주기이론의 대표적인 증거라 할 수 있다.

이러한 기상이변의 일상화시대에 『황제내경』 소문편에 제시되고 있는 운기론의 과학적 해석에 의한 중장기 예측 모델의 제시는 기상경영의 차원에서 기업은 물론이고 개인이나 국가 차원에서 생존을 위한 도구의 하나가 될 것이다. 따라서 『황제내경』의 소문이라는 고문헌에 나타난 60년 주기의 순환주기성과 일 년을 10개의 양자적인 계절로 해석하는 모델은 중장기 기상 예측은 물론 단기 기상 예측의 정확성을 제고할 수 있는 내용이 될 것이다. 이는 마치 동서의학의 합진과 같은 개념이며 동서양 기상의 접목이나 융합이라 할수 있다. 이를 간단히 설명하면 그 기본적인 방법은 다음과 같다.

서양의 슈퍼컴퓨터와 동양의 운기론의 접목

공학의 유체역학의 개념에 약한 일반 독자들은 이해하기가 조금 어려울지 모르나 한마디로 기상청에서 슈퍼컴과 인공위성에 의존하여 사용하고 있는 과학적인 기상 예측방법은 운기론의 순환주기성이나 양자론적인 계절특성을 고려하지 않은 단순한 전달현상론에 기초한 기상 예측 모델이다. 기존의 기상 예측 수치 모델은 아래와 같이 이차편미분 방정식으로 주어지는 지배방정식에서 ① 비정상항, ② 유동항, ③ 확산항, ④ 생성항이 존재한다.

반면에 동양의 절기모델을 고려할 경우 위의 기본적인 4개의 항외에 다섯 번째로 주기적인 순환성을 고려한 ⑤ 번의 원천 생성항이 존재하는 미분방정식을 풀어야 한다. 그러므로 기상변화에서 절기변화에 따른 기상이나 기후의 갑작스러운 변화 등 비연속석적인 기상변화의 의외성 등이 아래 식 중에서 ⑤ 번의 원천생성항으로 표현된다.

$$\underset{①}{\frac{\partial(\rho\phi)}{\partial t}} + \underset{②}{\nabla\cdot(\rho\vec{u}\phi)} = \underset{③}{\nabla\cdot(\Gamma\nabla\phi)} + \underset{④}{S_{\phi}} + \underset{⑤}{S_{\phi,p}}$$

① 비정상항 ② 유동항 ③ 확산항 ④ 생성항 ⑤ 원천생성항

구름의 생성이나 이동을 다룬 전달현상론에 관계된 내용은 공과대학의 유체역학, 열역학 그리고 열전달 등의 내용에 기초한 전문적인 내용이므로 여기서는 다루지 아니한다.

장마전선에 대한 운기론의 해석

그러나 이러한 매우 전문적인 내용이 아니더라도 기상학과 운기론의 접목은 모든 분야에서 가능하다. 실례로 우리나라의 장마의 시작은 6월 중·하순경에 대륙성 시베리아기단과 북태평양기단에 의한 전선의 형성에 의하여 이루어진다. 이때는 절기상으로는 북태평양기단의 상승에 의하여 온도가 높아지는 기간이므로 만일 이때 운기상으로 찬 기운이 존재하면 장마전선은 형성된다.

이 찬 운기의 역할을 하는 것이 10개의 계절과 같은 구간에 나타나는 태양한수나 수태과와 같은 기운이다. 그리고 이것을 보좌하며 돕는 기운이 일진의 기운이라 할 수 있다. 만일 장마기간 중에 수태과나 태양한수와 같은 기운이 존재하지 않으면 본격적인 장마전선은 형성되지 않는다. 그러나 서양기상학의 이론에 의하면 이러한 수태과나 태양한수의 기운이 어느 해 언제 나타날지 알 수 없다. 미국의 NSF(National Science Foundation, 미국국립과학재단)에서는 기상이변현상의 전조나 조짐과 같은 전구체(precursor) 현상을 발견하기 위하여 막대한 연구비를 투자하고 하고 있다. 미국의 NSF에서 찾고자 하는 전조나 전구체 현상이 바로 동양 운기론에 나타나는 오운육기 현상이라 할 수 있다. 독자들은 이와 같이 운기론과 서양 기상 현상의 접목에 의하여서 설명할 수 있는 수많은 예를, 이 책을 읽어가는 과정에서 스스로 발견할 수 있을 것으로 생각한다.

/2장/

기상과 운기 이야기

이 책의 도입부에서는 운기론에 대한 본격적인 이론을 전개하기 전에 기상 예측에 관한 이야기와 육십갑자의 기본개념을 설명하면서 운기론에 관계된 흥미 있는 이야기를 하고자 한다. 운기론 이론에 대한 구체적인 지식이 없는 독자라도 앞에서 제시한 "왜 운기론인가?"를 정독한 독자라면 "기상과 운기"의 이야기를 읽는 데 큰 무리가 없을 것으로 판단한다. 그렇지 않은 독자라도 운기론에 관한 내용을 굳이 이해하지 못한다고 하여도 전체적인 흐름을 이해하는 데 큰 불편은 없을 것으로 판단한다. 이 내용을 읽고 뒤에서 설명한 오운육기 이론에 대한 내용을 읽는다면 이해하는 것이 보다 수월할 것으로 판단한다.

2010년 북극진동은 왜 일어났나?

'북극진동'이란 북극에 있는 찬 공기의 소용돌이가 수십 일 또는 수십 년 주기로 강약을 되풀이하는 현상인데 2010년에는 이러한 북극진동과 제트기류의 순환이 약화되면서 북극의 찬 공기가 남하하면서 북반구의 여러 지역을 한파로 뒤덮는 기상이변이 발생하였다.

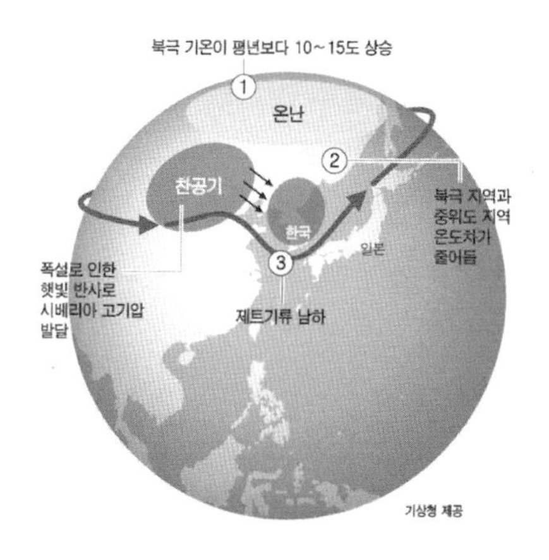

2010년 북극진동의 물리적 현상

우리나라는 이러한 북극진동의 영향으로 2010년 12월 1일 이후 2011년 1월 13일까지 44일 동안 최저기온이 영하 10도 이하로 떨어진 날이 총 13일, 사흘에 하루 꼴로 강추위가 밀려왔다. 이 기간 평균 기온은 영하 2.6도로 평년(1981~2010년) 평균 기온(영하 0.3도)보다 무려 2.3도나 낮았다.

2010년 초에 북반구를 강타했던 폭설과 한파도 북극진동의 약화가 원인으로 지목됐고 이러한 기상이변이 비단 우리나라의 문제만은 아니었다. 영국은 이해 겨울 100년 만의 한파가 불어 닥쳤고 중국 북부 지역은 기온이 평년보다 10도나 낮았다. 미국 중서부에서 시작된 기록적인 폭설과 강추위는 동남부까지 번질 정도로 북반구 곳곳에 기상이변이 속출하였다.

이 모든 맹추위 원인이 북극진동의 약화 때문이라는 게 기상청의 설명이다. 이로 인해 북극의 찬 공기가 북극에 머물지 않고 남하하고 제트기류까지 한반도 아래까지 밀려났다는 것이다. 편서풍인 북반구의 제트기류는 찬 공기의 남하를 막는 장벽인데 이것이 평년이라면 이 시기에는 만주정도의 북쪽에 있어야 하는데 제주도 남쪽까지 밀려나 있었다고 한다.

기상청은 “최근 북극의 기온이 평년보다 10~15도 이상 높아지는 이상고온 현상으로 북극진동이 크게 약화했다”면서 “이 바람에 찬 공기를 막아 주던 제트기류 곳곳이 끊어져 한파가 계속되고 있다”라고 말했다. 특히 북극의 이상고온과 북극진동의 약화 원인으로 지구 온난화나 동태평양 수온이 평소보다 낮아져 생기는 라니냐 현상 등이 거론되고 있지만 어느 것도 확실하지 않다는 게 기상청의 설명이다.

동양의 절기이론인 운기이론에 의해 북극진동의 원인을 설명하면 2010년은 금기가 강하여 바람에 해당하는 목의 기운이 금극목(金克木) 현상에 의하여 극도로 약화되었다. 거기다가 일 년 중 마지막 10번째 절기인 5운6기에 바람이 약한 운기가 도래하였다. 독자들은 위의 북극진동에 대한 설명중에서 북극진동을 하는 바람과 제트기류의 약화라는 내용과 금극목에 의한 바람의 약화현상을 연계하여 기억하여 주기를 바란다. 이러한 공기의 속도의 감소는 유체역학에서 사용되는 법칙인 베르누이 정리를 적용하면 북극권에서 압력의 상승으로 나타난다. 즉 바람의 속도가 빨라지면 압력이 감소하고 반대로 바람의 속도가 줄어들면 압력이 증가한다는 것이 베르누이 정리이다. 즉 북극권의 공기의 속도가 감소한 결과 압력이 높아지고 압력이 높아지므로 압력이 낮은 곳으로 찬 공기가 남하할 가능성이 높아진다.

거기다가 최근에 심화되고 있는 온난화 효과와 2010~2011년 겨울철의 따듯한 운기와 건조한 기상이 북극과 북반구에 강력한 온도 차이를 발생시켰다. 이결과 북반구에서 발생한 상승기류사이는 북극의 한파가 보다 쉽게 온난화가 심한 남쪽으로 유입되는 결과를 초래한 것이 북극진동을 유발시킨 다른 원인이라 할 수 있다.

온난화와 사막화가 계속되고 있는 작금의 상황을 고려할 때 이러한 북극진동의 현상은 바람의 기운이 약화되는 금의 기운이 강해지는 해에 다시 크게 나타날 가능성이 높다. 또한 북극진동에 의한 찬 기류의 남하는 온난화가 심한 지역에 크게 영향을 미치고 있음을 짐작할 수 있다. 이러한 기상이변에 대한 운기론적인 해석에 따른 적절한 대비가 기상재난을 예측하고 현명하게 대처하는 하나의 방법이 될 것이다.

꿀벌과 감씨로 예측하는 겨울 날씨

기상을 예측하는 방법은 일상생활에서 매우 다양하다. 옛날에는 밥 짓는 굴뚝의 연기가 수월하게 빠져나가지 않고 연기가 땅으로 깔리면 저기압 상태가 되어 날씨가 궂을 것으로 예상하였다. 마찬가지로 19공탄과 같은 연탄을 주 난방연료로 사용하는 사람들은 예나 지금이나 흐린 날에는 환기에 세심한 배려를 하며 연탄가스에 의한 중독을 조심하던 기억을 가지고 있다. 저기압 상태가 되면 지상에서 상공으로 올라갈수록 온도가 하강하지 않고 오히려 상승하는 역전층이 형성되어 일산화탄소와 같은 유독가스가 제대로 확산을 하지 못한다. 그래서 날씨가 흐려지면 유독가스나 먼지만 확산을 못하는 것이 아니라 사람의 말소리도 멀리 공중으로 확산을 하지 못한다. 그래서 황순원 선생의 소설 '소나기' 내용처럼 옆방이나 이웃에서의 말소리나 소음이 또렷하게 잘 들린다. 그래서 "기차의 기적소리나 종소리가 잘 들리면 비가 온다"라는 속담이 있다.

무지개나 노을을 가지고 2~3일 후의 기상을 예측한다. 무지개는 태양과 반대되는 곳에 물방울이 존재할 때 생기고 노을은 건조한 지역에서 먼지의 산란에 의하여 생긴다. 구체적으로 아침 무지개는 서쪽에 나타나고 저녁 무지개는 동쪽에 나타나는데 우리나라는 편서풍지대로서 기류가 서쪽에서 동쪽으로 이동하기 때문에 아침 무지개는 서쪽으로부터 비가 오고 저녁 무지개는 비가 동쪽으로 물러가고 있음을 나타내기에 맑은 날씨를 예상한다는 뜻이다. 그래서 남제주 속담에는 "저녁노을은 아침 날씨가 좋을 징조", 양양에서는 "아침노을이 서면 강 건너에 소매지 마라" 등이 있다.

구름의 형상 중에서 양떼구름은 비가 올 징조라고 이야기한다. 이와 같은 현상이 상공에서 나타난다는 것은 하늘의 기온이 낮은 와중에 수증기가 존재하기에 물방울이 양떼처럼 소규모 그룹으로 응축되기 때문이다. 그러므로 비가 올 가능성이 높다고 할 수 있다. 그리고 하늘에 갑자기 먹구름이 발생하는 것은 한바탕 퍼붓는 소나기구름이지만 하늘에 높은 구름이 서서히 회색으로 뒤덮이는 것은 저기압이 나타나는 것으로서 2~3일에 걸쳐서 많은 비가 올 가능성이 높다고 할 수 있다.

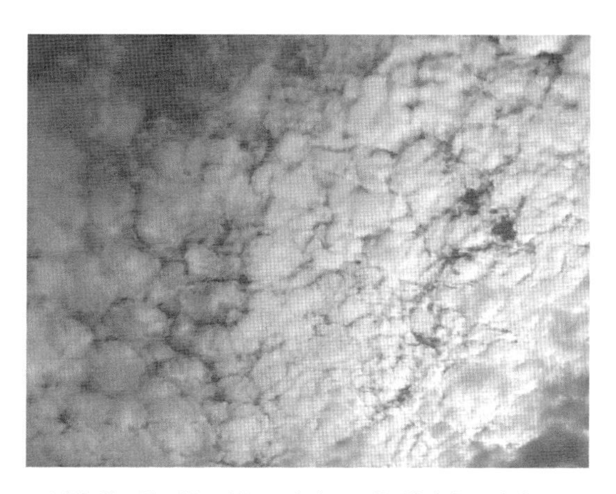

낮은 온도일 경우 작은 조각의 구름을 형성하는 양떼구름

음력은 달의 운동을 기준으로 한 것인데 달의 운동은 태양의 움직임에 비하여 기상에 간접적으로 영향을 준다고 한다. 특히 달의 기운은 물과 같은 수기에 결정적인 영향을 주며 사람의 인생사에 구체적인 사건으로 나타나는 경우가 많다. 단적인 예가 보름인 경우 물의 수기(水氣)가 가장 강력해진다고 한다. 그래서 운송수단이 약하였던 20세기 초 유럽에서는 만월의 밤에 물의 기운이 가장 좋아 박달나무와 같은 무거운 뗏목을 수로로 수송하였다고 한다. 우리나라에서도 맛있는 동동주를 담그는 비법의 하나로 만월의 밤에 흐르는 계곡물을 떠다가 동동주를 담근다고 한다. 달이 사람에 영향을 주는 단적인 예는 여자의 월경주기와 달의 운행주기가 일치한다는 것이며 달의 형태의 변화는 동양의 역의 이론 정립에 결정적인 물리적인 단서를 제공한다. 이것은 이 책의 내용이 아니므로 생략하기로 하고, 이러한 음력이 기상에 영향을 미치는 경우에 대한 경험적으로 내려오는 이야기를 소개한다.

예를 들면 음력설이 입춘보다 늦어지면 그해 봄 날씨가 순조롭지 못하고 한 달 안에서는 상현달 이후 보름 때까지는 대개 날씨가 좋으나 보름이 지난 후와 그믐 이후부터 초하루 때까지는 기상이 순조롭지 못하다고 한다. 이는 달의 기운이 음기이며 음기인 중에서 보름은 양의 상태이다. 주역의 사상(四象)이론으로는 태양(太陽)의 상태가 보름이며 태음(太陰)의 상태가 그믐이라고 보면 옳을 것이다. 그러므로 달의 기운으로 보았을 때 가장 강한 태양의 기운이 쇠하는 보름 이후와 완전한 음기가 되는 그믐 때 날씨가 궂을 수 있다는 경험적인 사례는 이론적으로도 이해가 간다.

물론 이와 같은 직접적인 기상 현상 이외에도 생태계의 여러 가지 전조 현상을 가지고 기상이변이나 재난을 예측하는 여러 방법들이 회자되고 있다. 우리나라에서도 그해 겨울이 오기 전에 꿀벌이 꿀벌통의 출입구를 얼마나 크게 만드는지 그 크기를 보고 겨울 추위를 예측하였다고 한다. 예를 들어 그해 겨울의 추위가 심할 것 같으면 꿀벌은 벌통의 출입구를 작게 만들고 그 반대일 경우에는 비교적 여유 있게 만든다고 한다. 하루 이틀 후의 날씨도 아니고 한두 달 후의 기상을 꿀벌들은 어떻게 알고 미리 준비를 하는지 신기한 일이라 할 수 있다. 미국 뉴욕 주 톰프킨즈 카운티에 사는 스웨덴 혈통을 가진 구스 윅스토롬(Gus Wickstrom)이란 농부는 돼지를 도살한 후 돼지의 비장의 형상을 보고 향후 6개월의 날씨를 예측하는 것으로 유명하다. 그의 예측 방법은 일기가 불순하거나 추워지면 돼지의 비장이 두꺼워지는 형상을 보고 판단한다고 한다.

미국의 전승 민속에는 그해 가을에 수확한 감의 씨앗을 가지고 그해 겨울의 날씨를 예측하는 방법이 있다(**Winter Weather Lore and the Persimmon**). 이러한 민간전승절기 예측방법(Folklore Winter Weather Forecast)은 2010년 10월에 전승학회가 다시 열렸는데 이것이 19번째라고 한다.

감씨의 형상(왼쪽: 스푼형 / 가운데:
포크형 / 오른쪽: 나이프형)

민간전승 지식에 의한 겨울날씨 예측에는 가을 서리가 내린 후 감의 씨앗의 얇은 쪽을 반으로 잘라서 씨앗 핵의 형상을 관찰하는 것이다. 이 경우 반으로 잘린 감의 씨앗의 형상은 스푼(spoon)형, 포크(fork)형, 그리고 나이프(knife)형 중 하나가 된다고 한다.

만일 감 씨앗의 형상이 스푼형이면 그 겨울은 무겁고 젖은 눈이 오며 추운(harsh) 겨울이 예상된다고 한다. 이는 동양의 역의 이론으로는 끈끈하고 축축한 토(土)의 기운이 많다고 해석할 수 있다. 반대로 포크형이면 온화한 겨울이 되며 눈은 가볍고 분말형태(powdery)가 된다. 포크형태라는 것은 동양학의 이론에 의하면 포크 형상이 시사하듯이 불과 같이 피어오르는 화(火)의 기운이 많다고 할 수 있다. 그리고 씨앗의 절단된 형태가 칼과 같은 긴 형상이면 그해 겨울은 춥고 얼음이 얼며 귀를 에는 듯한 바람(a cold, icy winter with cutting winds)이 분다고 한다. 기다란 나이프와 같은 형상은 음양오행이론에서는 목(木)에 해당하며 기상에서 목에 해당하는 기운은 바람(風)이다. 그러므로 미국의 전승되는 절기이론이 동양의 역의 이론과 일치한다는 점이 흥미롭다 할 수 있다.

감의 씨앗이 어떻게 다가오는 계절의 기상상황과 같은 오행의 형상을 가지면서 그해 겨울의 기상변화에 적응하는 형태를 취할 수 있는지는 알 수 없다. 단지 다음에 소개하는 '페르마의 최소시간의 원리'처럼 다양한 매질을 통과하는 빛도 굴절과 반사의 과정을 거치면서 시간이 가장 효율적인 짧은 경로를 선택한다는 과학적인 이론과 같이 적자생존의 개념과 일맥상통하는 것이 아닌가 하는 생각을 한다.

EPL 패러독스와 빛의 경로 선택이 시사하는 결정론적인 미래

일 년 후의 중장기적인 기상 현상을 육십갑자이론을 가지고 예측하는 것과 사주팔자를 가지고 운명을 예측하는 것과 이론이 매우 유사하다. 둘 다 순환하는 육십갑자의 성질을 가지고 예측하는 것이기 때문이다. 많은 사람들은 사람이 단지 태어난 날의 기운에 의하여 정해지는 운명론적인 이론이나 가설에 강한 부정적인 선입견을 가진다. 그러나 현대물리학에서 페르마의 최소시간의 원리나 EPR의 패러독스 등은 과학의 법칙 이전에 미리 정하여진 인과율의 속성을 강하게 시사한다. 이것을 살펴본다면 일 년 후 기상을 예측하는 일 또한 충분히 가능한 일이 아닐까 하는 생각을 할 수 있다. 이를 살펴보자.

'EPR의 逆說'은 1935년 EPR, 즉 아인슈타인(E), 포돌스키(P), 로젠(R)

에 의해 쓰인 한 연구 논문이며 이 논문에서 그들은 공통된 기원을 갖고 있는 두 개의 입자 혹은 광자를 갖고 행한 실험을 하였다. 이 실험에서 비록 A와 B가 서로 격리되어 있으며, 두 개의 입자 혹은 광자가 서로 의사소통할 수 있는 방법이 전혀 없는 상황에서 양자론은 이 두 개의 입자나 광자 중 A의 장소에 위치하고 있는 것의 측정 결과가 B에 있는 다른 것의 측정 결과에 의존하게 될 것임을 예측한다는 놀라운 사실을 발표함으로써 주목을 끌었다. 아인슈타인은 이 효과를 '幽靈의 遠隔作用(유령의 원격작용)'으로 언급하였으며, 보통은 'EPR paradox'로 불리고 있다.[1] 이는 지구상에서 존재하는 우리들의 운명이 다른 시공간에 존재하는 기운에 의하여 움직인다고 할 수도 있는 이론이다.

한편 '페르마의 최소시간의 원리'는 빛의 경로에 관한 이야기이다. 이는 A라는 위치를 출발하여 굴절된 빛이 B라는 지점에 도달할 때, 빛이 취하는 경로는 '최단 거리 경로'가 "아니다"라는 것이다. 최단 거리 경로라면 A, B를 잇는 직선(直線) 경로를 따라야 하기 때문이다. 그렇다면 빛이 취하는 경로는 어떤 경로일까? 페르마는 '최소 시간의 원리'를 제안하여 이 문제를 해결한다. 즉, A에서 B에 도달할 때 빛이 취하는 경로는 '시간이 가장 적게 드는 경로'여야 한다는 이론을 전개하고 있다. 최소 시간의 원리가 유용한 것은 반사 법칙까지 한꺼번에 설명할 수 있으며 최소 시간의 원리를 정확히 이해하려면 빛의 파동성을 이해해야 하고, 양자 역학을 알아야 한다. 그러나 쉽게 설명하

1) Einstein/Podolsky/Rosen, Can Quantum Mechanical Description on Physical Reality be Considered Complete? *Physical Review* 47(10), pp.777~780(1935).

면, 빛은 가장 짧은 직선의 거리 대신에 시간이 짧은 최단 시간이 되는 경로를 사전에 미리 알고 있듯이 이 길을 선택한다는 점이다.

인생사에서도 운명적으로 정하여진 선택을 하는 경우도 많다. 우리가 자랄 때 주변의 친구들 중에서는 집안의 아버지와 같은 가장이 유고가 될 것을 미리 알고 있다는 듯이 성적이 좋은 아이들 중에서 기술학교를 가는 아이들이 있었다. 이는 시공간의 차원이동에 의한 미래의 정보를 미리 받은 것처럼 보인다. 앞에서 언급하였듯이 미국의 겨울추위를 예측하는 민간전승 기상 예측방법에는 그해 가을의 감의 씨앗의 형상이 포크처럼 불이 타오르듯 하면 겨울철의 기운이 온화하다고 한다. 날씨가 온화할 경우 포크의 형상처럼 표면적으로 넓게 가지고 있는 것이 감씨의 생존에 유리하다면 감씨는 어떻게 그것을 미리 알아 대비를 할 수 있는 것일까? 이것은 페르마의 최소 시간의 원리와 어떤 연관성이 있는 것일까?

과학적으로 나타난 60년 주기의 기상 현상

이 책에서 다루고 있는 60년 주기이론은 기상뿐만 아니라 동양의 운명학과 같은 역의 이론에서 핵심이 되는 기본 개념이다. 이러한 60년 주기에 대한 물리적인 근거는 목성의 공전주기가 12년이고 토성의 공전주기가 30년이라는 데에서 출발한다. 즉 태양계의 행성 중에서 가장 큰 행성들인 목성과 토성의 공전주기가 각각 12년과 30년이 됨으로써 이들의 최소공배수가 60년이 된다. 그러므로 적어도 태양계 시스템에서는 태양과 달의 강력한 영향을 제외하고는 이들 행성의 주기성이 지구 기상이나 생태계에 실질적인 영향을 줄 것이라는 가설은 설득력이 있다. 이것이 동양 역의 순환론의 근간을 이루는 것이기에 이러한 60년 주기 이론에 대한 과학적인 증거는 동양의 역이 훌륭한 과학적 가설이 될 수 있음을 시사하는 것이기도 한다. 이를 살펴보기로 하자.

최근 2011년에 네이처 코뮤니케이션판(*Nature Communications*)의 한 논문에 의하면,[2] 북대서양의 수표면의 온도가 지난 8,000년 동안 불가사의할 정도로 55~70년 주기를 가지고 변하고 있다고 발표하였다. 이 논문을 비롯하여 다양한 천문기상학 분야의 논문들이 기상과 생태계의 60년 주기성을 언급하고 있다.[3] 특히 주변환경의 영향이 적은 심해의 생태계는 놀라울 정도로 60년 주기의 순환법칙을 따르고 있음을 알 수 있다.

지구의 온난화를 심도 있게 다루고 있는 ApplinSys 회사의 웹사이트에 보면,[4] 영국의 유명한 기상연구기관인 하들리 기상센터(Met office Hadley Center)의 1850부터 2010년 사이의 160년간의 지구의 평균온도에 관한 신뢰도가 높은 분석이 있다. 이 자료가 60년 주기를 강조하고 있기 때문에 이 자료의 내용을 여기서 정리하였다.

---

2) Knudsen, M. F. et al. Tracking the Atlantic Multidecadal Oscillation through the last 8,000 years, *Nat. Commun.* 2: 178 doi: 10.1038/ncomms1186(2011).

3) Nicola Scafetta, Empirical evidence for a celestial origin of the climate oscillations and its implication, *Journal of Atmospheric and Solar-Terrestrial Physics*, Volume 72, Issue 13, August 2010, pp.951~970.

4) http://www.appinsys.com/GlobalWarming/

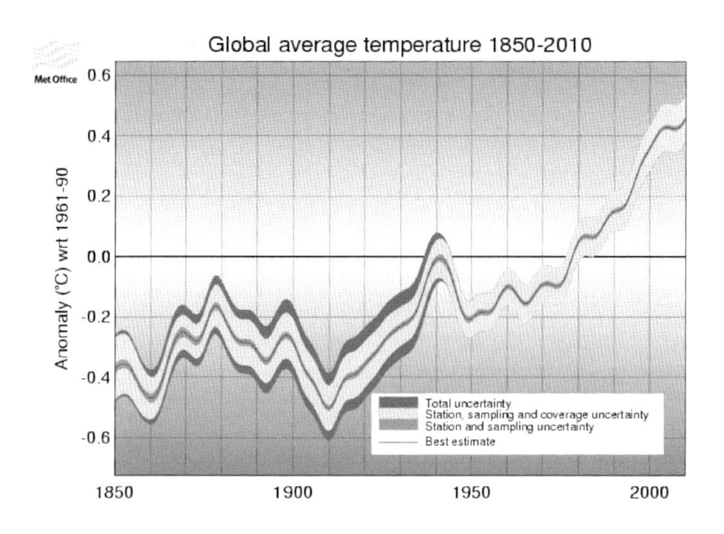

앞에 제시한 "Global Average Temperature 1850~2010" 자료가 바로 그 자료이다. 이 자료를 보면 일견 본격적인 기상관측이 시작된 1850년부터 2010년 현재까지 온난화에 의하여 지구의 평균온도가 지속적으로 상승한 것은 분명하여 보인다. 구체적으로 1850년경에 -0.4℃이던 평균온도가 2010년에 +0.4℃ 이상으로 상승하였으며, 특히 1970년 이후 급격하게 상승하고 있는 것으로 나타나고 있다.

다음 그림은 위의 하들리 센터의 자료에 내재된 60년 간격으로 순환되는 듯한 주기성을 강조하기 위하여 수직 좌표 값을 확대하여 그린 그림이다. 아래 그림을 보면 온도가 지속적으로 상승하는 경향이기는 하지만 주기성이 대략 62년으로 나타나며 최댓값은 1879년, 1942년 그리고 2002년에 나타나고 있고, 반대로 온도의 최솟값은 1910과 1972년에 나타나고 있다.

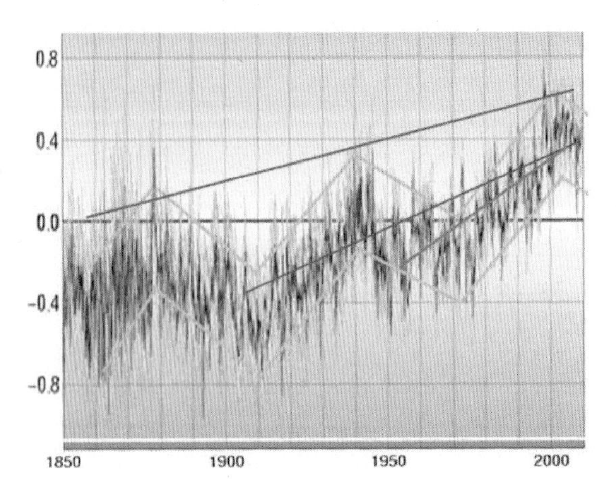

주: ApplinSys 회사의 웹사이트 자료 인용

보다 정밀한 분석을 위하여 이 자료를 1880~1950년의 기간과 1950~2010년 사이의 온도 분포를 직접적으로 비교할 경우 약간의 온도 차이는 나타나나 그 온도 곡선이 매우 유사하다는 점이다.

1880~1950년 사이에는 자연적인 인자에 의한 온난화이고 1950~2010년 사이에는 자연적인 원인과 이산화탄소 같은 인위적인 원인이 결합된 온도상승의 결과이다. 그러므로 1950~2010년 주기에는 인간에 의한 인위적인 효과의 가세로 온도가 더 높아졌다.

실제로 지구 온난화에 대해서 IPCC(Intergovernmental Panel on Climate Change, 기후변화에 관한 정부 간 패널)은 1906~2005년 100년 동안 지구의 온도가 0.74℃ 상승하였다고 주장하고 있다. 그러나 60년 주기의 반론자들은 IPCC의 이 이론은 60년 주기의 순환 온도 패턴에서 온도변화의 시작하는 시기와 끝나는 시기를 임의로 설정함으로써

100년 동안의 온도상승이 직선으로 지속적으로 상승하는 듯이 나타내고 있다고 반박하고 있다.

실제로 아래 온도상승 기울기를 표시한 아래 그림 자료를 보면 최근에서부터 기울기를 그리는 기간을 짧게 선택할수록 온도상승의 기울기가 가파르게 증가하는 것을 관찰할 수 있다. 실제로 1950년부터 지금까지 50년 동안 온도상승의 10년당 0.13℃로서 1900년도부터 지금까지 100년 동안의 온도상승 기울기의 거의 2배에 달해 온난화가 가속화되고 있다고 주장하고 있다. 그러나 실제로 1850년부터 이제까지의 온도분포를 보면 지난 100년 동안의 온도상승은 0.4℃ 정도가 되는 것으로 판단된다. 순환론을 주장하는 전문가들은 IPCC가 왜 이러한 순환특성을 무시한 채 온난화 효과를 지나치게 강조한다고 주장하고 있다.

이와 같이 기상자료는 대략 60년을 주기로 반복하고 있음을 보여주는 다양한 기상자료가 여러 분야에서 나타나고 있다. 운기론은 60갑자에 의한 순환론에 기초한 이론이다. 위의 160년의 지구평균온도의 기상자료를 60갑자로 표시하면 흥미로운 변화패턴을 볼 수 있다. 아래에 제시한 표에 의하면 1880년부터 1910년까지 30년은 온도가 감소하였고 1910년부터 40년까지는 증가하는 추세를 보인 후 다시 70년까지 감소한 후 2003년까지 증가하는 경향을 보였다. 그리고 그 이후는 약간 감소하는 추세를 보이고 있다.

	전반적인 온도하강기간 30년 중 첫 번째(1~10) 년									
세운	경진년	신사년	임오년	계미년	갑신년	을유년	병술년	정해년	무자년	기축년
하늘	금태과	수불급	목태과	화불급	토태과	금불급	수태과	목불급	화태과	토불급
지상	태양 한수	궐음 풍목	소음 군화	태음 습토	소양 상화	양명 조금	태양 한수	궐음 풍목	소음 군화	태음 습토
평균온도 그래프상 온도변화	1880	1881	1882	1883	1884	1885	1886	1887	1888	1889
	하강	하강	하강	하강	하강	하강	하강	하강	하강	하강
	1940	1941	1942	1943	1944	1945	1946	1947	1948	1949
	상승	하강	하강	하강	하강	하강	하강	하강	하강	하강
	2000	2001	2002	2003	2004	2005	2006	2007	2008	2009
	상승	상승	상승	하강	하강	하강	하강	하강	하강	하강

	전반적인 온도하강기간 30년 중 두 번째(11~20) 년									
세운	경인년	신묘년	임진년	계사년	갑오년	을미년	병신년	정유년	무술년	기해년
하늘	금태과	수불급	목태과	화불급	토태과	금불급	수태과	목불급	화태과	토불급
지상	소양 상화	양명 조금	태양 한수	궐음 풍목	소음 군화	태음 습토	소양 상화	양명 조금	태양 한수	궐음 풍목
평균온도 그래프상 온도변화	1890	1891	1892	1893	1894	1895	1896	1897	1898	1899
	하강	하강	하강	하강	하강	하강	하강	하강	하강	하강
	1950	1951	1952	1953	1954	1955	1956	1957	1958	1959
	하강	하강	하강	하강	하강	하강	하강	하강	하강	하강
	2010	2011	2012	2013	2014	2015	2016	2017	2018	2019
	하강	하강	-	-	-	-	-	-	-	-

	전반적인 온도하강기간 30년 중 세 번째(21~30) 년									
세운	경자년	신축년	임인년	계묘년	갑진년	을사년	병오년	정미년	무신년	기유년
하늘	금태과	수불급	목태과	화불급	토태과	금불급	수태과	목불급	화태과	토불급
지상	소음 군화	태음 습토	소양 상화	양명 조금	태양 한수	궐음 풍목	소음 군화	태음 습토	소양 상화	양명 조금
평균온도 그래프상 실제 온도변화	1900	1901	1902	1903	1904	1905	1906	1907	1908	1909
	하강	하강	하강	하강	하강	하강	하강	하강	하강	하강
	1960	1961	1962	1963	1964	1965	1966	1967	1968	1969
	하강	하강	하강	하강	하강	하강	하강	하강	하강	하강
	2020	2021	2022	2023	2024	2025	2026	2027	2028	2029
	-	-	-	-	-	-	-	-	-	-

	전반적인 온도상승기간 30년 중 첫 번째(1~10) 년									
세운	경술년	신해년	임자년	계축년	갑인년	을묘년	병진년	정사년	무오년	기미년
하늘	금태과	수불급	목태과	화불급	토태과	금불급	수태과	목불급	화태과	토불급
지상	태양 한수	궐음 풍목	소음 군화	태음 습토	소양 상화	양명 조금	태양 한수	궐음 풍목	소음 군화	태음 습토
평균온도 그래프상 온도변화	1850	1851	1852	1853	1854	1855	1856	1857	1858	1859
	-	-	-	-	-	-	-	-	-	-
	1910	1911	1912	1913	1914	1915	1916	1917	1918	1919
	하강	상승	상승	상승	상승	상승	상승	상승	상승	상승
	1970	1971	1972	1973	1974	1975	1976	1977	1978	1979
	하강	하강	상승	상승	상승	상승	상승	상승	상승	상승

	전반적인 온도상승기간 30년 중 두 번째(11~20) 년									
세운	경신년	신유년	임술년	계해년	갑자년	을축년	병인년	정묘년	무진년	기사년
하늘	금태과	화불급	목태과	화불급	토태과	금불급	수태과	목불급	화태과	토불급
지상	소양 상화	양명 조금	태양 한수	궐음 풍목	소음 군화	태음 습토	소양 상화	양명 조금	태양 한수	궐음 풍목
평균온도 그래프상 온도변화	1860	1861	1862	1863	1864	1865	1866	1867	1868	1869
	-	-	상승	상승	상승	상승	상승	상승	상승	상승
	1920	1921	1922	1923	1924	1925	1926	1927	1928	1929
	상승	상승	상승	상승	상승	상승	상승	상승	상승	상승
	1980	1981	1982	1983	1984	1985	1986	1987	1988	1989
	상승	상승	상승	상승	상승	상승	상승	상승	상승	상승

	전반적인 온도상승기간 30년 중 세 번째(21~30) 년									
세운	경오년	신미년	임신년	계유년	갑술년	을해년	병자년	정축년	무인년	기묘년
하늘	금태과	수불급	목태과	화불급	토태과	금불급	수태과	목불급	화태과	토불급
지상	소음 군화	태음 습토	소양 상화	양명 조금	태양 한수	궐음 풍목	소음 군화	태음 습토	소양 상화	양명 조금
평균온도 그래프상 온도변화	1870	1871	1872	1873	1874	1875	1876	1877	1878	1879
	상승	상승	상승	상승	상승	상승	상승	상승	상승	상승
	1930	1931	1932	1933	1934	1935	1936	1937	1938	1939
	상승	상승	상승	상승	상승	상승	상승	상승	상승	상승
	1990	1991	1992	1993	1994	1995	1996	1997	1998	1999
	상승	상승	상승	상승	상승	상승	상승	상승	상승	상승

위에서 제시한 160년간 동안 60년 주기로 30년은 온도가 상승하고 30년은 온도가 하강한 이유를 60갑자의 물리적 특성에 따라 더운 해와 그렇지 않은 기간으로 표시를 하면 어째서 그러한 온도의 변화가 생겼는지를 유추할 수 있다. 구체적으로 온도하강기간 마지막 몇 년 정도에서부터 육십갑자의 더운 기운이 나타나고 있다. 이는 지구 전체의 온도변화에 대한 열적 관성효과를 고려한 특성 시간 등을 계산하여 고려할 때 물리적으로 시사하는 바가 있다고 할 수 있다. 이에 대하여서는 보다 구체적이고 실질적인 연구가 필요하겠지만 일차적으로 60갑자의 한서(寒暑)와 같은 물리적인 의미를 파악하는 데 나름대로 도움이 될 것으로 판단한다.

온도하강기간

1940	1941	1942	1943	1944	1945	1946	1947	1948	1949
庚 辰	辛 巳	壬 午	癸 未	甲 申	乙 酉	丙 戌	丁 亥	戊 子	己 丑
1950	1951	1952	1953	1954	1955	1956	1957	1958	1959
庚 寅	辛 卯	壬 辰	癸 巳	甲 午	乙 未	丙 申	丁 酉	戊 戌	己 亥
1960	1961	1962	1963	1964	1965	1966	1967	1968	1969
庚 子	辛 丑	壬 寅	癸 卯	甲 辰	乙 巳	丙 午	丁 未	戊 申	己 酉
					60갑자의 기운이 더운 기간				

온도상승기간

1970	1971	1972	1973	1974	1975	1976	1977	1978	1979
庚戌	辛亥	壬子	癸丑	甲寅	乙卯	丙辰	丁巳	戊午	己未
					60갑자의 기운이 더운 기간				
1980	1981	1982	1983	1984	1985	1986	1987	1988	1989
庚申	辛酉	壬戌	癸亥	甲子	乙丑	丙寅	丁卯	戊辰	己巳
					60갑자의 기운이 더운 기간				
1990	1991	1992	1993	1994	1995	1996	1997	1998	1999
庚午	辛未	壬申	癸酉	甲戌	乙亥	丙子	丁丑	戊寅	戊寅

2024년 갑진년 장마에 대한 예측은 가능한가?

"앞으로 10년 이상의 세월이 지난 후인 2024년에 장마특성이 어떠할까?" 하고 질문을 하면 여러분은 이 질문에 대한 대답이 가능한가? 가능하다면 어느 정도 정확도를 가지고 대답할 수 있을까? 그 대답을 하기위해 동양의 순환이론의 기본적인 내용을 설명한다.

동양의 절기이론은 60년 순환이론이다. 매년 기상특징을 설명하는 단어는 우리가 태어난 해의 띠를 보거나 운수 보는 데 사용하는 '갑자, 을축, 병인, 정묘…… 계해'라는 60갑자이다. 60갑자는 이와 같은 60개의 인자를 가진 조합을 뜻한다. 필자는 "갑자" 또는 "을축" 하는 단어가 가지는 의미가 뉴턴역학의 1, 2, 3법칙이나 질량이나 관성과 같은 물리량적인 의미를 가졌다고 생각한다. 왜냐하면 뉴턴역학이 역학(力學)분야에 중요한 예측도구인 것과 같이 60갑자에 기초한 운기론은 일 년 후의 날씨나 기상, 동식물의 작황 그리고 사람의 운명을 예측하는 실용적 도구이기 때문이다.

동양절기이론은 이렇게 60년을 주기로 하여 기상인자(氣象因子)가 규칙적으로 반복하면서 순환한다는 것에 기초한다. 60갑자의 60년 순환의 근거는 목성과 토성의 태양공전주기인 12년과 30년의 최소공배수로 결정된다. 물론 이러한 60년 주기 외에 일진의 분포나 기타 풍수적인 인자와 지형학적인 변화와 온난화가 기상에 영향을 미친다. 그리고 물론 그 시대를 사는 사람들의 심리상태가 역시 영향을 준다.

사람의 심리 상태가 영향을 미치는 대표적인 예 중의 하나가 입시한파이다. 지금은 수능의 입시에 대한 중요도나 변별력이 약해져 입시한파가 강력하게 가시적으로 나타나지 않는다. 그러나 전에 전기와 후기로 나눠져 한 번의 시험으로 당락을 결정하는 입시제도에서 대한민국 국민이라면 입시 전날부터 갑자기 추워지는 한파에 대한 기억이 생생하게 있을 것이다. 필자도 입시 하루 전 부터 날씨가 갑자기 추워지던 일을 지금도 기억하고 있다. 입시에 대한 걱정과 긴장감이 한파를 몰고 온 것이다.

그러므로 60년 주기로 반복하는 기상변화의 내재된 속성을 파악함으로써 중장기 기상 예측을 가능하게 한다. 이상에 언급한 바와 같이 동양의 절기이론의 가장 핵심이 되는 단어는 육십갑자를 구성하는 '갑자, 을축, 병인, 정묘……' 60개의 글자이다. 예를 들어 2012년 기상을 알려면 "임진(壬辰)"이라는 두 글자를 해석하여야 하고, 2022년 기상이 어떤지를 알려면 2022년 그해의 육십갑자인 "임인(壬寅)"이라는 글자를 정의에 기초하여 이를 물리적으로 해석하여야 한다. 세상에 회자하는 이름으로 임진을 흑룡, 경인을 백호 그리고 정해를 황금돼지 등으로 해석 하는 것은 너무 피상적인 이야기로서 기상 예측과 같은 실학 차원에서는 시사하는 의미가 크지 않다.

임진이나 임인과 같은 그해의 연운을 나타내는 글자는 천간합의 법칙과 지지충의 법칙에 의하여 일 년을 하늘에는 다섯 개의 운으로, 그리고 지상은 여섯 개의 기운으로 세분화한다. 이것이 오운육기(五運六氣)의 발생이다. 갑을병정무기경신임계 천간사이의 상관관계를 다루는 천간합의 법칙이란 후에 자세히 설명을 하겠지만 갑기합화토, 을경합화금, 병신합화수, 정임합화목, 무계합화화의 다섯 개의 천간이 결합하는 법칙이다. 그리고 자축인묘진사오미신유술해 12지지 사이의 충돌관계를 나타내는 것으로 자오충 소음군화, 축미충 태음습토, 인신충 소양상화, 묘유충 양명조금, 진술충 태양한수, 사해충 궐음풍목으로 불리는 여섯 개의 법칙이 있다.

하늘을 뜻하는 양의 천간 기운은 능동적인 합을 기본으로 하고 음을 뜻하는 땅의 지지는 충돌과 같은 강렬한 외부의 자극에 의하여 새로운 기운을 발생시킨다. 이러한 합충의 현상은 음양이 가진 고유한 속성에 기인하다. 물론 이러한 간합법칙과 지지충의 법칙을 잘 이해하기 위해서는 갑을병정무기경신임계라는 10개의 천간과 자축인묘진사오미신유술해라는 12개의 지지가 가지는 물리적인 의미를 파악하는 것이 우선이다. 이러한 오운육기의 이론은 보통 간단하게 운기론(運氣論)이라고도 불린다.

이러한 이론에 나타나는 특징 중의 하나는 오운육기의 구분에 의하여 일 년을 10개의 계절로 분류된다. 이 10개의 구간은 기간별로 모두 기상이나 날씨가 다른 특징을 가진다는 것이다. 그렇기 때문에 비가 지속적으로 내리다가 어느 날부터 운기가 바뀌면 갑자기 한순간 청명한 날씨로 전환되는 현상이 발생한다. 여기서 오운(五運)은 하늘의 기운으로 목・화・토・금・수의 다섯 개의 운이며, 육기(六氣)는 하늘아래 지상의 기상을 나타내는 변수로서 풍열서습조한(風熱暑濕燥寒)을 나타낸다. 음양오행이론에 기초적인 분류의 하나로 목・화・토・금・수의 기운은 각각 목의 바람, 화의 열기, 토의 습기, 금의 건조, 수의 냉기로 귀속된다. 그러므로 하늘의 목운, 화운, 토운, 금운, 수운으로 분류되는 오운 역시 각각의 기운에 해당하는 기상을 의미함을 알 수 있다.

그래서 동양의 운기이론은 첫 번째 구간으로 1운1기, 두 번째 구간으로 1운2기, 세 번째 구간인 2운2기, 네 번째 2운3기…… 마지막 열 번째가 5운6기이다. 이런 식으로 일 년을 10개의 구간으로 분류하며 각각 구간마다 고유한 기상이나 기후의 특징을 나타내고 있다. 그러므로 동양의 운기이론에 의하면 특정한 해에 봄이 더운 봄인지, 추운 봄인지, 비가 많은 봄인지, 건조한 봄인지, 또는 바람이 특히 강하게 부는 봄인지를 판단하는 기본적인 자료를 제공하고 있는 것이다. 계절을 단순히 봄 여름 가을 겨울 등 사계절로 분류하는 것과 비교할 때 각 계절의 기상이나 기후의 상황을 설명하는 절기 이론이 존재한다는 것만으로도 그 이론의 사실여부를 떠나서 매우 차원이 높은 이론임을 느끼게 하지 않는가?

동양의 절기이론은 그렇기 때문에 일 년 후 또는 몇 개월 후의 기상 예측을 가능하게 한다. 그러므로 필자는 조만간 정식교육기관에서 "십 년 후 ○○○○년의 여름 장마의 행태에 대하여 기술하라"는 문제가 학생들의 과제로 주어질 날이 올 것이라고 생각한다. 이러한 문제에 대한 가상적인 답안의 하나로 아래와 같은 2024년 갑진년의 10개의 구간에 대한 운기표를 제시하였다.

2024년 갑진년의 오운육기표

운기와 월일	1운1기 (1.21.~3.19.)	1운2기 (3.20.~3.31.)	2운2기 (4.1.~5.20.)	2운3기 (5.21.~6.7.)	3운3기 (6.8.~7.21.)	3운4기 (7.22.~8.12.)	4운4기 (8.13.~9.21.)	4운5기 (9.22.~11.15.)	5운5기 (11.16.~11.21.)	5운6기 (11.22.~1.19.)
객운(하늘)	토태과	토태과	금불급	금불급	수태과	수태과	목불급	목불급	화태과	토불급
객기(지상)	소양상화	양명조금	양명조금	태양한수	태양한수	궐음풍목	궐음풍목	소음군화	소음군화	태음습토

위에 제시한 표의 용어를 지금 모두 해석할 필요는 없지만 토태과는 차지 않고 습기가 많다는 의미이며 금불급은 바람이 약하고 건조하지 않은 것이고 수태과는 하늘이 냉하다는 의미이다. 이 표에 의하면 갑진년에는 여름철에 해당하는 3운3기와 3운4기에 하늘에 찬 기운이 돈다는 의미가 "수태과"로 나타나 있다. 수증기 증발이 많은 한 여름철에 하늘에 찬 기운이 돈다면 강수의 가능성이 매우 높다. 이러한 해에는 기상청에서는 아마도 그해에는 장마전선이 남북으로 오르내리면서 긴 장마가 될 것이라고 예측할 것으로 보인다. 그러므로 갑진년에는 적어도 6월부터 8월 12일 정도까지 긴 여름 장마가 예상된다고 할 수 있다. 이러한 방법으로 필자는 2011년 신묘년에 6월부터 8월 사이에 지속된 두 달간의 긴 여름장마를 정확하게 예측한 바 있다.

운기에 의한 2000년 전 삼국사기 기상자료 분석

"신라시대 105년 봄(양력 3월 4일~4월 1일)에 경주에 눈이 석자(3척)이 내렸다"

대한민국 천문의 실력은 세계사적으로 추종을 불허할 뿐 아니라 우수한 역사적인 자료를 가지고 있다. 수천 년 전부터 우리 선조는 하늘을 우러러 자연현상을 관측하여 왔으며 하늘과 땅 그리고 태양과 달의 변화에 대한 세밀한 관측의 자료를 가지고 있다. 『삼국사기』 기록만 하더라도 기상에 관한 것이 424건이고 천문에 관한 것이 218건이나 된다고 한다. 이러한 우리 조상들의 역사적인 자료를 현대에 이르러 과학적으로 분석하여 활용한다면 환경재난이 빈번한 시기에 기상경영의 차원에서 매우 의미 있는 일이라 할 수 있다.

『삼국사기』 신라본기에 의하면 "二月京都(이월경도) 雪 三尺(설 삼척)(파사이사금 26년/양3.4.~4.1./신라본기1)"라는 말이 나온다. 이 말은 "신라시대 105년 봄(양력 3월 4일~4월 1일)에 경주에 눈이 석자(3척)이 내렸다"고 기상청 자료집은 해석하고 있다. 근 2000년 전의 일이기는 하나 과연 봄철에 눈이 3척이나 내리는 상황이 가능한지 운기이론으로 분석하여 보기로 하자.

서력기원 105년은 을사년이다. 을사년은 을목의 기운에 의하여 금불급의 기운이 하늘을 지배하고 사화의 기운에 의하여 궐음풍목이 지상을 지배한다. 양력 3월 4일부터 4월 1일은 운기상으로 보면 1운1

기와 1운2기에 해당한다. 1운1기의 운기는 금불급에 양명조금이고 1운2기의 기운은 하늘은 역시 금불급이고 지상은 태양한수의 기운이다. 지상은 양명조금이나 태양한수로서 수증기의 증발이 원활하지 않은 상황에서 하늘은 금불급으로 건조한 기운이 부족하여 습한 기운을 많이 함유할 수 있는 상황이다. 이러한 상황에서는 하늘에는 지상에서 지속적으로 발생한 많은 수증기가 하늘에 과포화 상태로 존재할 가능성이 높다.

이러한 과포화 상태의 수증기는 눈이 오기는 어려우나 일단 내린다면 폭설의 가능성이 매우 높다. 이는 마치 2004년 갑신년 3월 초에 경부 고속도로를 마비시킨 100년 폭설의 상황과 유사하다. 구체적으로 "2004년 3월 4일부터 6일까지 중부 지방에는 최고 49.3cm의 폭설이 내려 경부고속도로가 37시간 동안 마비됐고, 총 6,734억 원의 재산피해가 났다." 이와 같이 주기성을 가진 운기이론의 정보를 활용하면 2000년 전의 기상에 대한 자료도 현재에서 역으로 유추가 가능하다.

여기서 운기론 이외의 내용으로 언급할 사항 중의 하나는, 현재 경상도 지방의 기상조건에서는 이와 같은 초봄에 폭설이 내리는 것이 가능하지 않다는 것이다. 아마도 그 당시 경상도 지방의 기온이 현재보다 고온 다습하거나 아니면 고천문학자들이 주장하는 중국의 다른 지역에 신라가 위치하였을 가능성도 생각할 수 있다.

1995년 이래의 홍수는
1815년 순조 시대 10년 홍수의 180년 주기에 의한 반복인가?

조선시대의 홍수의 기록을 주기를 가진 절기이론으로 살펴보면 나름대로의 규칙성이 나타남을 알 수가 있어서 흥미롭다. 육십갑자의 순환이론에서 연(年)을 나타내는 60갑자는 60년 주기로 반복된다. 그러나 60년 전과 지금의 날짜가 연운이나 월운이 일치하기는 하나 매일의 일진까지 일치하는 것은 아니다. 기상에 실질적으로 영향을 주는 일진이 일치하는 것은 80년 주기로 나타난다. 예를 들어 1901년 1월 4일의 일진이 계축이었다면 80년의 세월이 지난 1981년 1월 4일의 일진이 다시 계축이 된다.

그리고 기상에 간접적으로 크게 영향을 미치는 풍수의 기운은 팔괘구궁을 20년 주기로 순환하므로 180년 주기로 일어난다. 그러므로 풍수(180년)와 일진(80년) 그리고 연운(60년) 등의 주기를 고려할 때 기상현상은 180년 주기나 240년 주기로 반복할 가능성이 높아 보인다.

특히 순조 시대에 매년 지속되었던 홍수의 피해가 정확하게 180년이 지난 지금 90년대 후반(정확하게는 95년 을해년 이후)의 한반도에서 일어나고 있는 홍수 피해와 일치하여 순환이론을 강조하는 운기론적인 관점에서는 주의를 끌게 한다.

조선시대 서울 부근의 홍수에 관해서는 『승정원일기』 및 『조선왕조실록』 등에 의해 정종 이후(1400년 이후) 약 450년간의 기록이 있으며, 이들 자료를 정리해 보면 서울을 중심으로 한 홍수는 총 176회에 달했다고 한다. 가을 말에서 이른 봄에 이르는 가을-겨울-봄으로 이어지는 반년간의 홍수 기록은 불과 얼마 안 되나 늦봄부터 초가을에 이르는 반년간의 홍수는 총 강우량의 90%나 차지하였다 하며 특히 7, 8월에는 전체 홍수의 약 70%가 나타나고 있다고 한다. 이것은 지금의 홍수 양상과도 유사한 양상을 보이고 있음을 알 수 있다.

조선 역대의 왕 중에서 가장 홍수의 피해 기록이 많았던 순조로서 순조 재위 시 일정기간 동안은 거의 매년 홍수가 있었으며 그 피해액도 매우 컸다고 한다. 특히 순조 15년(1815년, 하원갑자 을해년), 16년(1816년, 하원갑자 병자), 17년(1817년, 하원갑자 정축), 19년(1819년, 하원갑자 기묘), 20년(1820년, 하원갑자, 경진), 21년(1821년, 하원갑자 신사), 22년(1822년, 하원갑자 임오), 23년(1823년, 하원갑자, 계미), 24년(1824, 하원갑자 갑신)년은 홍수가 매년 계속 발생했다고 한다.

특히 순조 17년(1817년) 6월의 피해에 대한 기록을 살펴보면 장맛비가 여러 달 동안 내렸는데 남쪽 삼도(三道)가 특히 심하였다. 호남지방에서의 피해는 민가 2,453호가 물에 떠내려갔거나 무너졌으며 사망자는 84명이었다. 그리고 영남에서는 민가파손 2,025호, 사망 45명이었으며 호서지방에서는 민가파손 1,605호, 사망 48명이었다. 또한 평안도에서는 민가파손 145호, 사망 29명이었고 수도 안의 5부에서도 민가가 파손된 것이 778호였다고 한다.

이렇게 많은 비가 내린 것은 90년대 후반, 즉 95년 을해년부터 최근 10년 동안 서울지방에 많은 비가 내린 것과 일치하는 현상이라고 보인다. 구체적인 자료를 살펴보자. 우리나라에서 과학적인 기상 관측이 이루어진 지난 1908년 이후 2002년까지 서울지방에 한 달 월평균 강수량이 500mm 이상 내린 횟수는 총 28회 정도이다. 이는 거의 3~4년에 한 번씩 월 강수량이 500mm가 넘는 강수기록을 보이고 있음을 보여 주는 것이다. 그러나 앞에서 이미 언급한 바와 같이 순조 15년(1815년, 하원갑자 을해년) 홍수 이후 정확하게 180년이 지난, 1995년 이후 2002년까지 8년 동안 월 평균 강수량 500mm를 넘는 강수를 보인 예는 7회로서 1997년 정축년을 제외하고는 매년 500mm 이상의 강우가 서울지방에 내린 셈이다.

구체적인 예를 들면 1995년 을해년 8월에는 서울지방에 786.6mm가 내렸으며, 1996년 병자년에는 7월에 512.8mm, 1998년 무인년 8월에는 1237.8mm, 1999년 기묘년 8월에는 600.5mm, 2000년 경진년 8월에는 599.4mm, 2001년 신사년에는 698.4mm, 그리고 2002년 임오년 8월에는 688mm를 퍼부었다. 순조 시대와 90년대 후반 이후의 홍수피해의 규칙성을 파악하기 위하여서는 180년 주기의 한 번의 일치를 가지고는 속단하기 어렵다. 이를 위하여서는 순조 이전의 180년 전(1635년, 하원갑자 을해년)과 360년 전(1455년, 하원갑자 을해년)의 강우 기록을 확인할 필요가 있을 것이다.

그러나 을해년, 병자년으로 이어지는 10년간의 운기가 비교적 많은 비를 내리게 할 가능성이 크고 작금의 산업화나 온난화와 같은 현상이 홍수를 가속화시킬 가능성이 점쳐지고 있으므로 이러한 주기성에 관심이 가는 것이다. 여기서 염두에 두어야 할 사항 중의 하나는 비록 어느 해의 운기가 큰비가 내릴 가능성이 높다고 하여서 비가 올 확률이 절대적이라고 판단하여서는 안 된다는 점이다. 그 이유는 기상 현상이라는 것은 운기 이외에도 다른 요인에 의하여 좌우되는 점이 많기 때문이다. 예를 들어서 그 지역의 환경적인 변수로서 강우 시 얼마나 많은 양이 강으로 흘러내리지 않고 지하로 침투되는가와 해수면의 온도 변화 양상이나 사람들의 심리 상태가 어떠한가에 따라서도 영향을 준다는 점이다. 그리고 순수한 과학적 이론만을 가지고 고찰한다고 하여도 기상 현상의 카오스 현상은 미세한 기상 현상의 차이가 크게 증폭되어 완전히 다른 결과를 나타낼 수 있기 때문에 이변이 많다.

조선시대 다른 홍수 피해의 예를 보면 태종 갑신년 7월(1404년 9월 2일; 중원갑자 갑신년, 1944년에 해당)로 서울 시내에 물이 넘쳐 수심이 10여 척에 달했으며, 영조 무인년(1758년 9월 12일; 1938년, 중원갑자 무인년에 해당)에 19척, 역시 같은 해 영조 무인년 6월(1758년 7월 20일; 2005년, 하원갑자 을유년)에 한강 수위가 20척에 달한 것 등을 들 수 있다. 피해가 컸던 고종 22년(1885년; 2005년, 하원갑자 을유년) 8월의 홍수 때는 전국에 8,600여 호의 재산피해가 있었다. 헌종 5년(1839년; 중원갑자 기해, 2019년에 해당) 8월의 대홍수로 인한 기록을 보면 황해도에서는 평산 등 13개 고을에서 물에 빠져 죽은 사람이 49명, 떠내려가거나 무너진 민가가 1,835호였으며, 토산현에서는 물에 빠져 죽은 사람이 50명, 떠내려가거나 무너진 민가가 20여 호였다. 평안도에서는 물에 떠내려갔거나 무너진 민가가 1,563호, 사망자는 2명이었으며 경상도에서는 이러한 피해를 입은 민가가 3,108호였고, 사망자는 54명, 함경도에서는 완전히 무너진 민가가 335호, 충청도에서는 피해가구수가 489호, 사망자는 10명이었다.

위에 나타난 홍수 예 중에서 영조시대 무인 년 홍수와 헌종 5년 기해년 홍수 등은 운기의 관점에서 많은 비가 예상되는 해이기 때문에 절기 이론으로 본 홍수 피해의 예측은 흥미롭다고 할 수 있다.

오운육기(五運六氣)는 10개의 계절 특성을 가진다

우리가 알고 있는 날씨나 기후에 관한 정보는 매우 상식적이다. 봄이 되면 날씨가 따듯하여지고 봄바람이 불며 여름이 되면 무덥고 긴 장마 기간을 가진다. 그리고 가을 되면 건조한 와중에 시원한 가을바람이 불며 겨울에는 추운 와중에 눈보라가 몰아친다는 정도이다. 그리고 최근에는 국제적으로 온난화에 따른 기상이변이 점점 심하여지는 추세에 있으며 이를 방지하기 위하여 이산화탄소나 메탄(CH_4)의 배출을 적극적으로 자제하여야 한다는 정도이다.

기상 예측의 관점에서도 과학적인 기상 예측에는 인공위성과 같은 첨단문명의 이기에 의한 측정을 필요로 하며 이러한 측정 자료를 바탕으로 하여 슈퍼컴퓨터를 동원한 열과 물질 전달현상에 대한 복잡한 수학적 계산을 한 후 비로소 기상에 관한 예보를 결정한다. 그러나 이러한 기상예보는 카오스 현상, 나비효과, 슈퍼컴 계산상의 알고리즘의

오차나 복잡한 가상현상에 대한 모델문제 때문에 10일 이상의 중장기 예보는 신뢰도가 매우 떨어지는 것으로 알려져 있다.

그러나 동양의 절기이론은 현대의 과학적인 기상 예측 방법과는 매우 다른 방법을 취하고 있다. 보통 우리는 일 년을 사계절로 나눈다. 그러나 동양의 운기론에서는 일 년을 하늘은 다섯 개의 운(運)으로 나누고 지상은 여섯 개의 기(氣)로 세분화한다. 즉 하늘에는 1운에서부터 5운까지 존재하며 지상에서는 1기에서부터 6기까지 존재한다. 하늘의 기운이 5개의 운이 존재하므로 1운의 기간은 대략 73일 정도가 된다. 하늘의 기운을 나타내는 오운은 주기적으로 정해져 있는 주운의 경우 1운은 목운, 2운은 화운, 3운은 토운, 4운은 금운, 5운은 수운이 된다. 1운이 보통 2월초부터 시작하므로 상식적인 사계절의 분류로는 늦은 겨울부터 봄에 걸쳐 있다.

그리고 지상에는 6기가 존재하므로 1기의 기간은 역시 60여 일 정도 지속함을 알 수 있다.육기에는 6개의 구간에 따른 풍열서습조한(風熱暑濕燥寒)이라는 기상 현상을 나타내는 명칭이 존재한다. 이렇게 5운 6기가 존재함으로써 일 년에는 총 10개의 특징을 가진 구간이 존재한다. 이것을 보통 1운1기(첫 번째 기간), 1운2기(두 번째 기간), 2운2기(세 번째 기간), 2운3기(네 번째 기간), 3운3기(다섯 번째 기간), 3운4기(여섯 번째 기간), 4운4기(일곱 번째 기간), 4운5기(여덟 번째 기간), 5운5기(아홉 번째 기간), 5운6기(열 번째 기간)로 나타낸다.

여기서 강조할 것은 기상이나 기후의 변화는 봄・여름・가을・겨울의 4계절이 바뀌듯이 주운과 주기의 영향을 받아 변화한다. 그러나 중요한 것은 기상이나 기후 특징의 변화가 아래에 제시한 기간 동안에는 거의 비슷하다가 그 기간이 끝나 다른 기간에 들어서면 어느 날 갑자기 기상이나 기후 현상이 현격하게 달라진다는 점이다. 이는 마치 화학시간에 배운 전자의 궤도이론에서 전자가 K-궤도에서 L-궤도로 퀀텀(양자)점프를 하듯이 변화하는 양상을 띤다. 이것이 동양의 역학이 시간이나 공간상의 방위에 있어서 현대물리학의 양자물리학적인 개념을 가졌기 때문이다. 양자적인 개념이란 어떤 물리양의 변화가 경계면에서 서서히 변화하는 것이 아니라 계단과 같이 순간적으로 그 값이 바뀐다는 개념이다. 예를 들면 y=f(x)라는 어떤 함수의 값이 x가 0에서 1 사이에서는 y의 값이 10이었는데 1에서 2 사이에서는 그 값이 20으로 달라지는 경우를 말한다.

기상분야의 예를 들면 2011년 장마는 6월 중순에서 8월 12일까지 두 달간 많은 비를 내렸다. 여기서 두 달이라는 기간은 다섯 번째에 해당하는 3운3기와 여섯 번째 해당하는 3운4기임을 알 수 있다. 그때 3운4기의 기간이 끝나자 오운육기 운기에 의하여 내리던 장마의 기운이 소멸되었으며 장맛비도 자연스럽게 같이 소멸되었다. 독자들은 이렇게 오운육기에 나타난 기간을 숙지하여 놓으면 기상 현상이 이러한 기간에 맞추어서 양자개념의 디지털적 변화를 하는 것을 인지할 수 있을 것이다. 미국의 한 기상회사의 발표 자료를 보면 날씨는 지난해 날씨가 불과 35%가량만 비슷하게 반복된다는 분석을 내놓은 적이 있다. 최근 빈번해진 이상기후가 오운육기의 기간에 따른 운기적인 효과를 증폭시켜 때문에 지난해와 패턴과 완전히 다른 경우가 많아지기 때문이다. 그러므로 운기론을 이해하지 못하면 기상변화에 대한 예측은 더욱 어려워질 수밖에 없다.

아래 표에 최근 발생하였던 몇 개의 대표적인 기상 현상을 오운육기의 기간에 맞추어 주운과 주기로 표시하였다. 이를 살펴보면 계절에 따른 기상 특징이 이러한 기간에 걸쳐서 해마다 다르게 나타나고 있음을 이해할 수 있다.

10개의 구간의 오운육기에 따른 기간

계절 순서	첫 번째 (1)	두 번째 (2)	세 번째 (3)	네 번째 (4)	다섯 번째 (5)	여섯 번째 (6)	일곱 번째 (7)	여덟 번째 (8)	아홉 번째 (9)	열 번째 (10)
운기와 월일	1운1기 (1.21. ~3.19.)* 또는 2월 2일 ~3월 19일	1운2기 (3.20. ~ 3.31.)	2운2기 (4.1. ~ 5.20.)	2운3기 (5.21. ~ 6.7.)	3운3기 (6.8. ~ 7.21.)	3운4기 (7.22. ~ 8.12.)	4운4기 (8.13. ~ 9.21.)	4운5기 (9.22. ~ 11.15.)	5운5기 (11.16. ~ 11.21.)	5운6기 (11.22. ~ 1.19.)
주운	1운 목운	1운 목운	2운 화운	2운 화운	3운 토운	3운 토운	4운 금운	4운 금운	5운 수운	5운 수운
주기	1기 궐음풍목	2기 소음군화	2기 소음군화	3기 태음습토	3기 태음습토	4기 소양상화	4기 소양상화	5기 양명조금	5기 양명조금	6기 태양한수
4계절 표현	늦은 겨울과 3월 중순까지 추운 초봄	봄기운이 느껴지는 기간 (3월 말)	4, 5월 화창한 봄	계절의 여왕인 5월 말과 6월 초 초여름	뜨거운 여름의 시작이며 전통적인 장마 기간	장마 종료 후 피서 시즌이 시작되는 기간	늦여름과 초가을	전형적인 가을 기간	만추	마지막 가을과 겨울 기간
최근 기상 특징	2004년 3월 초 100년 폭설			2001년 신사년 늦은 봄장마	2011년 장마 2006~2008년 여름장마 실종	2011년 장마 기간 연장**	2010년 가을 장마***	2010년 가을 추위		2010년 북극 진동 강추위

* 연운이 갑병무경임(甲丙戊庚壬) 으로 시작하는 양년의 경우는 운이 대한 절기 시점부터 시작하여 1월 하순경부터 일찍 들어온다. 반대로 세운이 을정기신계(乙丁己辛癸)로 시작하는 해에는 운이 입춘경에서 시작하므로 양년에 비해 늦게 들어온다. 위에서 제시한 날짜들은 연도에 따라서 1~2일 정도의 차이는 나타날 수 있다.

** 긴 장마의 여파 등으로 우면산 산사태가 발생함.

*** 추석시즌 광화문 지하도가 잠김.

2차 대전 때 독일은 겨울 추위를 잘못 예측하여 패망하였다

1941~1942년 신사-임오년(辛巳-壬午年) 겨울은 탱크 연료가 얼 정도 추위인데 독일 기상전문가는 그해 겨울이 유례없이 포근할 것이라고 하였다고 한다. 1941년 6월 22일 오전 5시 30분 독일 선전장관 괴벨스가 라디오를 통해 히틀러의 대 소련의 선전포고를 발표했다. 이에 앞선 오전 3시, 약 300만 명의 독일군이 이미 전차 등을 동원, 대진격을 개시했다. 육전사상 최대 규모였다. 히틀러는 129년 전 나폴레옹이 러시아를 침공한 그날을 선택했으며 이는 나폴레옹이 이루지 못한 것을 해내겠다는 히틀러의 야심 찬 도전이었다.

초기에는 히틀러의 뜻대로 되는 듯했다. 독일군은 곳곳에서 소련의 방어선을 돌파하며 새벽 무렵에 이미 전차부대가 소련 영내 80km 지점에까지 도달해 있었다. 히틀러가 소련을 침공한 이유는 소련을 포함한 동부유럽의 광대한 지역이 전쟁을 위한 자원공급지로서 필요했기 때문이다. 수차례의 경고가 있었음에도 스탈린은 히틀러의 침입을 예측하지 못했다.

역사상 최강 전력의 독일군의 공격에 소련군은 혼란에 빠졌다. 오후 0시 15분경 비로소 몰로토프 소련 외무장관이 라디오로 독일군의 침공사실을 소련 국민에게 알렸다. 소련군은 독일군을 당해 내지 못하고 6개월 동안 4백만 명 이상이 포로가 되는 수모를 겪어야 했다.

그러나 겨울이 다가오면서 상황은 역전되었다. 독일군은 모스크바를 눈앞에 둔 상태에서 전통적으로 겨울철 기상조건을 이용하는 소련군 작전에 말려들었다. 독일군은 소련의 주코프 대장이 이끄는 1백사단 병력의 대반격에 개전 이래 처음으로 큰 패배를 맛보았고, 이때부터 히틀러는 패망의 길을 걷기 시작했다.

문제는 탱크 연료가 얼 정도로 혹한이 몰아쳤는데 독일 기상전문가는 그해 겨울이 유례없이 포근할 것이라고 하였던 것이다. 원래 동양의 절기론에서는, 신사, 신미 등의 산자가 들어가는 해는 온화한 반면에 임진년, 임오년, 임술년과 같이 천간에 임(壬)이라는 글자가 들어가는 해는 특히 하늘의 온도가 낮고 강풍이 분다. 이것은 동양의 절기이론에서 임이라는 글자가 찬물로서 특히 냉기를 의미하며 이 임수가 정화와 결합하여 목태과의 강풍을 만들어 내기 때문이다. 그러므로 1941~1942년 겨울이나 2011~2012년 겨울이나 신년이 영향을 미치는 12월은 온난하고 임년이 영향을 미치는 1월은 추운 날씨가 도래한다고 보면 옳다. 이렇듯 1942년 1월이나 2012년 1월에는 유럽과 한반도에 공히 강풍과 추위가 계속되고 있다.

그리고 특히 러시아와 같이 건조한 북쪽 지역 겨울철은 1942년 1월과 같이 일진의 기운이 병정사오미(丙丁巳午未)와 같은 더운 기운과 임계해자축(壬癸亥子丑)의 찬 기운이 편중되어 교차하면서 나타나면 엄청난 한파가 몰아칠 가능성이 높다. 그러므로 운기론에 대한 전문적이고 구체적인 지식이 없다고 하더라도 동양의 절기이론에 대한 기본적인 상식만 있었다고 하더라도 히틀러가 독일과 러시아의 전쟁에서 크게 낭패를 보지는 않았을 것이라는 생각이 든다. 이에 대하여 실제 기상 자료와 운기론에 기초하여 좀 더 구체적인 분석을 하여 보기로 하자.

다음은 2012년 2월 1일 임진년 추운 날씨를 보인 국내외 날씨에 관한 예보이다.

<동유럽 전역, 한파와 폭설로 '몸살'>
동유럽 전역에 지난 주말부터 기록적인 한파와 폭설이 몰아치면서 피해가 큽니다. 영하 27도에 달하는 겨울 날씨에 수많은 사람들이 동상과 저체온증으로 입원 치료까지 받고 있는데요, 우크라이나에서는 고령자와 노숙자 수십 명이 목숨을 잃고 당국은 대피처와 피난소를 급히 마련해 제공했습니다. 폴란드에서는 갑자기 기온이 영하 27도까지 떨어져 십여 명이 사망했습니다. 한파가 더욱 심해질 것으로 예보돼 피해가 더욱 확산될 예정입니다.

<국내 날씨>
전국 많은 지역에서 올 겨울 들어 가장 추운 날씨를 보이고 있습니다. 현재 중부 지방의 체감온도가 -20도 안팎까지 떨어져 있고요. 한낮 기온도 서울 -9도 대구 -1도로 온종일 영하권에 머물겠습니다. 찬바람 때문에 실제로 몸이 느끼는 추위는 훨씬 심하겠으니, 보온에 각별히 신경을 쓰셔야겠습니다.
저녁부터 서해안 지방에서는 다시 눈이 쏟아지겠는데요. 호남 서해안 지방 3~8cm, 충남 서해안과 호남, 제주 지방은 1~5cm가량 쌓이겠습니다. 눈에 대한 피해 없도록 시설물 점검 꼼꼼히 하셔야겠습니다. 현재 중부와 경북 지방에 한파특보가 내려져 있습니다. 일부 전라도 지방에서 산발적으로 눈이 날리고 있는데요. 밤부터 충남 해안과 전라도, 제주도에서 다시 눈이 쏟아지겠습니다. 그 밖에 지방은 대체로 맑겠습니다. 낮 기온은 서울 -9도 광주 -1도로 어제보다 4도에서 9도가량 낮겠고요. 물결은 모든 바다에서 매우 거세게 일겠습니다. 강추위는 주말부터 빠르게 누그러지겠습니다. 날씨였습니다.

그러면 운기이론에 기초한 1941~1942년 겨울의 기상을 분석하여 보기로 하자. 이 내용이 전문적인 내용이어서 읽기가 어려운 독자는 뒤에 설명하는 운기론에 대한 내용을 숙지한 후 다시 읽으면 좋을 것이다.

1941년이면 신사년이다. 신사년 12월 겨울이면 전반적인 운기는 수불급의 해에 궐음풍목이다. 수불급이라는 것은 신사년(辛巳年)의 신(辛)이라는 하늘의 기운이 존재할 때 병화(丙火)라는 화의 기운을 유도한 후 병신합의 작용에 의하여 수(水)의 기운을 발생시킨다. 이를 동양의 역에서는 천간합의 병신합화수(丙辛合化水)의 작용이라고 한다. 이렇게 신금이나 병화에 의하여 병신합화수의 작용이 일어날 때 발생하는 기운은 이 작용의 주체가 병화인가 아니면 신금인가에 따라 수의 기운이 태과(太過)인가 아니면 불급(不及)인가로 나누어진다. 병화는 양의 기운이며 이때에는 수의 기운이 강력하게 발생하므로 수태과가 되며 반대로 신금은 음의 천간이므로 이때 병신합화수를 하면 수불급으로 차가운 수의 기운이 천천히 적게 발생한다.

이처럼 신사년과 같이 음간인 해에 천간합을 하면 그때 발생하는 기운은 불급이 되므로 신사년의 하늘은 수불급의 해가 된다. 수불급의 해라는 것은 글자 그대로 수의 찬 기운이 부족한 해이므로 1941년 신사년에는 일 년 내내 하늘의 온도가 낮지 않다는 것이다. 여기서 일 년 동안은 그해의 입춘부터 다음 해 입춘 전까지이다. 그러므로 원칙적으로는 1941년 신사년의 기운은 1941년 2월 4일 입춘시간부터 다음 해 입춘입절시간까지로 이해하는 것이 중요하다. 그러나 다음 해가 임진년과 같이 임수가 양의 기운을 가진 양년(陽年)일 경우 임수의 기운이 1942년 1월 초순경에 일찍 나타나게 된다.

그리고 신사년의 땅의 기운을 뜻하는 사화(巳火)의 기운은 보통 12지 지로는 뱀을 뜻하는데 이 사화는 돼지를 뜻하는 해수(亥水)와 충돌을 일으킨다. 독자 여러분들은 실제로 돼지와 뱀은 상극의 관계에 있음을 이해한다면 이러한 이론전개가 보다 흥미로울 것이다. 즉 돼지우리에 뱀이 들어 왔을 경우 돼지는 뱀의 독에 전혀 피해를 입지 않고 뱀을 공격한다고 한다. 이러한 뱀과 돼지의 충돌현상을 사해충 궐음풍목이라고 한다. 여기서 궐음풍목이라는 단어는 궐음과 풍목이라는 두 단어로 나누어 생각하여야 하는데 궐음은 궐음·소음·태음으로 이루어지는 음의 변화의 3단계 중 첫 번째 단계를 뜻한다. 이 음의 변화의 첫 번째 단계가 바람이 부는 단계이므로 풍목이라고 이름이 붙은 것이다. 그러므로 신사년의 하늘과 지상의 기본적인 기상인자는 하늘은 차지 않고 지상은 국지풍이 자주 부는 해가 된다는 것이다.

그러면 좀 더 구체적으로 1941년 12월이나 1942년 임진년의 1월의 겨울기상이 얼마나 추운지를 분석하기 위하여서는 계절에 따른 기상특징을 파악하여야 한다. 이를 위해서는 운기론에 의하여 일 년의 기상을 계절별로 분석하여야 한다. 1941년 신사년의 열 번째인 마지막 구간인 5운6기의 기상은 금불급에 소양상화이다. 그러므로 신사년 12월 겨울의 운기는 전반적인 운기인 수불급 궐음풍목의 바탕하에 마지막 구간인 금불급 소양상화의 기운이 작용하게 된다. 그러므로 1941년의 12월 기상은 찬 기운이 없고 따듯한 기상이 예측된다. 이것은 독일의 기상전문가의 예측과 일치한다.

문제는 앞에서 이마 언급한 바와 같이 1941년 12월의 운기가 비교적 온화하였던 반면에 1942년 임오년의 기운의 영향을 받는 1942년 1월의 운기는 추웠던 것이다. 구체적으로 임오년의 기상 개황은 임수가 정화와 결합을 함으로써 정임합화목의 천간합에서 찬 임수의 기운에서 유도된 목태과의 강풍이 부는 해가 되며 이것이 1운에 나타난다. 그리고 오화의 기운이 자수라는 냉기를 유도하여 자오충 소음군화의 더운 기운을 발생시키는 듯이 보이나 오운육기의 세부적인 분류로 볼 때는 1월에는 태양한수라는 찬 기운이 나타난다. 소음군화의 더운 기운의 바탕하에 나타나는 대륙에서의 1월의 태양한수는 더욱 강한 상승기류를 유도하여 매우 찬 강풍을 일으킬 수 있다. 이러한 운기론적인 분석을 통하여 볼 때 1941~1942년 겨울은 강력한 추위를 예상할 수 있다. 그럼에도 불구하고 히틀러는 모스크바 추위를 간과한 우를 범하였다고 볼 수 있다. 탱크 연료가 얼 정도로 강한 추위인데도 불구하고 온화한 겨울이 될 것이라는 예보를 믿었던 것이다.

제갈공명의 동남풍은 신통력인가? 아니면 운기론에 의한 예측인가?

중국의 삼국시대에 중원의 조조가 80만 대군으로 동오의 손권을 치려고 남진할 때 촉한의 유비와 손권이 동맹하여 제갈량이 화공으로 조조의 대군을 무찌른 이야기는 적벽대전의 유명한 일화로서 삼국지의 전투 내용 중에서 백미라 할 수 있다. 『삼국지』에 의하면 유비의 책사 제갈량이 하늘의 기운을 읽고, 북서풍을 동남풍으로 바람의 방향을 바꿔 '적벽대전'을 승리로 장식한 것으로 묘사돼 있다. 그러나 사실과 다르다는 이설이 있다. 이 당시 이런 바람이 불지 않았는데 저자가 독자들에게 감동을 주기 위해 꾸민 허구라는 설과 적벽대전에 사용된 동남풍은 제갈공명의 기원이나 염력에 의한 것이 아니라 자연현상이라는 설이 있다.

삼국지에 의하면 제갈량은 불리한 전쟁을 반전시키기 위한 방법으로 동남풍을 불어오게 하겠다고 동오의 주유에게 이야기하였다. 이때 동오의 도독이었던 주유가 책사인 노숙더러 하는 말이 공명이 아무리 상통천문 하달지리 육도삼략에 무불능통할지라도 정해년 십일월 이십일 갑자시에 갑자년 갑자월 갑자일 갑자시에나 부는 동남풍을 불어오게 하기는 어려울 것이라고 회의적인 이야기를 하였다고 전해온다. 이와 더불어 위나라의 조조도 천문에 대한 피력한 이야기가 나온다. 조조는 정해년 동지섣달에 양자강에 웬 동남풍이 불 수 있는가 하면서 화공에 대한 우려를 불식시키는 이야기가 나온다.

그러나 실제로 정해년은 하늘의 온도가 높은 해이다. 그것은 "갑을병정무기경신임계"로 이어지는 10개의 천간의 기운 중에서 네 번째 나타나는 정(丁)이라는 글자는 뜨거운 용광로나 화로불과 같은 물리적인 의미를 가지고 있기 때문이다. 그래서 2007년 정해년은 황금돼지의 해라고 비현실적인 덕담들을 하곤 하였지만 이 해는 하늘의 온도가 높아서 하늘에는 많은 수증기가 함유될 수 있는 해였다.

2007년에 학생들과 그해 기상 이야기를 하면서 "2007년 정해년에는 정화의 기운에 의하여 하늘의 온도가 높아서 하늘에는 많은 수증기가 존재할 수 있는 능력이 있다. 따라서 구름은 많이 끼나 쉽게 강수나 강설이 일어나지 않을 것이며 따라서 구름이 낀다면 전국적으로 구름이 넓게 낄 가능성이 높을 것이라고 예측하였다"라고 하였다. 실제로 정해년에는 구름이 낀 날에는 전국적으로 구름이 끼는 날이 많았다. 이러한 운기이론에 관심이 있는 독자라면 기상청의 과거 기상자료에서 운량(구름의 양)의 자료 등을 조사하여 보면 통계적으로 이 말과 일치하는 자료를 확인할 수 있을 것으로 보인다.

특히 정해년의 동지섣달의 운기는 운은 5번째이고 기는 6번째이다. 구체적으로 정해년은 1운은 목불급, 2운은 화태과, 3운은 토불급, 4운은 금태과, 그리고 마지막 5운은 수불급이다. 그러므로 마지막 5운의 기운은 수불급이 된다. 정해년의 정화의 뜨거운 기운이 하늘에 존재하면서 목불급이라는 그해의 일반적인 기운이 하늘을 지배하면서 마지막 5운을 수불급으로서 물의 냉기가 부족한 기운이 된다는 의미이다. 그러므로 정해년 동지섣달의 하늘의 기운은 평년에 비하여 온도가 높을 것을 예상할 수 있다. 그리고 지상의 기운은 정해년의 해수는 돼지의 찬 기운이다. 그러나 이러한 해수의 기운은 더운 사화의 기운을 유도하여 사해충으로 궐음풍목이라는 바람을 발생시킨다. 이렇게 지상을 지배하는 기운인 육기(六氣)을 형성하는데 정해년에는 1기가 양명조금의 건조한 기운이고, 2기는 태양한수의 찬 기운, 3기는 궐음풍목의 바람, 4기는 소음군화의 열기, 5기는 태음습토의 습기, 그리고 마지막 6기는 소양상화의 화사한 빛의 기운이다. 그러므로 정해년 동지섣달의 기운은 지상과 하늘이 모두 더운 기운으로 중첩되어 있음을 알 수 있다. 더군다나 양자강과 같은 남쪽이면 그 가능성이 높다. 그 이유는 앞에서 언급한 바와 같이 정화의 기운은 뜨거운 화기이며 이는 남쪽에서 불어오는 더운 기운이다.

실제로 동아시권의 정해년 겨울 기상을 체크하여 보면 이때 더운 화기가 불어오는 운기이며 바람이 강한 해이기도 하다. 아래에 제시한 태풍의 자료에서도 알 수 있듯이 2007년 정해년 9월 이후 겨울로 접어들면서 발생한 태풍의 수가 15개로서 매우 많음을 알 수 있다.

이렇듯이 삼국지에 유명한 동남풍의 고사를 동양의 절기이론으로 살펴보면 북서풍이 주로 부는 동지섣달에 중국 남쪽에 있는 양자강에 바람장미가 동남풍으로 분 이유를 알 수 있을 것이다. 보다 구체적으로 제갈량이 동남풍을 불게 한 날은 정해년 임자월 정유일 갑자시이다. 정해년은 일단은 목불급의 해이다. 목불급이라는 말은 같은 바람을 뜻하는 목의 기운이 평년보다 약하다는 의미이다. 즉 천간에 이러한 기운이 나타났다는 것은 그해 하늘 고공에는 강한 바람이 불 가능성이 약하다는 의미로 볼 수 있다. 그러나 첫째, 정해년은 정화의 뜨거운 기운 때문에 남쪽의 화기가 강한 해이다. 앞에서 제시한 지난 30년간의 지구의 평균온도 자료를 살펴보더라도 1977년 정사년, 1987년 정묘년, 그리고 1997년 정축년의 평균온도는 모두 높았음을 알 수 있다. 그러므로 정자가 들어가는 정해년도 남쪽의 기운이 강한 뜨거운 열기를 가진 해임을 알 수 있을 것이다.

둘째, 바람이 분 날의 운기가 정해년 임자월 그리고 정유일이다. 여기서 丁火는 壬水를 만나면 丁壬合化木이 된다. 목은 바람을 의미하는데 대개 대기 상층부에서는 강한 바람을 형성한다. 우리나라 2002년 임오년이 목이 강한 해로서 강한 고공 바람에 의하여 일 년 내내 황사 현상이 극심하였음은 모두가 기억하고 있는 일이다. 1997년 임자월의 기상자료를 보더라도 일진에 정자가 들어가 있는 날에는 4.1, 3.0m/s 등의 강한 바람이 분 날이 많음을 알 수 있다. 더군다나 바람이 분 시간이 甲子時이므로 갑목의 기운이 강한 바람을 불게 하는 데 일조를 하였음을 판단할 수 있다.

그리고 마지막으로 이때 분 바람은 며칠 동안 계속되었다고 하는데 정유일 다음은 무진, 기사, 경오, 신미로 일진이 바뀐다. 우리나라 지난 8년간 기상자료를 살펴보면 경오일에는 가장 강풍이 많이 불었던 날로 나타나 있다. 그러므로 적벽대전에서 불었던 동남풍은 제갈공명의 순수한 신통력에 의한 것만이 아님을 짐작하게 한다.

연도별 · 월별 태풍의 발생수

	1월	2월	3월	4월	5월	6월	7월	8월	9월	10월	11월	12월	
1999				2		1	4(1)	6(2)	6(2)	2	1		22(5)
2000					2		5(2)	6(2)	5(1)	2	2	1	23(5)
2001					1	2	5	6(1)	5	3	1	3	26(1)
2002	1	1			1	3	5(3)	6(1)	4	2	2	1	26(4)
2003	1			1	2(1)	2(1)	2	5(1)	3(1)	3	2		21(4)
2004				1	2	5	2(1)	8(3)	3(1)	3	3	2	29(5)
2005	1		1	1		1	5	5(1)	5	2	2		23(1)
2006					1	1	3(1)	7(1)	3(1)	4	2	2	23(3)
2007				1	1		3(2)	4	5(1)	6	4		24(3)
2008				1	4	1	2(1)	4	5	1	3	1	22(1)
2009					2	2	2	5	7	3	1		22(0)
2010			1				2	5(2)	4(1)	2			14(3)
30년 평균 1981~2010	0.3	0.1	0.3	0.6	1.0	1.7 (0.3)	3.6 (0.9)	5.9 (1.1)	4.9 (0.7)	3.6 (0.1)	2.3	1.2	25.6 (3.1)
10년 평균 2001~2010	0.3	0.1	0.2	0.5	1.4 (0.1)	1.7 (0.1)	3.1 (0.8)	5.5 (1.0)	4.4 (0.5)	2.9	2.0	0.9	23.0 (2.5)

괄호안의 수:우리나라에 영향을 미친 태풍의 개수

온난화와 운기이론으로 설명하는 지구 평균온도의 변화

산업화의 가속화로 인한 온난화 현상은 범지구적 차원에서 심각한 생태계의 영향을 미치고 있다. 폭우와 사막화의 양극화 현상이 가속되어 에어컨이 필요 없었던 유럽이나 미국 동부에서, 여름철에 더위를 견디지 못한 노인들이 피서 철에 폭염으로 사망하는가 하면 겨울철 스키장의 눈이 녹아 스포츠 레저문화에도 큰 변화를 예고하고 있다. 실제로 남한이나 일본은 지난 100년 동안 1도의 기온이 상승한 반면에 북한의 평양은 1.6도 상승한 것으로 보고되고 있다. 북한에서 제일 추운 중강진은 지난 100년간 3도 이상 올라간 것으로 알려져 있다. 온난화는 내륙일수록, 북쪽으로 갈수록, 산업화의 진행이 많은 지역에서 심해진다고 할 수 있다. 한마디로 겨울은 짧아지고 봄과 여름은 길어져서 봄꽃의 개화시기가 점점 빨라지며 나뭇잎이 물드는 시기가 늦어진다.

좀 더 과학적인 자료로 국제 해양 및 기상기구에서 지구상의 몇 천 곳에서 측정한 지구표면의 평균온도는 지난 30년 동안 0.8도 정도 상승하였다. 그리고 과학적 기상관측이 시작된 1800년대 중반부터 지금까지 가장 더웠던 10개의 해 중에서 8개가 1990년 이후로 나타나고 있어서 최근의 온난화 현상의 심각성을 직접적으로 설명하여 주고 있다.

다음의 그래프와 표를 보면 온난화와 매년 육십갑자 세운의 변화에 따른 지구 평균온도의 변화를 보여 주고 있다. 지구의 평균온도가 매년 오르고 내리는 변화를 보이기는 하나 지속적으로 상승하고 있음을 나타낸다. 이 중 가장 추웠던 해가 1976년 병술년이고 가장 더웠던 해는 1998년 무인년이다. 절기 이론으로 보면 병진년이 추운 이유는 당연하다. 병진년의 하늘의 기운인 병화가 병신합화수(丙申合化水)에 의하여 추운 수태과가 되며 땅의 기운인 진토가 진술충(辰戌冲) 태양한수에 의하여 역시 추운 기운을 보이기 때문이다. 병술년은 지상과 하늘의 기운이 모두 추운 기운으로 이루어져 있어서 추운 해가 되었다. 이런 이유로 2년 후인 2006년 병술년 역시 추운 한해가 될 것이다. 간혹 10월 중에서 일진이 진토가 들어가는 날에는 강한 추위가 오곤 하는데 2002년 10월 말 일요일에 서울지방을 강타하여 10월에 코트를 꺼내 입게 만든 추위가 바로 진술충 태양한수의 기운 때문인 것이다.

반대로 가장 온도가 높았던 1998년 무인년은 하늘의 기운인 무토가 무계합화화가 되고 지상의 기운인 인목은 인신충 소양상화에 의하여 더운 기운이기 때문이다. 이러한 육십갑자에 따른 세운의 절기 특성을 고려해 보면 지속적인 온난화에 의한 온도 상승의 경향 중에서도 기온이 오르고 내리는 양상을 어느 정도는 예측할 수 있다.

일반적으로 '己'의 글자로 시작하는 해인 기미, 기유 등의 해는 춥다. 그것은 기온이 약한 기토가 찬수의 기운을 제압하고 있지 못하고 있기 때문이다. '정'자로 시작하는 정축, 정묘 등의 해는 온도가 높다. 그 이유는 반대로 정화의 기운에 의하여 유도되는 강한 토의 기운이 찬 수의 기운을 억제하고 있기 때문이다. 누구라도 육십갑자를 과학적으로 해석하면 전반적인 기상의 흐름이 보일 것이다.

지구 평균온도(1970~2001)

연도		온도(℃)	연도		온도(℃)	연도		온도(℃)
1970 (庚戌)	금태과 태양한수	14.02	1981 (辛酉)	수불급 양명조금	14.21	1992 (壬申)	목태과 소양상화	14.14
1971 (辛亥)	수불급 궐음풍목	13.89	1982 (壬戌)	목태과 태양한수	14.06	1993 (癸酉)	화불급 양명조금	14.15
1972 (壬子)	목태과 소음군화	14.00	1983 (癸亥)	화불급 궐음풍목	14.25	1994 (甲戌)	토태과 태양한수	14.25
1973 (癸丑)	화불급 태음습토	14.13	1984 (甲子)	토태과 소음군화	14.07	1995 (乙亥)	금불급 궐음풍목	14.37
1974 (甲寅)	토태과 소양상화	13.89	1985 (乙丑)	금불급 태음습토	14.03	1996 (丙子)	수태과 소음군화	14.23
1975 (乙卯)	금불급 양명조금	13.94	1986 (丙寅)	수태과 소양상화	14.12	1997 (丁丑)	목불급 태음습토	14.39
1976 (丙辰)	수태과 태양한수	13.86	1987 (丁卯)	목불급 양명조금	14.27	1998 (戊寅)	화태과 소양상화	14.54
1977 (丁巳)	목불급 궐음풍목	14.11	1988 (戊辰)	화태과 태양한수	14.29	1999 (己卯)	토불급 양명조금	14.30
1978 (戊午)	화태과 소음군화	14.02	1989 (己巳)	토불급 궐음풍목	14.18	2000 (庚辰)	금태과 태양한수	14.30
1979 (己未)	토불급 태음습토	14.10	1990 (庚午)	금태과 소음군화	14.36	2001 (辛巳)	수불급 궐음풍목	14.43
1980 (庚申)	금태과 소양상화	14.16	1991 (辛未)	수불급 태음습토	14.31			

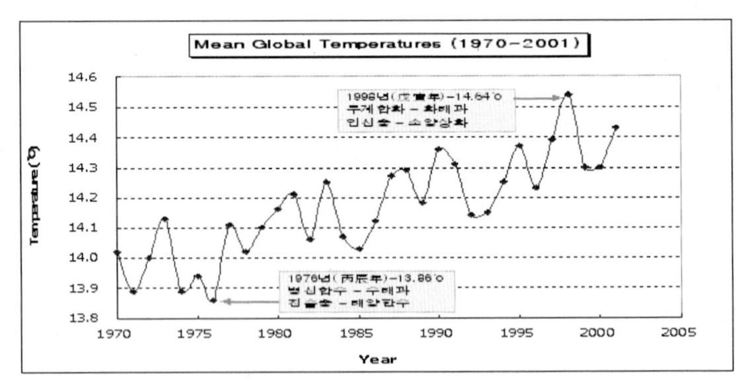

주: 1998년 무인년은 과학적 기상관측이 시작된 이후 지구표면의 평균온도가 가장 높았던 해이며 이해에 우리 나라에서는 게릴라성 집중호우로 8월 한 달에만 일 년 강수량과 비슷한 1,200mm 이상의 호우가 발생함.

기업의 다양한 기상경영 사례들

날씨마케팅이란 한마디로 날씨로 돈을 버는 것이다. 이런 마케팅의 시초는 비 오는 날의 우산장수일것이다. 이는 일견 쉬워 보이지만 정확한 일기예보만이 마케팅 성공의 열쇠이다. 이를 위하여서는 아마도 육효에서 날씨 예보를 백발백중하는 천시점(天時占)을 숙지하여 놓으면 크게 도움이 될 것이다. 실제로 천시점에 능한 어느 재야의 인사는 한 번도 비를 맞아 본 적이 없다고 본인의 저서에서 기술하고 있다. 사실 필자도 중요한 야외 활동이 있는 날 천시를 예측하여 실패한 경험이 거의 없다.

비가 예보된 날에는 GS25와 같은 편의점에서는 도시락, 김밥, 아이스크림 발주량을 10~15% 줄이고 우산은 잘 보이게 진열하라고 한다. 날씨가 더우면 패스트푸드 소비가 증가하고 날씨가 궂거나 추우면 택배사와 홈쇼핑이 성황을 이룬다고 한다. 일종의 날씨마케팅이다. 연구 결과, 국내 GDP의 52%가 날씨에 영향을 받고 있으며, 산업의 70~80%가 날씨로부터 직・간접적으로 영향을 받고 있다고 한다. '날씨가 시장을 움직인다'라는 말은 경영학 분야에서 가장 중요한 마케팅적 변수로 대두되고 있다.

옛날 동양에서는 성군의 가장 중요한 덕목 중의 하나로 치산치수를 예로 들었다. 실제로 요순임금의 시절 오행치수법에 의하여 칠년대한이나 오년홍수 등을 막았다는 전설적인 이야기가 전하여 온다. 정확한 기상이나 날씨에 대한 정보의 필요성은 국가 간의 전쟁의 승

패에도 결정적인 영향을 미친다. 멀리로는 정축년 동짓달에 있었던 『삼국지』의 적벽대전이 그러하고 가깝게는 1941~1942년, 즉 신사-임오년 겨울철 운기에 일어났던 이차 대전 발발시에 독일군의 소련의 침공사례를 예로 들 수 있다.

이길 확률이 없으면 절대로 투자하지 않기로 유명하다는 투자의 귀재 워런 버핏(Warren Buffett)이 날씨 마케팅에 관심을 나타내고 있다고 한다. 구체적으로 날씨 위험에 대비할 수 있도록 개발한 날씨파생상품에 투자하기 위해서다. 실제로 미 상무부는 날씨에 민감한 산업을 분류한 후 이 산업들이 차지하는 국내총생산 비율을 분석한 바 있다. 최근에는 법률문제에서 사건 현장에서 기상 현상에 따른 송사의 승패가 중요한 문제로 대두하고 있다. 그래서 법률문제에 필요한 과거의 기상자료를 기상전문가가 상세하게 제공하는 서비스를 전문으로 하는 변호사도 등장하고 있다.

이러한 기상경영의 예는 우리나라에서도 매우 비근한 예로 나타나고 있다. LG정유와 유공은 매년 겨울철 온도 변화를 알기 위해 기상회사로부터 정기적인 자료를 받고 있다. 기름이나 가스의 경우 기온에 따라 부피가 크게 달라져 선적시기 선택이 중요하기 때문이다. 일례로 우리나라의 도시가스의 수입량은 겨울철 날씨가 얼마나 추울지를 아는 것과 절대적인 관계가 있다. 이는 저장용량이 크고 비용이 많이 드는 도시가스의 비축 문제 때문이다. 추운 겨울 날씨를 따뜻할 거라고 잘못 예측하였다면 고가의 가스를 현물시장에서 사들이는 불이익을 감수하여야 한다. 그 반대의 경우로 예측과는 달리 날씨가 의외로 따듯한 겨울이라면 불필요하게 많은 가스를 저장하고 있어야 한다.

건설경기는 특히 기상과 밀접한 관계를 가진다. 2003년 기미년은 일 년 내내 이슬비 형태의 강수가 이어졌던 한 해이다. 필자는 2002년 12월 충청남도 도청의 자문교수단 세미나에서 2003년은 일 년 내내 이슬비 형태의 강수 가능성이 높을 것임을 예측하여 적중한 바 있다. 실제로 2003년의 지속적인 강수 현상은 2003년의 건설경기에 참여한 건설업체에 막대한 손실을 입혔다.

국내에서는 1994년 살인적인 무더위가 닥쳤을 때 일본 기상정보를 토대로 에어컨 시장에 진출한 만도기계가 성공사례로 꼽히고 있다. 1994년은 갑술년이다. 대개 갑자가 들어가는 해에는 대기 중에 수분이 많아서 폭설이 내리거나 무더운 해가 된다. 2004년 갑신년 3월 초에는 100년 만의 폭설이 내려 경부 고속도로를 1박 2일로 마비시킨 기억이 새롭다. 갑술년은 여름과 가을기상은 수태과와 목불급 등의 기운을 가져 습기가 많은 무더운 여름이나 초가을이 예상된다.

만일 올 겨울의 한파가 확실하게 미리 온다는 것을 안다면 그것은 모피코트를 생산하는 의류업체 경영자에게는 커다란 복음이나 다름없다. 반대로 올 겨울이 추울 것을 대비하여 많은 모피 코트 재고를 가지고 있는 패션의류 업계 경영자라면 겨울날씨 정보가 매우 절실할 것이다. '경기 30%, 날씨 70%가 의류 업계의 영업 상무'라는 말이 있을 정도로 의류 업계에서 상품 판매와 날씨와의 연관성은 아주 높다. 그뿐만 아니라 날씨 자체가 계절에 따른 유행을 좌우할 뿐만 아니라 계절상품의 마지막 창고정리 세일에서 한 달간의 기상을 정확하게 파악하는 일은 더할 나위 없이 중요하다. 올 겨울 날씨에 대하여 매우 절실한 경영자라면 미국 농부들 사이에서 회자하는 겨울날씨를 예측하는 민속(Farmers' Alamanac)에 관심을 가져볼 수도 있을 것이다. 앞에서 언급하였듯이 그해 가을에 수확한 감씨의 모양을 가지고 겨울 날씨를 예측하는 방법이다. 구체적으로 그해 가을에 수확한 감씨를 칼로 두께가 얇은 쪽을 조심스럽게 2등분하여 보면 감씨 안에 몇 가지 형태가 나온다. 구체적으로 스푼형, 나이프형 또는 포크형 등 3가지 형태가 나온다. 스푼형태이면 추운 겨울이 된다고 한다. 그 이유는 동그란 형태의 기하학적 형상은 항상 비표면적으로 작게 하고자 할 때 나타난다. 만일 포크 모양으로 불붙는 듯한 모양이면 온화한 겨울이 예상되며 나이프같이 긴 칼날 형상이면 춥고 강풍이 부는 겨울이 된다고 한다. 필자는 실제로 대전 근교에서 나온 감씨를 가지고 형상을 파악하였는데 2011~12년 겨울에는 스푼모양의 형상을 가진 감씨가 나타났고 실제로 1월 하순부터 2월 초·중순까지 5한 2온이라는 기상 현상을 보이면서 추운 날이 많았다.

만일 이렇게 중·장기 기상 현상에 대한 신뢰성이 있는 정보를 사전에 알아 기상을 경영에 응용한다면 기업경영에 막대한 이익을 남길 수 있을 것이다. 날씨는 상품판매와 어떤 관계가 있을까. '날씨 마케팅' 개념이 보편화되기 전에는 경영자들은 대부분 상품만 질이나 디자인에만 신경을 써서 기상정보를 애써 무시했다. 그러나 이러한 경영자들의 태도에는 신뢰성이 있는 기상예보가 실질적으로 어렵다는 사실이 바탕에 깔려 있다. 실제로 우리나라의 기상예보는 '예보'라기보다는 기상에 대한 '실황중계'라는 느낌을 받는 경우가 많기 때문이다. 그러므로 이러한 분위기에서 중장기 기상에 대한 예보에 대한 신뢰성은 더욱 낮아질 수밖에 없는 것이다.

얼마 전 일본기상연구소에서 발표한 내용은 날씨와 판매와의 함수관계를 잘 나타내고 있다. 이를 인용하여 보자. 조사에 따르면 우선 온도와 제품의 판매관계에서 하루 최고기온이 섭씨 18℃를 넘어가면 청량감을 주는 유리그릇이 팔리기 시작하고 19℃가 되면 반소매 셔츠를 입은 사람이 나타난다. 여기서 18℃나 19℃ 하는 온도에 관한 자료는 일차적으로 같은 온도라고 하더라도 습도에 의하여 영향을 받을 것이다. 건조하기에 사계절 선선한 캘리포니아 날씨가 바로 습도가 기후에 영향을 미치는 예중의 하나이다. 그 외에 사람의 체질에 따라서 실질적으로 차이가 있을 것이라고 판단된다. 필자는 오래 전에 모 기업체와 사람의 체질에 따른 최적 냉 · 난방을 파악하는 연구를 수행한 바 있다. 체질이나 건강상의 문제는 단순한 기상 변화나 온도 변수에 따른 문제이상으로 쾌적함에 실질적인 영향을 미치는 인자라 할 수 있다.

온도의 영향을 다시 언급하면 에어컨은 낮 최고기온이 20℃ 정도가 되면서 판매되기 시작한다고 한다. 일반적으로 22~23℃ 사이의 온도가 더위와 추위를 판단하는 기준 온도로 생각된다. 낮 기온이 상승하여 25℃가 되면 냉국수, 아이스크림, 주스, 다양한 종류의 엽차 등이 팔리고 30℃가 넘으면 얼음이나 빙과류가 잘 팔린다고 한다. 그러나 덥다고 늘 아이스크림이 잘 팔리는 것은 아니다. 25℃를 넘어서면서 30℃까지 판매량이 증가하지만 30℃를 넘어서면 소비자들은 얼음 자체보다는 수분이 많은 빙수나 음료 쪽을 선호하기 때문이다. 열역학적인 계산에 의하면 성인의 경우 온도가 높아질 때 찬 음료 한 병을 섭취하면 체온을 1~2℃ 실질적으로 낮추는 효과가 있는 것으로 계산된다.

국내의 한 업체가 조사한 것을 보면 맥주, 아이스크림, 음료 등은 기온이 상승할수록 매출이 증가하고 우유, 요구르트, 소주 등은 기온이 상승할수록 매출이 감소하는 것으로 나타나고 있다. 매년 5월쯤에 맥주광고가 집중적으로 나타나는 것은 15℃가 넘어가면서 사람들이 시원한 맥주를 찾기 때문이다. 시원한 맥주는 사람들에게 매우 상쾌한 만족감을 주지만 위장을 차게 한다. 이때 인체는 자생반작용으로 위장 부근의 배에 지방을 축적시켜 위장을 따듯하게 보호하려고 하므로 소위 "맥주배"라는 국소 비만 현상이 발생한다. 몸을 차게 할 때 그 부위에 지방이 축적되는 이유는 지방의 열전도 계수가 신체를 구성하는 물의 전도계수에 비하여 1/2 정도로 낮기 때문이다. 그러므로 찬 맥주에 의하여 냉해진 배를 지방을 끼게 함으로써 배를 따듯하게 보존하려는 인체 생리작용이 발생하는 것이다. 그러므로 맥주를 마실 때 "맥주배"를 방지하려면 맥주를 따듯하게 하여 정종처럼 마시던지 아니면 배위에 따듯한 방석이나 보온재를 놓고 마시는 것이 하나의 방법이다. 사람들은 맥주의 칼로리 때문에 "맥주배"가 나온다고 생각하는데 맥주의 칼로리에 의한 것이라면 비만이 반드시 상복부 부근일 이유가 없어 보인다.

의류업계 종사자들은 겨울의 강설량과 태양의 흑점을 주시한다. 태양흑점 변화에 따른 기상 예측의 결과강설량이 많고 추위가 심하면 스커트의 길이가 길어지고 반대인 경우는 스커트가 무릎 위로 올라간다. 태양의 흑점 주기 11년이 기상과 밀접한 관련이 있는 것은 운기론에서 10개의 천간의 순환이 10년이며 이에 따른 영향과 밀접한 관계가 있는 것으로 보인다. 운기론의 변화가 10년 주기인데 태양의 흑점주기가 11년인 것은 아마도 10년 주기의 천간변화와 관성효과에 따른 지연현상이 관계된 것으로 보이나 이에 대하여서는 과학적인 연구가 필요한 분야이다.

날씨 마케팅의 원조 격인 미국에는 현재 기상보험까지 생겨나고 있다고 한다. 이와 같이 기상조건이 기업 운영과 수익에 미치는 영향이 커지면서 날씨 파생상품 도입이 필요하다는 주장이 설득력을 얻고 있다. 날씨 파생상품은 기상변동으로 인한 손실을 피하기 위해 기상 데이터를 지수화해 계약조건에 따라 약정된 보험금을 지급하는 금융상품이다. 그러나 무엇보다도 중요한 것은 열흘 이상의 중장기 기상 예측의 신뢰도를 높이는 것이 중요하다. 그러므로 인공위성과 같은 문명의 이기를 동원한 과학적인 방법이든 운기론적인 방법이든 아니면 천시점(天時占)과 같은 괘를 뽑든지 간에 이제는 경영의 차원에서 매우 필수적인 인자로 대두되고 있다.

온도와 기상 그리고 상품과의 관계

온도와 기상	상품	비교
-8~-10℃	오리털 점퍼	
-4~-5℃ (최저온도)	겨울옷	
6~10℃	소주 판매	알코올은 사람의 혈액순환을 3~5배 증가시킨다. 혈액순환의 증가는 몸의 내부 에너지를 외부로 전달하여 일시적으로는 따뜻함을 느끼나 실질적인 열손실을 초래한다.
9℃ 이하	난방기 등장	
12℃ 이하	스웨터 등장	
15℃ 이상	맥주 광고 시작	맥주는 평균기온 15℃를 웃도는 5월 초순부터 매출이 늘기 시작해 22℃가 넘는 7월 말에서 8월 중순까지 성수기를 맞는다. 그러므로 계절별/지역별로 30년 온도 통계와 운기이론에 기초한 기상 예측이 중요하다.
18℃ 이상	청량감 주는 유리그릇 선호	18℃ 이상이면 온도에 따른 포화수증기의 분압이 실질적으로 증가하여 용기의 재질 문제가 중요하게 느껴지는 것으로 판단된다.
19℃ 이상	반소매 셔츠와 긴소매 셔츠 선택의 임계온도	
20℃ 이상	에어컨 판매, 음료수 판매	
22℃	맥주 판매 절정	
25℃ 이상	냉국수, 주스, 보리차, 탄산음료	콜라는 25℃ 이상에서 매출이 급증하고 1℃ 상승할 때마다 15% 정도 판매량 증가
25~30℃	아이스크림	* 30℃면 갈증으로 수분이 많은 빙수나 음료 선택 * 아이스크림은 구름 낀 날 판매 증가 (저기압에 의한 기의 순환이나 배출부조에 기인한 것으로 판단됨)
30℃ 이상	얼음과 셔벗 종류 제품	빙과류 매출 증가
비 오는 날	막걸리와 파전 판매 증가, 맥주판매 급감	비 오는 날은 온도도 낮기는 하지만 하늘에서 많은 음전하가 지상으로 떨어진다. 그러므로 우천 시에는 가급적 따뜻하고 양기가 높은 음식이나 분위기가 마케팅이나 경영에 유리할 것으로 보인다.
눈 오는 날	소주, 양주판매 증가, 도시락 장사 최악	눈 오는 날과 비 오는 날은 강수의 관점에서는 같으나 눈 오는 날은 음전하의 발생이 비 오는 날에 비하여 부족하다. 그러므로 에너지가 풍부한 막걸리나 파전과는 다른 강렬하나 에너지가 작은 소주와 같은 것이 선호되는 것으로 보인다.
흐린 날	맥주판매 증가	저기압에 의한 순환 부족 현상을 극복하기 위한 것으로 판단됨.

육십갑자로 본 1995~2015년 기상 특징

육십갑자의 기운에 의한 천간합과 지지충의 물리적인 특성을 잘 고려한다면 연도에 따른 기상특징을 파악하는데 도움이 된다. 단 이 경우 육십갑자이론의 물리적인 속성이 어떤 기상현상으로 발전할 수 있는지에 대한 해석능력이 중요하게 작용한다. 실례로 1995년부터 2015년까지 20여 년 동안의 한반도 기상의 특징을 아래에 정리하였다. 독자들은 이러한 기상특징을 운기이론으로 각자 설명하여보기 바란다.

1995년 을해년: 바람의 해(10년 동안 가장 강한 국지풍)
1996년 병자년: 10년 중 지구평균온도가 가장 낮은 해
1997년 정축년: 5월 봄장마(서울 지역 291mm, 충청지역 큰 봄철 홍수 피해)
1998년 무인년: 게릴라성 강우(8월에만 1,238mm의 일 년치 강우가 한 달 동안 내림)
1999년 기묘년: 기묘하게 살기 좋은 해
2000년 경진년: 동해안 산불 창궐, 다음해 1월 겨울 추위(-20℃)
2001년 신사년: 90년 한발 끝에 홍수, 안개의 해
2002년 임오년: 강풍과 황사의 해
2003년 계미년: 지속적인 강우, 흐리고 비 오는 날씨가 많음.
2004년 갑신년: 봄 한발과 안개가 많은 한해가 예상됨, 늦은 겨울철 함박눈 가능성(함박눈 가능성을 예측하였는데 실제 3월 초에 100년 폭설이 내림)
2005년 을유년: 한서의 변화가 심한 해(여름철 온도가 낮음), 그러

나 나사는 기상관측 이래로 최고로 더운 해가 될 것이라고 예측한 바 있음. 이 말을 믿고 수박을 대량으로 사들인 가락동 도매업자들이 여름철 저온 현상으로 크게 낭패를 봄.

2006년 병술년: 온도가 낮은 해

2007년 정해년: 온도가 높고 한반도 전역에 넓게 구름이 끼는 해

2008년 무자년: 폭우와 온도가 높은 해, 가을 더위

2009년 기축년: 일반적으로 온도가 낮은 해에 장마답지 않은 장마기간

2010년 경인년: 가을장마 겨울과 가을 추위, 건조한 기후로 한서의 강력한 변화

2011년 신묘년: 2달간의 긴 장마, 온화한 가을과 겨울

2012년 임진년: 강풍과 쓸쓸한 기상, 한서의 변화와 지상 냉기에 의한 봄장마나 한발 가능성, 여름과 가을더위

2013년 계사년: 이슬비 형태의 지속적인 강수나 반대로 약간의 가뭄 가능성

2014년 갑오년: 폭우와 폭설 가능성

2015년 을미년: 봄장마, 가을더위, 장마답지 않은 장마기간

위에 나타난 기상 현상은 오운육기로 해석할 경우 비교적 잘 일치하는 설명이 가능하다. 예를 들어 1996년 병자년은 병신합화수의 수태과의 해가 될 뿐만 아니라 자수의 찬 기운에 의하여 일반적으로 온도가 낮은 해가 될 것이 예상되며 1998년 무인년은 천간의 무계합화화태과가 되며 지지는 인신충 소양상화에 의하여 하늘과 지상이 모

두 덥다. 그러므로 이 경우 더운 수증기가 포화상태로 하늘을 떠돌다가 온도가 낮은 지역에서 국지적으로 게릴라성 호우를 뿌릴 가능성이 크다. 실제로 지리산에서 1998년에는 이러한 호우가 내렸다. 2002년 임오년은 정임합목의 목태과의 기운에 의하여 하늘에 강풍이 부는 해였다. 그래서 일 년 내내 황사 현상이 두드러졌으며 계미년은 계수의 활동성이 약하나 지속적인 찬 기운과 화불급의 기운 그리고 미토의 더운 기운이 어울려 일 년 내내 구름이 많고 지속적인 강우가 이루어졌다. 이러한 현상은 그 정도가 약해지기는 하지마는 2013년 계사년에도 발생할 가능성이 높다.

앞으로 몇 년 후 2015년 을미년에는 봄에는 봄장마의 가능성이 높고 가을철에는 가을철 늦더위가 기승을 부릴 가능성이 크다. 이를 5운 6기의 분포로 간단히 살펴보자.

2015년 을미년 오운육기 운기표

객운	1운 금불급 (2월 2일~ 4월 1일)	2운 수태과 (4월 2일~ 6월 8일)	3운 목불급 (6월 9일~ 8월 13일)	4운 화태과 (8월 14일~ 11월 16일)	5운 토불급 (11월 17일~ 1월 7일)

객기	1기 궐음풍목 (1월 20일~ 3월 20일)	2기 소음군화 (3월 21일~ 5월 20일)	3기 태음습토 (5월 21일~ 7월 22일)	4기 소양상화 (7월 23일~ 9월 22일)	5기 양명조금 (9월 23일~ 11월 22일)	6기 태양한수 (11월 23일~ 1월 20일)

이렇듯이 운기를 알면 기상의 특징을 살피는 데 크게 도움을 받을 수 있을 것이다. 그러나 매년 심하여지고 있는 온난화 현상과 함께 산업화에 따른 수자원 순환의 비정상적인 짧은 순환패턴은 강우량을

급격하게 증가시키는 경향을 나타내고 있어서 60년(보다 정확하게는 180년) 주기의 기상패턴을 크게 교란시키고 있다.

그러므로 정확한 기상 예측을 위하여서는 과학적인 기상이론과 함께 온난화와 산업화, 그리고 동양의 절기 이론이 결합된 종합적인 기상 예측 이론의 개발이 필요하다고 할 수 있을 것이다. 그 외에 그 사회의 전반적인 심리 상태가 기상에 영향을 주는 인자도 있어서 입시 때가 되면 대개 온화하다가도 입시한파가 오고 사람들의 마음이 메마르면 건조한 기상이 되며, 그리고 사회 전체가 격앙된 분위기에 휩싸이게 된다면 더우면서도 한파가 밀려오는 이상 기상이 나타나는 것이다. 그러므로 이제는 기상을 다스리려면 사람의 마음도 다스리는 것이 중요한 세상인 것이다.

입시한파가 시사하는 인간 심리와 기상

기상과 인간 심리는 매우 유기적인 상호 관계를 보여 준다. 날씨가 맑은 날에는 하늘에서 양이온이 지상으로 떨어지고 비가 오는 날에는 날씨가 맑았던 기간 동안에 양이온 증가에 음과 양 전하의 불균형을 해소하기 위하여 벼락이 치고 비가 오면서 음이온이 다량으로 생성된다. 그래서 맑은 날에 산책을 하면 기분이 고양되고 힘이 솟는 반면에 흐린 날에는 사람의 기분이 차분하여진다.

봄철에 비가 오면 식물의 성장이 하루가 다르게 크게 달라지는 것을 알 수 있는데 그것은 하늘에서 떨어지는 음이온이 식물의 성장을 촉진하기 때문이다. 이러한 자연적인 강우는 인공적으로 주는 스프레이와는 다른데 호스로 물을 뿌리는 경우에는 이러한 음전기의 발생이 일어나지 않아 자연의 오묘함을 일깨워 준다. 가정용 전자제품은 일반적으로 실내의 음이온의 농도를 감소시키기 때문에 날씨가 지속적으로 맑은 날에는 실내에 음이온의 농도가 많이 부족한 것으로 알려져 있다. 그래서 음이온 발생기나 숯과 같은 것이 한때 인기를 끌었다.

만물이 싹트는 봄철에는 양의 기운이 충만하기 때문에 음의 기운이 많은 여인들이 심리가 고양된다. 반면에 가을철에는 음의 기운이 점차로 강화되기 때문에 양의 기운이 많은 남자들의 심리가 가라앉는다. 그래서 여인들은 봄을 타고 남자는 가을에 감상적이 되는 것이다. 유럽에서 민족성을 보더라도 뜨거운 남국의 태양을 많이 받는 이탈리아 사람들은 매우 명랑하며 언어 자체도 받침이 전혀 없는 경쾌한 언어 구조로 되어 있다. 반면에 북유럽의 사람들은 날씨가 추운 만큼 표정이 진지하며 만나도 잘 웃지를 않는다.

입시철에 매년 나타나는 한파는 시험을 치르는 수험생들과 가족들의 긴장과 두려움의 기운이 기상에 부분적으로 반영된 것이다. 민심이 천심인 것이다. 그러나 최근 2년간 입시한파가 사라진 이유는 수시모집이나 정규 대학에 진학을 하여도 취업이 잘 안 되는 등 다른 이유 때문에 대학입시의 수학능력시험의 비중이 상대적으로 많이 떨어진 것에 기인한다고 보인다. 그러기에 민심은 천심으로 표현하며 군왕이 정치를 잘못하여 백성이 굶주리면 날씨는 한없이 가뭄이 들어 민심이 메마를 수 있다. 그래서 성군들은 기상의 불순함을 모두 정치의 잘못으로 판단하여 마음을 다스린 고사가 있는 것이다.

2002년 임오년은 지상에는 뜨거운 기운이 충만한 한 해였다. 이러한 기상의 특징에 힘을 받은 탓인지 월드컵에서 붉은 악마의 함성과 대통령 선거 등에서 열기가 가득한 한 해였다. 반면에 2003년 계미년은 기상과 마찬가지로 습한 열기가 한해를 지배한 해였다. 그래서 그런지, 속에서 지글지글 끓는 듯한 기운이 사회전반에 주류를 이루어서 노사관계의 심화나 고층 건물에서의 투신, 그리고 가정이나 건물의 방화 등이 빈번한 한 해로 점철되었다. 그러기에 2003년 계미년에 지속적으로 비가 내려 2002년 임오년의 이러한 내연하는 열기를 식히지 않았으면 문제의 양상은 더욱 심각하였을지도 모른다는 생각이 든다.

2002년 임오년의 외부의 열기가 계미년에는 내부의 열 기운으로 뭉쳐져 칼날과 같은 쇠를 제련한 후 갑신년에 나타날 것으로 보인다. 이러한 점을 고려하면 굳이 120년 전에 한반도에 일어났던 임오군란이나 갑신정변(甲申政變)을 거론하지 않더라도 2004년 갑신년의 사람의 심리와 그에 따른 사회상을 어느 정도는 예측이 가능할 수도 있을 것이다. 이와 같이 매년의 세운을 나타내는 육십갑자의 기운은 그해의 전반적인 기운을 나타낸다고 할 수 있다.

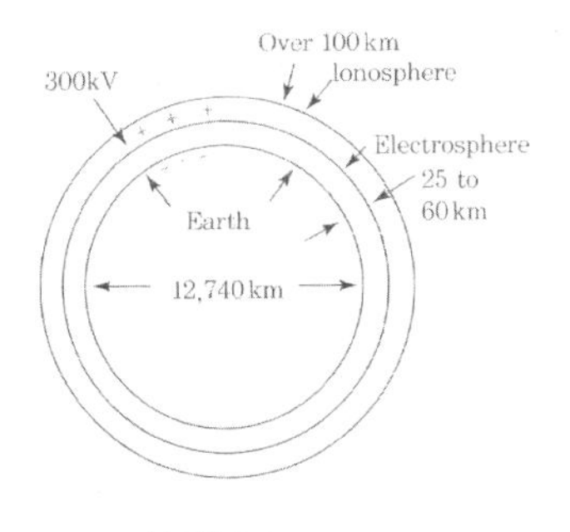

(a) 전하 분포도

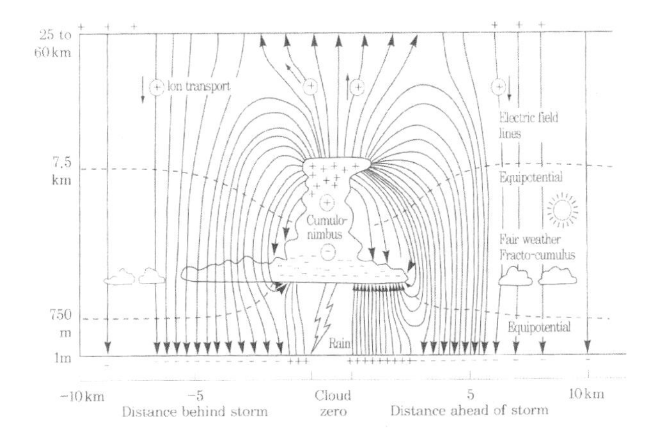

(b) 전하 이동양상

맑은 날과 강수 시에 지구표면의 전하분포도

'을씨년스럽다'는 을사년(乙巳年)에서 유래

인터넷 검색을 통해 보면 '을씨년스럽다'는 '을사년'에서 유래된 말이라고 한다. 이를 검토하고, 인용하여 보자. 우선 '을씨년스럽다'의 정의를 사전에서 살펴보겠다.

1. 사전 정의

가) 보기에 쓸쓸하다. → 을씨년스러운 겨울 바다. / 날씨가 을씨년스럽다.

나) 보기에 군색한 듯하다. → 을씨년스러운 살림살이. / 을씨년스레[부사]

2. 어원 분석

날씨가 흐리고 기온이 낮아 음산하다는 느낌으로 쓰는 말인 "을씨년스럽다"다는 '날씨가 쌀쌀하거나 기분이 왠지 쓸쓸하다'라는 뜻이다. '을씨년'은 '을사년'→'을시년'→'을씨년'으로 변해서 생긴 말이라고 한다. 우리는 종종 '을씨년스럽다'라는 말을 쓴다. 이 '을씨년스럽다'라는 말은 을사년에서 비롯되었다고 전해지며 을사년인 1905년에는 일본과의 '을사보호 조약'이 체결된 해로서, 당시의 암울하고 궁색한 나라 분위기를 의미한다고 한다.

3. 오운육기에 따른 주석

'을씨년스럽다'라는 말이 을사년에서 온 말이라는 것이 흥미롭다. 나라의 상황이 을씨년스럽기에 그러한 말이 나온 것이라는 것에 일면 공감이 간다. 그러나 실제로 1905년 을사년의 기후를 운기로 분석하여 보면 乙庚合金에서 1운 금불급이고 2운이 수태과이다. 그리고 운기 중에서 3번째 기인 사천이 사해충 궐음풍목이므로 1기가 양명조금 2기가 태양한수가 된다. 그러므로 을사년 봄에서 초여름까지는 건조하고 추운 봄이었을 것이라는 해석이 나온다. 이래저래 정치상황이나 날씨나 을씨년스러운 해이었던 것 같다. 이와 같이 기상은 마음의 상태와 많이 일치하며 나라 상황의 한 단면을 반영함을 알 수 있다.

이와 같이 특정한 해의 기운은 그해 전체의 국가의 기운을 시사하는 경우가 많다. 풍수적으로 간인방(艮寅方)의 목의 기운을 많이 받는 대한민국은 경금(庚金)의 쇠의 기운이 들어가는 해에는 어려운 일이 많이 발생한다. 1910년은 경술국치를 겪었고, 1950년 경인년은 육이오 사변이 발생하였으며, 1960년에는 4·19 학생 의거가 일어나 그다음 해 5·16 군사혁명의 기폭제가 되었다. 1980년 경신년에는 79년 12·12 사태에 이어서 5·18 광주 민주화 운동이 일어났으며, 2010년 경인년에는 천안함 사건이 발생하였다.

한편 임오년은 오화의 지장간에 있는 정화의 뜨거운 불이 하늘로 치고 올라와서 임수의 하늘의 찬 기운과 결합하는 경향이 있는 해이다. 이러한 해에는 대한민국에서는 민초들의 뜨거운 정열이 하늘로 치솟는 경향을 나타내곤 하였다. 1882년 임오년에는 임오군란이 발생하였는데 이는 서울의 하급군병과 빈민층이 일으킨 폭동이었고 60년 후 1942년에는 일제는 3·1운동 후 부활한 한글운동의 폐지와 조선민족 노예화에 방해가 되는 단체의 해산과 조선 최고의 지식인들을 모두 검거할 수 있는 꼬투리를 만든 조선어학회 사건이 발생하였다. 그 후 다시 60년에는 2002년 월드컵 4강 때 붉은 악마의 함성이 대한민국을 뒤흔들었다. 이처럼 60갑자가 가진 고유한 기운은 국가의 지형학적인 기운과 어우러져 그 고유한 기운에 해당하는 사건을 발생하게 하는 예를 종종 보게 된다.

삼한사온은 어떻게 나타났는가?

겨울철 날씨를 이야기할 때 삼한사온(三寒四溫)이라는 말을 많이 한다. 삼한사온은 이와 같이 겨울철에 시베리아 기단의 세력의 확장과 약화의 주기에 의해서 나타나는 우리나라의 특징적인 기후현상이라고 한다. 그러나 겨울철 날씨뿐만 아니고 강수 형태를 보더라도 일주일을 주기로 하여 특정한 날에 주기적으로 비가 오거나 날씨가 좋지 않은 현상을 종종 목격하곤 한다. 그러나 운기가 바뀌거나 계절이 바뀌면 비가 오거나 추운 날씨를 나타내었던 요일이 바뀌곤 한다. 어째서 삼한사온이라는 현상이나 일주일을 주기로 하는 기상 현상이 생겼는지를 설명하는 이론은 잘 나와 있지 않다. 그러나 육십갑자의 일진의 순환에 따른 겨울철에 바람이 부는 패턴을 조사하여 보면 삼한사온이 되는 부분적인 단서를 찾을 수 있다.

우리가 사용하는 일진은 갑자, 을축, 정묘, 무진 기사 경오부터 시작하여 60번째의 계해까지 60개의 조합을 이루며 지속적으로 일 년 365일을 순환하는데, 겨울철에 부는 바람은 '자축인묘진사오미신유술해'로 순환하는 지지의 사이클에서 볼 때 대개 두 종류의 패턴이 있음을 알 수 있다. 첫째는, 지상의 기온이 상승하는 뜨거운 사오미에서 발생하는 상승하는 부력에 의한 바람이고, 둘째는, 지상의 온도가 떨어지는 해자축에서 시작하는 냉기에 의한 바람이다. 사오미에서 바람이 이는 이유는 지상의 기온이 상승하므로 열적 부력에 의하여 상승기류가 생길 때 시베리아 기단과 같은 고기압이 밀려오는 바람이고, 해자축에서 부는 바람은 차가운 냉기인 수기(水氣)가 직접적으로 기운을 팽창하는 겨울바람과 같은 바람이라 할 수 있다.

12지지의 순환으로 본 겨울철 삼한사온을 유도하는 바람

12지지	해	자	축	인	묘	진	사	오	미	신	유	술
성질	차다	차다	차다	따듯하고 습하다	따듯하고 습하다	따듯하고 습하다	덥다	덥다	덥다	따듯하고 건조하다	따듯하고 건조하다	따듯하고 건조하다
	찬바람 3한			3온			더운 기운이 찬바람 유도			3온		

두 종류의 바람의 성격이 다르기는 하지만 겨울에는 북서풍이 많이 불기 때문에 대개 바람이 불면 추워진다. 그러므로 '자축인묘진사오미신유술해'의 순환에서 볼 때 사오미에서 바람이 분 후 해자축의 해일이 시작되기 위하여서는 3일을 지나야 하며 다시 해자축에서 사오미가 될 때까지는 3일의 기간이 요구된다. 그러므로 바람이 정확하게 이것의 영향을 받는다면 3한 3온이 될 것이다. 그러나 기상 현상은 그렇게 단순하지 않을 것이고 그해의 세운이나 일진에서 천간의 기운이 유기적으로 영향을 주게 되면 삼한사온이나 5한 2온 등 다양한 주기가 발생하게 된다. 주말이나 특정한 요일이 되면 비가 오거나 일기가 불순한 것을 종종 경험하는 것이 바로 이런 이유이다. 그러므로 육십갑자로 주어지는 일진의 분포와 그해 겨울의 기상패턴을 살펴보면 며칠을 주기로 한서가 변화할지를 보다 정확하게 알 수 있다.

20세기 세계적인 4대 전염병은 왜 7년 또는 8년에 발생하였나?

21세기에 들어와서도 독감에 대한 공포는 좀처럼 수그러들지 않고 않다. 20세기 들어서 전 세계적으로 독감이 창궐한 경우는 네 차례가

된다고 한다. 1918년에 발생한 스페인 독감은 전 세계에서 2천5백만 명의 사망자를 냈다. 57년에 발생한 아시아 독감은 1백만 명의 사망자를 냈으며, 68년 홍콩 독감으론 70만 명이 사망하였다고 한다. 그리고 1977년에는 러시아 독감이 크게 유행하였다. 같은 해인 1997년의 홍콩 조류독감 인플루엔자는 지금까지 없었던 신종바이러스의 변종으로 18만 명의 목숨을 빼앗아 갔다.

이러한 자료로 일차적으로 언급할 수 있는 사항은 전 세계적인 전염병은 7자나 8자가 되는 해에 강세를 나타낸다는 것이다. 그 이유는 일차적으로 연도가 6자가 들어가는 해는 천간에 병자, 병오, 병술, 병신 등과 같이 병의 해를 지난다. 병(丙)의 해는 운기상으로는 병신합화수(丙辛合化水)라는 천간합을 하여 강력한 냉기인 수태과(水太過)의 기운을 발생시킨다. 수태과의 해에는 천지에 수의 기운이 평소(20% 평균)보다 25~30%로 높아지는 해이다. 이러한 천지에 수태과의 기운이 돌면 동물이나 식물은 천지에 충만한 수의 기운을 그대로 흡수하여 수기가 풍족하여진다. 그래서 오행으로 수에 해당하는 검은콩이나 돼지 등의 작황과 생육이 매우 좋아진다.

그러나 독립된 소우주인 인간은 그와 반대이다. 자연의 기운이 수태과가 되면 인간은 인체 내에서 수의 기운을 발생시켜 대우주인 자연과 기운의 균형을 이루어야 한다. 인체 내에서 수의 기운을 발생시키는 장부는 신장과 방광이다. 그러므로 수태과의 해에는 신장과 방광이 혹사를 하게 되어 신장이나 방광 그 자체나 신장이나 방광의 지배를 받는 인체의 기관이 취약하여진다. 즉 신장과 방광, 생식기, 뼈와 골수, 귀와 발목 그리고 허리 등이 대표적으로 영향을 받는다.

그런데 수태과의 해에 자연은 신장과 방광에 좋은 콩이나 돼지, 그리고 김, 다시마 등 해초류의 작황이나 생육을 좋게 만들었다. 그러므로 인간은 그 시절 제고장에서 나는 농축수산물을 섭취하면 제절로 건강을 유지하는 기전으로 되어 있다. 이것이 철따라 제고장 음식을 먹어야 하는 신토불이(身土不二)의 이치이다. 만일 제철 음식을 먹지 않으면 이러한 자연이 인간을 위하여 만들어 놓은 섭리의 혜택을 받지 못하게 되는 것이다. 한마디로 제철 음식을 먹지 않는 것은 때나 철을 모르는 "철부지"가 된다.

결론적으로 이러한 수태과의 기운은 인간의 신장과 방광의 기운을 약화시키는데, 특히 사람의 기초체력을 의미하는 골수나 생명력을 저하시킨다. 그래서 6자가 들어가는 수태과의 해를 지나면 인간은 기초체력과 생명력이 저하되어 전염병과 같은 여러 질병에 취약하여진다. 실제로 기상적인 측면에서도 2006년 병술년에는 만물이 생육하는 기간인 봄철을 전후한 전반기에 온도가 평균온도보다 실질적으로 낮은 온도를 나타내었다. 관심 있는 독자들은 기상청의 기상자료를 참고하여 보기 바란다.

6자가 들어가는 병년을 지난 후 7자와 8자가 들어가는 해를 만난다. 연도에 7자가 들어가는 정축년, 정사년, 그리고 정유년은 목불급의 해로서 천지에는 목기가 약하여지는 해라는 공통점을 지닌다. 천지에 목기가 약하여지면 상대적으로 목기를 극하는 금의 기운이 왕하여진다. 그래서 인간은 7자가 들어가는 해에는 기관지 등에 질환에 취약하여지고 목기의 기운을 가진 새나 조류와 같은 동물들이 조류독감 등이 발생하게 된다. 목기가 약하여지는 7자가 들어가는 해인 정사, 정축, 정유년에는 목기에 해당하는 가축인 닭은 질병에 취약하고 성장이나 산란율도 크게 떨어진다고 보아야 한다. 이러한 해 중의 하나인 1997년 정축년에 조류독감이 시작된 것은 우연만은 아니다.

1918년은 무오년이고 1968년은 무신년이다. 그리고 1957년은 정유년, 1977년은 정사년, 1997년은 정축년이다. 8자가 들어가는 1918년과 1968년과 같은 해는 무오년과 무신년으로서 무토는 무계합화화(戊癸合化火)라는 천간합을 하여 강력한 화의 기운인 화태과의 기운을 발생한다. 이러한 화태과의 해에는 인간에게는 심장의 기운이 약해진다. 즉 대우주인 자연에 화의 기운이 충만하므로 소우주인 인간도 심장의 기운을 극대화하여 대우주의 화의 기운과 균형을 유지하기 위하여 심장이 과로하게 되기 때문이다. 심장의 불의 기운은 생명의 원천으로서 수태과 이후 화태과의 해에 강력한 전염병이나 질병의 가능성은 매우 높아진다. 이것이 20세기를 풍미하였던 4대 전염병이 연도상으로 7이나 8자가 들어가는 해에 발생한 이유이다.

사스와 김치

운기론의 차원에서 보면 왜 2003년도에 사스라는 괴질이 특히 동남아에서 창궐하였으며 김치를 비롯한 매운 것을 많이 먹는 우리나라 사람들에게는 크게 영향을 주지 못하였는지를 이해할 수 있다.

사스라는 괴질이 2003년도 세간의 주요 관심사였다. 괴질이란 한 마디로 병을 일으키는 세균의 정체가 확인되지 않았기 때문에 괴질이라고 불린다. 사실 병을 일으키는 균들은 환경에 따라서 그 모양이나 성질이 지속적으로 변화한다. 그렇기 때문에 상황이 바뀜에 따라서 이제까지 알려지지 않은 변종 병원균이 발견될 가능성은 항상 존재한다고 보아야 한다. 60억의 인구가 유사한 몇 개의 그룹으로 분류는 가능하여도 같은 사람은 존재하지 않은 것과 같다고 할 수 있다. 또는 때에 따라 외계인과 같은 완전 별종의 균이 발생가능성도 무시할 수는 없을 것이다.

그렇기 때문에 어떠한 항생제로도 듣지 않는 강력한 슈퍼 박테리아의 출현이 경고되는 이유가 세균의 내성 내지는 변종 발생에 있다고 보아야 한다. 그리고 항생제와 세균의 싸움에서 항생제가 처음에는 위력적인 것 같아도 결국은 최종의 승리자가 되는 것에 문제가 있다. 그것은 세균이 지속적으로 상황에 따라 적응하는 지능을 가졌다는 물리적인 기전 때문일 것이다. 페니실린의 역사가 단적으로 이를 반증하고 있는 것이다.

사실 병이라는 것은 내적인 신체 상황이 외부적인 환경변화에 잘 적응하지 못하였을 때 발생하는 것이며 그러한 상황 하에서 이에 적합한 세균이 발생한다고 보아야 한다. 그러기에 원칙적으로는 병이 생긴 후에 세균이 발생한다고 보는 것이 옳을 것이다. 좀 더 극단적인 표현을 하자면 병이나 세균은 그 시대를 사는 사람들의 의식의 반영이라고도 할 수 있을 것이다.

원론적인 면에서는 병이 균의 발생에 우선한다. 그러나 대부분의 사람들은 균이 있기에 병이 발생하는 것으로 이를 반대로 알고 있다. 우리의 전도된 생각이 너무나 많기에 이에 대한 토론은 여기서는 접기로 하자.

그러나 이렇게 발생한 세균이 공기나 기타 전염경로를 통하여 전파될 때 그러한 균이 발생하기에 적합한 다른 사람이나 환경을 만나게 되면 급속도로 번식한다. 그러기에 균이 또한 감염에 의하여 병을 일으킨다고 볼 수 있을 것이다. 그러나 독감과 같은 강력한 유행성 세균이 창궐하여도 병에 걸리는 사람만 걸리는 것이 이러한 적응성에 문제가 있기 때문인 것이다. 즉 균 자체도 중요하지만 체질이나 생명력이 병의 발생 여부에 중요한 변수가 되는 것이다.

사스라는 괴질은 '중증 급성호흡기 증후군(SARS)'으로 불리며 고열, 기침 등 초기 감기증세를 보인다고 알려져 있다. 즉 폐렴과 유사한 증세를 보인다고도 한다. 한마디로 괴질은 동양의학의 관점에서는 폐와 대장에 관계된 금기의 기운이 화기에 의해 그 힘이 약하여져서 생긴 병이라고 보인다.

사실 20세기 후반부터 생기는 다양한 종류의 병 중에서 폐결핵, 콜레라, 이질과 같이 사라졌던 금의 기운에 해당하는 법정 전염병들이

다시 부활하고 있다. 이러한 점에서 이 분야 질병에 해당하는 괴질의 발생은 예상되었던 점이라고 할 수 있을 것이다. 이러한 금기 약화는 당연히 화극금 현상에 의하여 일어나는 것으로서 화기가 충천함으로써 더욱 악화된다고 할 수 있을 것이다. 이러한 점은 사스가 왜 2003년도에 창궐하였는가를 살펴보면 더욱 이해가 간다. 2003년은 계미년이다. 계미년은 계수가 찬물에 해당되고 계수에 의하여 화불급이라는 기운이 오운육기의 간합법칙에 의하여 유도된다. 계수나 화불급의 기운은 모두 화의 기운이 약한 해를 의미하며 화의 기운이 약하다는 것은 화금금에 의한 금의 기운을 억제하지 못하기 때문에 천지에는 금의 기운이 강하여지게 된다. 천지에 금의 기운이 강하여지게 되면 소우주인 인체는 천지의 기운과 동화하려는 성질이 있기 때문에 인체는 금의 기운을 고양시키려 하고 이 과정에서 금에 해당하는 호흡기와 대장이 약하여지게 된다. 그러므로 2003년 계미년은 운기상으로 볼 때 사스의 발생이 가능한 해였다는 결론이 나오게 된다. 이러한 점에서 향후 사스의 발생이나 다른 질병이 발생할 가능성이 있는 해를 유추하는 것은 어렵지 않을 것이다.

결국 현대의 문명과 삶의 양상은 강렬한 불기를 만들어 내고 있으며 이러한 삶의 결과는 폐와 대장을 녹여내며 그 귀결의 하나로서 괴질이라는 것을 만들어 내고 있다. 이러한 삶과 문명이 바뀌지 않는 한 그러한 사회는 괴질에 항상 취약할 수밖에 없으며 우리들도 언제든지 괴질의 희생자가 될 가능성을 높이고 있다고 보아야 한다.

신의 섭리의 차원에서 볼 때 우리가 내면에서 원하여 온 것에 대한 귀결을 우리가 피할 수 있다고 생각되지 않는다. 우리가 의식적이든 무의식적으로 원하였든 간에 또는 우리가 제대로 요청하였던 잘못 원하였던 간에 우리가 원한 것을 신이 거부한 적이 있었던가?

동남아 여행을 삼가고 손을 잘 닦고 마스크를 하는 것도 물론 중요하겠지만 단기간의 승자독식과 불같은 무한경쟁과 그를 위한 에너지를 필요로 하는 사회가 존재하는 한 괴질의 발생과 그에 따른 희생은 피할 수 없을 것이다. 우리는 개인이나 사회를 막론하고 괴질이 발생할 운명을 만들고 있다. 그러나 운명이나 사주팔자와 같이 우리는 그것을 우리가 만든 것이 아니라고 생각하고 있을 뿐이다.

사스는 서양의학적인 세균의 관점으로 물론 접근이 가능하나 그것은 서양의학을 전공하는 전문가들의 몫이므로 여기서는 동의의 관점에서 보기로 하자. 동의 약성학의 기본이론은 '기미형색성'으로서 이는 음양오행의 상생상극이론에 의하여 작용한다. 필자는 수많은 과학이론 중에서 이와 같이 전일적이고 완전한 이론은 아마도 맥스웰의 전자기 이론에 나타나는 방정식정도가 이에 필적한다고 생각한다.

동의의 관점에서 사스는 화기에 과잉에 의한 화극금 현상(불이 쇠를 녹임)과 생명력부재에 의한 자연치유력 결핍에서 오는 것이라고 판단된다. 여기서 화기라는 것은 정신적으로는 단기간의 승부욕 같은 것이고 음식으로 보았을 때는 고미(苦味)의 술, 커피, 녹차, 영지, 초콜릿, 항생제, 씀바귀, 상추, 쑥갓, 샐러리, 염소고기 등이다. 그리고 사스는 더운 지방에서 특히 녹차와 같은 고미의 음식을 많이 먹는 동남아나 중국의 남쪽 지역에서 많이 발생할 가능성도 크다고 볼 수 있다.

즉 한마디로 화기가 넘치고 금기가 부족하며 생명력이 결여될 때 바이러스와 같은 균이 자생적으로나 또는 외부에서 감염되었을 때 사스는 발생한다고 보인다. 그러면 금기란 무엇인가? 금기는 한마디로 폐와 대장을 건강하게 하는 매운 신미의 특성을 지닌 식이다. 예를 들면 고추, 고추장, 배추, 무, 마늘, 육개장, 비빔밥, 생선의 회와 와사비, 김치, 생강차, 후추, 현미, 율무, 말고기 등을 거론할 수 있다. 거기다가 김치는 잘 발효되어 생명력을 증가시킨 음식인 것이다. 김치와 같은 잘 발효된 매운 음식을 즐겨 먹는다면 동의의 관점에서는 사스에 대한 저항력은 매우 증가할 것임을 너무나 자명하여 보인다.

고려시대 4개의 큰 홍수에 대한 운기론적 분석

고려는 서기 918년에 창건되어 서기 1392년에 끝났으므로 474년간을 이어져 왔다. 삼국시대의 재해실적이 주로 왕도(王都)를 중심으로 하여 기록에 남아 있듯이 고려시대도 왕도 중심의 재해내용이 대부분이나 삼국시대의 기록에 비하여 훨씬 많은 재해기록을 보존하여 후세에 전해 오고 있다. 이것은 삼국시대보다도 고려시대에 이르러 재해극복을 위한 시책이 아주 강화된 것을 알 수 있으며 이와 같은 정책은 그 후 조선시대에도 크나큰 교훈으로 이어졌다. 비록 재해실적의 내용이 훨씬 정량적(定量的)이고 구체적인 내용은 못 된다 하더라도 왕조를 중심으로 지방관사들의 주요 재해발생 보고체계를 유지하여 시행하여 왔음은 오늘날 우리들의 방재 행정에 참고가 되고 있다고 한다.

고려시대에도 물난리가 극심했다고 한다. 고려사를 살펴보면 대우가 85회, 대수가 19회로 도합 104회나 된다. 그러므로 고려조 474년간에 매 5년에 한 번 꼴의 대홍수가 있었음을 알 수 있다. 비는 대개 지상이나 바다 수면이 덥고 하늘이 찬 경우에 내리나 지상이 덥고 하늘도 더운 경우에는 포화성 호우의 가능성이 높아진다. 그러므로 누구라도 육십갑자의 순환특성을 살펴보면 몇 년에 한 번씩은 홍수가 들 가능성이 있음을 쉽게 판단할 수 있을 것이다.

고려시대의 규칙적인 홍수 중에도 현종 17년(1026년, 병인년) 가을 장마는 민가 80여 호를 떠내려가게 하였으며, 정종 5년(1039년, 기묘년) 여름 장마에는 압록강 물이 넘쳐 병선(兵船)이 70여 척이나 표류했다. 또한 고종 12년(1225년, 을유년) 여름비는 2일 동안에 평지의 수심이 7~8척(약 2m)이나 되었다고 기록되어 있다. 인명피해가 가장 심했던 것은 명종 16년(1186년, 병오년)으로 민가 100여 호가 떠내려갔고 사람이 1,000명이나 죽었다는 기록이 있다.

이러한 홍수 피해 기록을 각각의 해의 운기를 가지고 살펴보기로 하자. 1026년은 병인년이고, 1039년은 기묘년, 1186년은 병오년, 그리고 1225년은 을유년이다. 이 중 1225년 을유년을 제외하고 병인, 병오, 그리고 기묘년은 모두 공통적으로 하늘의 기운이 차가와 수증기의 응결이 잘되어서 강우의 확률이 높은 해이다. 그 이유는 병인년과 병오년은 병신합화수로서 수태과의 해이다. 또한 기묘년은 토불급의 해로서 토불급의 의미는 토극수를 하지 못하므로 수의 기운이 강한 해임을 알 수 있다. 또한 병인년과 병오년은 지상의 기운이 더운 해이므로 더욱 강우의 가능성이 높다고 할 수 있을 것이다. 오운육기의 구체적인 흐름을 분석하여 보지 않더라도 이렇게 세운만을 가지고도 비가 많이 내릴지의 여부를 손쉽게 판단이 가능한 것이다. 1225년은 을유년으로 하늘이 차가운 해는 아니다. 그러나 을유년의 을목은 바람을 의미하여, 또한 을목이 경금을 유도하여 결합하면 금불급의 해가 된다. 금불급의 의미는 금극목을 하지 못하게 됨으로써 역시 하늘에 바람의 강한 목 기운이 강한 해임을 알 수 있는 것이다. 이러한 해에는 고공의 큰바람에 의하여 황사나 습기 찬 수증기가 한반도에 도래할 가능성이 큰 해임을 짐작할 수 있는 것이다. 더욱이 을유년은 7월 23일이 지난 후부터 약 2달간은 태양한수로 지상의 기운이 매우 차가운 해가 된다. 이 경우 습기 찬 수증기가 유입된다면 많은 비가 올 가능성이 높아지는 것이다. 2005년은 을유년으로 역시 같은 운기를 가지고 있으므로 늦은 여름에 홍수 피해를 염려하여야 하지 않을까 우려된다.

운기와 풍수가 영향을 준 구한말의 대가뭄

1777년부터 2007년까지 근 230년간의 서울의 강수자료가 한국건설연구원 수자원 프로젝트의 보고서로 발표되었다. 천문기록에서부터 기록에 관한한 세계적인 대한민국이기에 새삼 크게 새로울 것은 없으나 이러한 기상자료가 운기론에 관점에서 어떤 의미를 가지고 있는지 살펴보는 것은 중요하다 할 수 있다.

특히 눈에 띄는 것은 1884~1910년 사이 한반도에는 사상 유례가 없는 혹독한 가뭄이 몰아쳤다는 것이다. 그 27년 동안의 연평균 강수량은 874mm이었으며 1901년엔 일 년 동안 겨우 374mm밖에 오지 않았다.

이와는 대조적으로 비교한 1971~2000년 사이 30년 동안 서울의 연평균 강수량은 1344mm이었다.

우선 대가뭄기간의 서울의 상황을 기록한 내용을 보자. "한양으로 거지 떼가 몰려들었다. 폭도로 돌변한 백성들 때문에 밤중엔 돌아다니기가 위험했다. ……모내기를 하지 못한 모는 못자리에서 말라 죽어갔다. 먹지 못해 죽어 가는 사람이 전국적으로 발생했다." 앵거스 해밀턴이란 영국인이 1901년 극심한 가뭄이 든 조선을 여행하면서 본 광경이다. 당시 조선의 이례적인 장기 가뭄을 분석하기 위해 러시아 상트페테르부르크 기상관측소 통신원이 제물포에 파견됐는데, 그해 6~8월 한창 비가 와야 할 여름철 강수량이 104mm에 그쳤다.

위의 구한말 기상자료는 단순히 60년 주기의 운기론이나 지형학적인 자료만으로 모든 것을 설명하기는 어렵다. 이를 이해하기 위하여서는 풍수에 따른 대한민국의 국운의 변화를 보아야 한다. 운기론을 설명하는 책의 내용을 벗어나는 이야기이기는 하지만, 국운이 쇠퇴할 때 계곡과 하천의 수량이 감소한다. 그래서 풍수이론의 첫 번째 중의 하나가 수량과 재화의 상관관계를 언급하고 있다.

이를 설명하기 위하여 제시한 다음의 표는 180년 주기를 가진 풍수의 기운과 그 20년 풍수기간들 사이에 한반도에서 발생한 역사적인 사건들이다. 이를 쉽게 요약하면 우리나라는 건해방(乾亥方)으로 향한 백두대간과 간인방(艮寅方)으로 향한 여러 지맥의 방향의 특징 때문에 6운의 해당하는 건운과 8운에 해당하는 간운에 나라가 융성한다. 반대로 1운, 2운, 3운에는 기근과 역병창궐 그리고 한일합방과 같은 불운한 기간임을 적나라하게 보여 주고 있다. 앞에서 언급한 1884년부터 1910년 사이는 2운과 3운에 해당하는 기간으로서 국운이 매우 쇠하였음을 알 수 있다. 이렇게 국운이 쇠한 경우에는 민심도 흉흉하고 메말라져서 민심은 천심이라 더욱 건조하고 메마른 상황을 유도하기 때문에 이 경우 운기가 강수에 불리한 경우 더욱 더 건조하고 메마른 기상 현상을 나타날 가능성이 높다는 것이다. 아래 삼원구궁표에 나타난 기간별 대한민국의 국운을 살펴보기 바란다.

삼원 구궁표

상원갑자 60년	1운(坎運)	2운(坤運)	3운(震運)
	1864~1883년	1884~1903년	1904~1923년
	坎運은 새로운 생명의 태동이나 곤란한 역경을 의미한다. 이때 임오군란이 있었고 숙종조에 역병과 기근으로 몇 십만 명 사망하였다.	坤土의 기운은 음기를 나타내는 어머니의 기운이다. 이 기간에는 역병창궐이 심하였고 갑신정변, 갑오경장, 동학란 등이 발생하였다.	3운인 震運은 새로운 기운이 태동하는 기간으로서 이 기간에 경술국치가 있었다.
중원갑자 60년	4운(巽運)	5운(中宮)	6운(乾運)
	1924~1943년	1944~1963년	1964~1983년
	巽運은 새로운 체제가 정립한다는 의미가 있다. 이때 조선왕조의 건국이 있었다.	중궁은 음양의 교차하는 혼란기이다. 임진왜란과 육이오 동란이 이 기간에 발발하였다.	乾運은 아버지의 기운으로서 강한 통솔력이 나타난다. 세종대왕, 정조대왕, 그리고 박정희 대통령의 통치기간에 이에 해당한다.
하원갑자 60년	7운(兌運)	8운(艮運)	9운(離運)
	1984~2003년	2004~2023년	2024~2043년
	兌運은 호수 내면에 저장되어 있는 강렬한 기운이 발현되는 기간이다. 민주화 운동, 여권신장, 노동운동이 활발한 기간이다. 역사적으로도 이괄의 난, 홍경래의 난 등 많은 난이 일어났던 기간이 이를 반영한다.	艮運은 간방의 기운으로서 기문둔갑의 생문이며 새로운 기운의 표출을 의미한다. 서울의 기운이 간인방의 기운을 받기 때문에 팔운에는 대한민국이 비교적 안정된다. 성종 임금의 치세기간(1469~1494)이 이에 해당한다.	離運은 불의 기운을 나타낸다. 대한민국으로는 대란이나 큰 재앙이 없었던 기간이다. 국운이 기울기 시작한다.

주: 이산 장태상 교수, 『풍수총론』에서 인용

특히 1901년은 신축년으로, 신축년은 지상은 냉기에 의한 습토가 자리 잡고 하늘은 신금에 의한 수불급의 기운이 지배한다. 수불급이라는 것은 하늘이 온도가 높다는 것으로 이러한 경우에는 가뭄과 홍수가 극단적으로 양극화 현상을 보일 가능성이 많다. 그러므로 특히 수자원이 부족하거나 온난화가 약한 신축년은 일반적으로 작은 강수량을 나타낼 가능성이 높다.

보통 약 75~76년을 주기로 지구에 접근하는 헬리 혜성의 도래하는 기간에는 태양계의 혜성에 의한 분진 등의 빛의 차단 현상 등으로 가뭄이 든다고 한다. 이러한 혜성이 1910년에 나타났으므로 혜성의 도래를 전후하여 기상이변의 일조를 하였을 가능성은 있다. 그러나 혜성에 관계된 내용은 보다 많은 자료에 기초한 통계적인 검증이 요구된다.

2003년 계미년의 일 년 내내 계속된 강수 예측과 건설경기의 피해

필자는 2002년 12월 하순에 충청남도 도청에서 가진 세미나에서 2003년에는 일 년 내내 지속적으로 이슬비와 같은 강수현상이 있을 것임을 예측한 바 있다. 그렇게 예측한 운기론적인 분석은 다음과 같다. 2003년은 계미년(癸未年)이다. 계미년의 운기를 분석하여 보면 하늘에는 찬물을 상징하는 계수가 있고 계수는 무계합화(戊癸合火)하는 천간합의 작용에 의하여 화의 기운이 약하거나 늦게 발현되는 화불급의 기운을 유도하고 있다. 그러므로 계미년 하늘의 기운은 계의 찬 기운에 유도되는 기운 또한 화의 기운이 약하므로 매우 찬 기운이 강하다고 볼 수 있다. 그러나 계수와 그에 의하여 유도된 화불급의 기운은 그 찬 기운이 활동성이 강하다기보다는 찬 기운이 지속적으로 서서히 발생하는 성질을 가지고 있다. 그 이유는 오행상 찬물, 즉 수기에 해당하는 천간의 기운으로는 임수와 계수가 있는데 그중 양간에 해당하는 임수는 활동성이 강한 양의 기운이나 음간에 해당하는 계수는 찬 기운이 서서히 그러나 지속적으로 발생하는 성질을 가지고 있다.

즉 수증기가 하늘에 올라온다고 하여도 즉각적으로 이 수증기를 응결시켜 비를 내리게 하기보다는 시간을 두고서 계속적으로 응결을 유도하는 특성이 있다. 한편 지상의 기운인 미토는 계절상으로는 7월의 덥고 끈끈한 수증기이다. 이 미토는 지지충의 법칙에 의하여 축토와 충돌하여 태음습토라는 수분이 많은 기운을 발생시킨다. 그러므로 계미년의 지상은 덥고 축축한 한증막 같은 기운이 강하다고 볼 수 있다.

그러므로 계미년에는 지상에서는 끊임없이 수증기가 증발하고 하늘에서는 이를 지속적으로 응결시키는 작용이 일어날 것으로 보인다. 그러므로 계미년은 지역에 따라 다르겠지만 항상 구름이 많고 비가 지속적으로 오는 한 해가 될 가능성이 크다. 그러나 위도가 높거나 건조한 지역에서는 이슬비가 지속적으로 내리기보다는 매우 적은 강수량을 보일 가능성이 있다.

실제로 2003년 계미년은 이러한 지속적인 강수 현상이 발생하여 건설경기에 큰 피해가 발생하였다. 그리고 정도의 차이는 있으나 지역에 따라서는 2013년 계사년도 유사한 기상 현상을 나타낼 가능성이 높다.

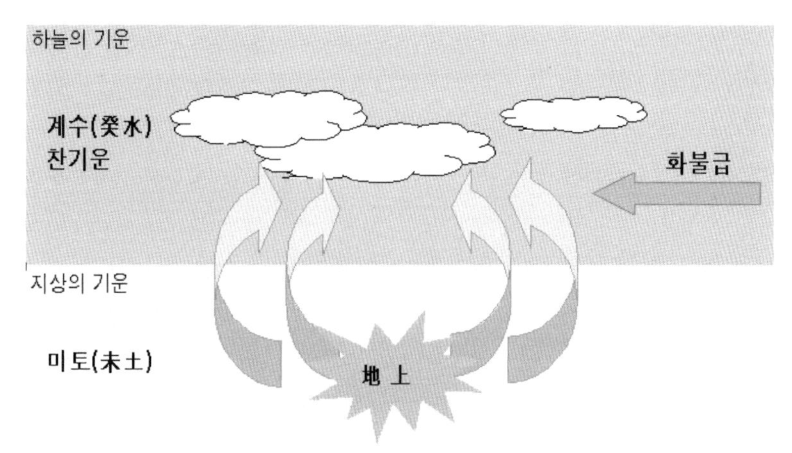

2003년 계미년 운기

/3장/

60년 주기의 순환이론과 육십갑자

1. 천간과 지지 이론

열 개의 천간과 열두 개의 지지와, 그리고 이들로 이루어지는 '갑자, 을축' 하는 육십갑자와 그 변화에 대한 구체적인 토론을 하기 전에 십이지지의 물리적인 의미를 간단히 살펴보기로 하자.

십이지지는 띠와 운명에 관한 경험적 정보

보통 신문에서 매일매일 띠나 일진으로 보는 운세풀이에 익숙한 독자들이 많을 줄로 믿는다. 그리고 매년 새해가 되면 원숭이해니 말띠해이니 하는 말들을 듣곤 하지만 "자(子, 쥐), 축(丑, 소), 인(寅, 호랑이), 묘(卯, 토끼), 진(辰, 용), 사(巳, 뱀), 오(午, 말), 미(未, 양), 신(申, 원숭이), 유(酉, 닭), 술(戌, 개), 해(亥, 돼지)"와 같은 동물의 띠와 달력에 나오는 갑(甲), 을(乙), 병(丙), 정(丁), 무(戊), 기(己), 경(庚), 신(辛), 임(壬),

계(癸) 10개의 글자가 과학적인 개념을 가진 물리량이라고는 거의 생각이 들지 않을 것이다. 그러나 제일 중요한 개념 중의 하나는 쥐를 나타내는 자시나 자월 등의 자는 모든 것이 시작하는 기운이며 동시에 찬물과 같은 온도가 낮은 에너지라는 점을 이해하는 것이다. 반대로 말띠를 나타내는 오(午)에 의한 午時나 午月은 온도가 높은 물리량이라는 점이다.

여러분들은 이러한 띠에 대한 다양한 단편적인 지식을 가지고 있다. 예를 들어 쥐띠와 말띠 그리고 돼지띠와 뱀띠는 궁합이 좋지 않다. 사실 돼지는 뱀의 독을 조금도 무서워하지 않을 뿐만 아니라 돼지우리에 뱀이 들어오면 돼지가 뱀을 모조리 잡아먹는다. 사실 쥐와 말, 그리고 돼지와 뱀의 궁합이 서로 좋지 않다는 것은 속설적인 의미뿐만 아니고 이들 동물들이 가지는 기운 사이에는 강한 충돌 현상이 일어난다. 이러한 현상이 기상에도 나타난다. 뱀과 돼지 사이에 에너지가 충돌하는 현상을 '사해충(巳亥沖) 궐음풍목'이라고 하여 두 에너지의 충돌에 의하여 강한 바람이 발생할 것임을 상징한다. 이와 같이 띠 간에 강한 충돌을 일으키는 경우가 12개의 띠 가운데 6개의 경우가 있어서 이를 육충이라고 하며 기상 현상에서 매우 중요한 물리적인 현상이다. 이것을 우선은 동물의 띠의 개념에 의한 남녀궁합의 관점과 기상현상의 차원에서 살펴보자.

지지충의 발생기운과 띠

육충의 명칭	충돌하는 동물의 띠	발생기운
자오충	쥐띠와 말띠	뜨거운 소음군화
축미충	소띠와 양띠	축축한 태음습토
인신충	호랑이띠와 원숭이띠	밝은 빛의 소양상화
묘유충	토끼띠와 닭띠	건조한 양명조금
진술충	용띠와 개띠	차가운 태양한수
사해충	뱀띠와 돼지띠	바람인 궐음풍목

띠 중에서 우리에게 가장 친숙하게 알려진 것이 아마도 쥐띠일 것이다. 쥐띠로 태어나면 일생 동안 경제적으로 크게 어렵지 않아 먹고 사는 문제는 큰 어려움이 없다고들 이야기한다. 이는 쥐의 부지런한 성격을 두고 유추한 말이다. 띠 중에서 제일 좋지 않아 보이는 띠는 아마도 쥐띠 다음에 나오는 소띠일 것이다. 소는 일 년 365일 제일 분주한 동물일 것이다. 소띠가 되면 태어난 달이 소가 한가한 겨울을 제외하고는 일복을 타고 났다고 보면 옳을 것이다. 특히 봄이나 여름철에 태어난 소띠는 해시나 자시 등 한밤중에 태어난 사람을 제외하고는 어디를 가든 할 일이 엄청나게 많아 일복을 타고난 것이라고 보아도 틀림이 없을 것이다. 그래서 인생살이에서 답답하거나 일이 잘 안 풀리는 사람을 "아이고 축생아" 하는 경우가 볼 수 있다.

소띠 다음에 나오는 것 호랑이띠이다. 호랑이는 밤에 주로 활동을 하기에 이 띠가 한밤중이나 새벽에 태어나면 인생살이에서 매우 적극적이고 활동적인 면을 보인다. 그러나 호랑이띠가 한낮에 태어나게 되면 호랑이띠가 가진 적극적인 행동양식이 많이 사라진다. 호랑이띠 다음이 토끼띠이다. 토끼는 계절상으로 봄의 한가운데인 묘월이며 이때 새싹이 돋아난다. 그렇기에 토끼띠는 순진하고 발랄하며 부산한 기질을 가지고 있다. 토끼띠 다음에 나오는 동물이 용띠이다. 그런데 용은 풍우조화를 부린다는 상징적인 동물이다. 그렇기 때문에 용띠는 농사에 비가 필요한 계절인 봄과 여름절기에 태어난 사람이 적극적인 인생을 산다. 반면에 가을이나 겨울철에 태어난 용띠는 비교적 조용한 인생을 보낸다고 볼 수 있다. 용띠 다음이 뱀띠이다. 뱀은 동면을 하는 성질을 가지고 있다. 그러므로 동면을 하거나 동면에서 갓 깨어난 겨울이나 이른 봄에 뱀은 크게 힘을 쓰지 못한다. 여름철이나 초가을의 뱀이 독이 강하고 역동적인 활동력을 보인다고 할 수 있다. 뱀띠 다음은 말띠이다. 말띠 여자가 운이 강하다는 이야기는 말띠에 해당하는 '午'라는 글자가 매우 강렬한 불기운인 강력한 '午火'를 뜻하기 때문이다. 봉건적인 사회에서는 여자의 기운이 강한 것이 팔자를 세다고 하겠으나 지금은 옳은 이야기라고 하기 어렵다. 말띠 다음은 양띠이다. 양은 생명력이 특히 강하고 고집이 세며 목의 기운이 사장되는 계절이기에 시력이 특히 약한 동물이다. 그 다음은 申月(신월)로서 원숭이띠이다. 원숭이는 겉은 강하다 속이 허한 동물이다.

이와 같이 동물의 띠가 지니는 특성을 그 띠를 가진 사람이 부분적으로 그것을 가지고 있다는 점이 신기하게 느껴진다. 특히 새벽에 태어난 닭띠는 일생을 분주하게 산다고 한다. 그러나 한겨울 오후 이후의 닭띠는 세상사에서 있어서 매우 소극적임을 알 수 있다. 결국 호랑이띠가 낮에 태어나거나 닭띠가 오후에 태어나면 매사에 조용하거나 더 나아가 인생사에 소극적임을 알 수 있다. 또한 닭띠인 여자가 닭의 달인 음력 8월경에 태어나면 피부가 매우 말갛고 깨끗한 사람이 많다.

또한 태어난 월이 개의 달(보통 10월)이며 태어난 날이 용의 날인 사람은 보통 부부 사이의 금슬이 좋지 않고 냉랭한 경우가 많다. 실제로 기상에서도 10월에 용의 일진이 든 날은 찬바람이 강하게 불고 의외로 추운 날이 많음을 알 수 있다. 이와 같이 동양의 절기 이론은 사람과 기상, 그리고 가축의 생리 등에 공히 적용되는 이론이라는 것이다.

이러한 동물의 띠에 대한 지식이나 매일매일 운세풀이를 하는 일진을 조금만 과학적인 관점에서 풀이한다면 기상이나 동식물의 질병이나 작황, 그리고 사람의 건강과 심리 상태 등에 대하여 보다 많은 정보를 얻을 수 있을 것이다.

'자축인묘진사오미……'는 띠 이상의 의미를 가진다

'자축인묘진사오미……'는 단순히 동물의 띠 이상의 의미를 가진다. 구체적으로 이를 살펴보자. '자축인묘진사오미신유술해' 12개의 글자는 일 년의 12개월에 일대일로 대응한다. 예를 들어 호랑이에 해당하는 인월은 양력으로는 2월, 토끼의 묘월은 3월, 용의 진월은 4월, 뱀의 사월은 5월, 말의 오월은 6월, 양의 미월은 7월, 원숭이의 신월은 8월, 닭의 유월은 9월, 개의 술월은 10월, 돼지의 해월은 11월, 쥐의 자월은 동짓달로서 12월, 그리고 소의 축월은 섣달로서 그 다음 해의 1월에 해당한다.

그러므로 이렇게 띠로 나타나는 월에 의한 순환을 계절로 구분하여 보면 띠가 가지는 의미를 보다 이해하는 데 도움이 된다. 즉 11월의 돼지, 12월의 쥐, 그리고 1월의 소에 해당하는 3개월은 11, 12, 1월로서 추운 겨울에 해당한다. 그리고 2월의 호랑이, 3월의 토끼, 그리고 4월의 용은 봄, 5월의 뱀, 6월의 말, 그리고 7월의 양은 여름, 8, 9, 10월에 해당하는 원숭이, 닭 그리고 개의 달은 가을로 분류할 수 있다. 그러므로 '해자축' 월은 춥고, '인묘진' 월은 바람이 많고, '사오미'월은 더우며 '신유술' 월은 건조하다. 이를 확대하여 해석하면 '사오미' 월이나 '사오미' 일이나 '사오미'가 들어가는 年이나 시간은 온도가 높다고 판단할 수 있다. 실제로 오시는 낮 11~13시 사이이고 오월은 양력 6월이며 임오년은 여름이 특히 더운 해이다. 만일 어떤 사람이 임오년에 午月에 午日에 午時에 태어났다면 불같은 정열적인 기운을 가지고 태어난 사람이 되는 것이다.

물론 실제적으로 우리나라에서 추운 달은 12, 1, 2월로서 위에서 춥다고 표현한 11, 12, 1월과는 약간의 시간적 차이가 있다. 이것은 더워지고 추워지는 데 따른 열적인 관성에 따른 지연 현상 때문이다. 즉 관성이 크다는 것은 무거운 물체가 움직이는 데 보다 많은 힘이 들어간다는 것으로 열적인 관성은 어떤 물체를 가열하거나 냉각시키는 데 질량과 비열이 클수록 시간이 걸린다는 것으로 생각하면 이해가 가능하리라고 믿는다.

정리를 하면 일단은 돼지(해), 쥐(자), 그리고 소(축)로 이어지는 '해자축' 3개월은 추운 계절이다. 그러므로 '해자축'은 물리적으로는 찬 기운으로 정의된다. 마찬가지로 호랑이(인), 토끼(묘), 그리고 용(진)으로 이어지는 '인묘진' 3개월은 봄으로서 바람이 많이 불고 따뜻하여지는 기운이다. 그리고 '사오미' 여름을 나타내는 기운은 더운 기운이며 '신유술'은 건조하여 열용량이 작기에 온도의 변화가 큰 가을의 기운이다. 그러므로 십이지지는 단순한 띠라는 개념 외에 차고 덥고 습하고 건조한 기상의 인자를 가진 물리량을 의미한다.

동물의 띠의 물리적 의미

동물의 띠 또는 12지지	물리적 의미
인묘진	따뜻한 봄의 기운, 상승기류에 의하여 바람이 분다. 아침의 기운이며 동시에 동쪽의 기운이다.
사오미	사오미는 여름이나 한낮, 그리고 남방의 화기를 의미한다. 뜨거운 기운이다. 뜨겁기에 수분을 증발시켜 습한 기운과 공존하기 시작한다. 물과 더위가 공존하는 무더위가 화토의 공존하는 경우이다.
신유술	건조하여 쉽게 차가와 지거나 더워지는 가을 기운이다. 동시에 오후의 기운이며 서쪽의 기운을 뜻한다.
해자축	찬 겨울 기운, 밤기운 또는 북방의 기운이다. 온도가 낮아 차기에 아래로 하강하는 기질이 있다.

이러한 12개 동물의 띠의 순환은 일 년 12달뿐만 아니라 매년 또는 매일의 일진, 그리고 시간의 흐름에도 계속적으로 반복된다. 우선 여기서 유추할 수 있는 사항 중의 하나는 '자축인묘진사오미신유술해'로 순환하는 일진 중에서 '사오미'의 뜨거운 여름 기운이 들어오는 날에는 원론적으로 날씨가 덥거나 포근하다는 것이며 반대로 '해자축'과 같은 겨울 기운이 들어오는 날에는 온도가 내려가고 날씨가 추울 것이라는 것이다.

이를 더 기상에 응용하면 지상의 온도가 올라가 날씨가 더운 날에는 수증기의 증발이 많아질 것이며, 이렇게 증발한 수증기는 온도가 내려가는 해자축의 기간에는 응결하여 비가 내릴 가능성이 많다는 것이다. 반대로 하늘이 덥고 지상이 찬 경우에는 지상에서 증발하는 수증기의 양이 적고 하늘은 온도가 높아서 응결이 제대로 일어나지 못하여 강수의 가능성이 낮아 한발이 들 가능성이 높다. 비가 잘 오지 않을 가능성이 있는데다 지상이 건조하기까지 하면 산불 등의 재해에 미리 대비를 하고 주의를 하여야 한다.

물론 기상 현상에는 이러한 기본인자에 의하여 유도된 반응과 그 이후에 나타나는 전달현상이 존재한다. 이러한 기상 현상이 복잡다단하기에 슈퍼컴퓨터를 이용하여 그 과정을 해석한다. 그러므로 이러한 기상 현상을 이러한 간단한 한두 가지의 이론으로 일반화한다는 것은 쉽지 않은 것이나 이것이 기상 예측에 가장 기본이 되는 개념 중의 하나라는 것을 염두에 두기 바란다. 보다 일반적인 토론을 시작하기로 하자.

천간과 지지의 음양오행적 성질

조금은 추상적인 이야기이지만 하늘을 의미하는 천간의 기운은 음양 중에서 양의 기운이며 땅을 의미하는 지지의 기운은 음의 기운이다. 그러므로 '갑을병정무기경신임계'는 하늘의 에너지상태를, '자축인묘진사오미신유술해'로 표시되는 지지는 지상의 에너지상태를 각각 의미한다. 우리는 지상에 살고 있으므로 지상의 기운인 지지가 보다 실질적인 기상현상을 나타낸다고 할 수 있다.

천간의 글자와 지지의 글자는 각각 음양오행으로 분류되며 이것을 이해할 때 그 물리적인 의미가 명확하여진다. 음양은 남녀에 대응하는 이분법적인 기운이며 오행은 음양의 변화하는 다섯 단계의 과정인 목화토금수를 의미한다. 음양에서 양의 기운은 가볍고 활동적이며 에너지의 성격이 강한 반면에 음의 기운은 무겁고 활동성이 약하며 모여서 물질을 이루려는 성질이 강하다. 그래서 가볍고 활동성이 강한 양의 기운은 높이 올라가 하늘의 기운을 나타내며 무겁고 물질을 이루려는 기운이 강한 음의 기운은 땅으로 내려와 지상의 기운을 나타낸다.

음양의 성질 및 분류

음의 기운	양의 기운
무겁고 비활동적	가볍고 활동적
물질을 이루려는 특징	에너지와 같은 기운
여자, 음 체질, 보수적, 자기, 血, 밤, 짝수, 보혈제	남자, 양 체질, 적극적, 전기, 氣, 낮, 홀수, 보기제

우선 하늘인 양을 나타내는 열 개의 천간은 오행으로 나타내며 이 오행 안에 다시 음양으로 분류한다. 예를 들어 갑을은 오행으로는 목이고 병정은 화이며 무기는 토이고 경신은 금이며 임계는 수이다. 이 중에서 '갑병무경임'은 양이고 '을정기신계'는 음을 의미한다. 한편 지지에서도 인묘는 목, 사오는 화, 신유는 금, 해자는 수이다. 그리고 진술축미 네 글자는 토를 의미한다. 지지에서도 인목, 진토, 오화, 신금, 술토, 자수는 양의 기운이고 묘목, 사화, 미토, 유금, 해수, 그리고 축토는 음의 기운이다. 이러한 목화토금수 오행의 기본적인 성질은 다음과 같다.

오행의 기본적 성질 및 분류

목	따뜻하고 위로 오르려는 기운(緩, 완만할 '완') 예) 바람, 나무, 봄, 새벽, 청색, 개, 닭, 분노, 仁, 팥, 신맛, 아음(牙音)
화	불같이 확산하려는 기운(散, 흩어질 '산') 예) 불, 열기, 여름, 아침, 적색, 염소, 양, 환희, 禮, 수수, 쓴맛, 설음(舌音)
토	끈끈하게 결합하려는 기운(固, 단단할 '고') 예) 황토 흙 , 무더운 여름, 정오, 소, 생각, 시기, 信,기장, 단맛, 순음(脣音)
금	긴장시켜 결정을 이루려는 기운(緊, 긴장할 '긴') 예) 쇠, 바위, 가을, 흰색, 말, 오후, 고양이, 비애, 義, 현미, 매운맛, 치음(齒音)
수	차고 연한 기운(軟, 연할 '연') 예) 찬 물, 겨울, 흑색, 돼지, 밤, 공포, 智, 검은 콩, 짠맛, 후음(喉音)

십간과 십이지지의 음양오행 분류

오행	천간		지지	
	양	음	양	음
목	甲	乙	寅	卯
화	丙	丁	午	巳
토	戊	己	辰戌	丑未
금	庚	辛	申	酉
수	壬	癸	子	亥

목화토금수 오행의 정의와 열 개의 천간과 열두 개의 지지가 가지는 물리적인 의미는 심오하며, 이것을 해석하는 것이 동양의 자연사상을 제대로 이해하는 데 가장 중요한 사항이라 할 수 있다. 또한 이것의 응용 분야는 기상을 다루는 운기학, 운명학, 동양의학, 그리고 훈민정음의 창제 원리 등 수 많은 분야에서 공히 일관성 있는 일반적인 원리로 사용되고 있다.

결론적으로 음양과 오행이 더욱 세분화된 것이 하늘의 기운이라고 불리는 천간(天干), 즉 '갑을병정무기경신임계' 열 개의 글자이고, 땅의 기운이라고 불리는 '자축인묘진사오미신유술해' 십이지지(地支)의 글자이다. 물론 천간과 지지는 음양과 오행으로 구분된다. 이것을 정리하여 보자.

천간의 물리적 성질

천간의 음양오행의 분류와 기본 성질

천간	甲	乙	丙	丁	戊	己	庚	辛	壬	癸
음양	양	음	양	음	양	음	양	음	양	음
오행	목	목	화	화	토	토	금	금	수	수
성질	따듯하고 부드러워 상승하는 기운	갑목의 기운이 물질화한 것으로서 습기를 많이 함유	태양 빛과 같은 빛과 열	병화의 기운이 집중되어 물질화한 뜨거운 화염과 같은 열기	지속적으로 뭉치려 하는 기운	뭉쳐서 끈끈하게 엉긴 기운	긴장에 의하여 표면을 잡아당겨 표면적이 넓어진 건조한 기운	경금의 기운이 뭉쳐서 물질화한 기운	활동성이 강한 차고 연한 기운, 냉기의 전달이 빠름	물질화하려는 임수의 찬 기운이 모여 지속적으로 서서히 냉기 방출

지지의 성질

지지의 음양오행 분류와 성질

지지	子	丑	寅	卯	辰	巳	午	未	申	酉	戌	亥
음양	양	음	양	음	양	음	양	음	양	음	양	음
오행	수	토	목	목	토	화	화	토	금	금	토	수
동물	쥐	소	범	토끼	용	뱀	말	양	원숭이	닭	개	돼지
월(양력)	12	1	2	3	4	5	6	7	8	9	10	11

시간	23시 30분 ~ 1시 30분	1시 30분 ~ 3시 30분	3시 30분 ~ 5시 30분	5시 30분 ~ 7시 30분	7시 30분 ~ 9시 30분	9시 30분 ~ 11시 30분	11시 30분 ~ 13시 30분	13시 30분 ~ 15시 30분	15시 30분 ~ 17시 30분	17시 30분 ~ 19시 30분	19시 30분 ~ 21시 30분	21시 30분 ~ 23시 30분
계절	겨울	겨울	봄	봄	봄	여름	여름	여름	가을	가을	가을	겨울
성질	씨앗	냉동	발아	성장	꽃	만개	수정	열매	건조	가공	분류	저장

위의 표에서 보듯이 천간과 지지는 각각 음과 양 그리고 오행으로 다시 구분된다. 그러므로 木에 해당하는 천간은 甲乙이고 지지는 寅卯이다. 나무에 해당하는 木의 기운만 하더라도 甲乙과 寅卯 4개가 존재하는 것이다. 거기다가 인체에 존재하는 간과 담(쓸개)을 포함하면 6개의 목기가 존재한다. 이는 중요하므로 다음 표로 다시 살펴보자.

천간과 지지, 그리고 인체에 나타난 목의 기운

목의 기운	분류	설명	구체적인 해석
갑	천간의 양목	양중 양(태양 목)	목의 강한 에너지의 성격
을	천간의 음목	양중 음(소음 목)	목의 에너지가 물질화하려는 특성
인	지지의 양목	음중 양(소양 목)	목기를 발생시키는 물질
묘	지지의 음목	음중 음(태음 목)	목의 순수한 물질
담낭(쓸개)	인체의 양목	목기가 소통하는 빈 통과 같은 기관이다.	인체에서 양의 목기운을 발생하는 기관
간장	인체의 음목	물질로 채워져 있다.	인체에서 음의 목기운을 발생하는 기관

지장간 이론

'자축인묘진사오미신유술해'로 순환하는 12지지에 대한 음양오행 분류와 간단한 성질에 대한 설명을 시도하였다. 다음에는 지장간(地

藏干)의 개념을 소개한다 . 지장간이란 지지에 숨어있는 천간이란 말로서 각 지지가 어떤 지지로 이루어져있는가를 나타내는 것이다. 예를 들면 인목(寅木)의 寅은 寅(戊丙甲)으로 구성되어 있다는 것이다. 이러한 지장간을 이해함으로써 우리는 열두 개의 지지에 대한 보다 나은 이해를 가질수 있다. 이는 마치 화학이론에서 메탄(Methane)이 화학원소로 CH_4 로 구성되어 있음을 아는 것과 유사하다. 우선 십이지지에 대하여 지장간을 표시한 표를 제시한다.

12지지와 지장간

십이지지	子	丑	寅	卯	辰	巳	午	未	申	酉	戌	亥
월(양력)	12	1	2	3	4	5	6	7	8	9	10	11
지장간	壬	癸	戊	甲	乙	戊	丙	丁	戊	庚	辛	戊
		辛	丙		癸	庚	己	乙	壬		丁	甲
	癸	己	甲	乙	戊	丙	丁	己	庚	辛	戊	壬

십이지지의 순환은 자연의 한열 순환 속에서 균형을 유지하기 위한 완벽한 시스템이론이 정되먹임(positive feedback)과 역되먹임(negative feedback)의 방법이 내재되어 있다. 여기서 정되먹임작용은 변화를 가속시키는 것이다. 봄・여름・가을・겨울 매 계절이 시작하는 인사신해 월에는 모두 변화를 주도하는 무토의 기운과 함께 각각 다음 계절의 기운이 들어와서 변화를 촉진하고 있음을 알 수 있다. 즉 인월에는 무토와 함께 여름의 기운인 병화가 들어와 따듯한 봄의 기운을 재촉하고 사월(巳月)에는 가을의 기운인 건조한 경금이 들어와서 여름에 온도상승이 순조롭게 이루어지도록 돕고 있다. 그리고 가을이 시작하는 신월에는 차가운 임수의 기운이 있어서 수증기를 응축시켜

제거하므로 건조한 가을이 되도록 유도하고 있다. 반대로 사계절이 끝나는 진미술축월에는 각각 전단계 계절이 기운이 내재하여 있어 다음계절로의 급격한 변화를 방지하고 있다. 즉 봄의 진월에는 겨울의 계수가 존재하여 급격하게 여름으로 이전하면서 더워지는 것을 막고 있으며 여름의 미월에는 봄의 바람을 나타내는 을목의 기운이 존재하여 급격하게 수증기가 응결하여 건조하여지는 것을 막고 있다. 아래의 표에 일 년 12개월의 순환을 순조롭게 하는 12지지의 지장간의 역할을 상세하게 설명하였다.

지장간으로 본 일 년의 순환

십이지지	지장간	물리적인 설명
子	壬 癸	亥와 子의 水는 일반적으로 온도가 낮은 찬물이나 냉기를 의미한다. 해수로부터 수기가 시작하나 나무나 금과 같은 고체와는 달리 물이나 불과 같은 유체는 그 기운이 응집될수록 기운이 강화되기에 자수가 해수보다 강력한 양의 기운을 띠게 된다. 그래서 해수는 지장간의 본기로 양간을 가지고 있으나 12지지로는 자수가 양의 기운을 가진다. 이러한 자수는 음양의 변화, 즉 수화(水火)의 순환을 시작하는 기운으로 생명력이 강한 쥐가 이를 상징한다. 자수는 임수의 기운과 계수의 물질화한 특징을 모두 가지고 있어서 찬물과 그 냉기를 나타내며 수기의 강도로서는 임수와 자수의 중간 성질을 가진다고 볼 수 있다. 현공풍수의 24방위에서 북향이 임자계의 순서로 되어 있음이 이를 상징한다. 자수는 일반적인 개념으로는 水氣의 생명력이나 모든 새로운 시작 그 자체나 그 개념을 상징한다고 할 수 있다. 그러나 자수를 상징하는 찬물은 내부에 가지고 있는 강력한 고유진동수가 태양 열복사의 고유진동수와 쉽게 공명을 일으키는 성질이 있기에 뜨거운 태양열에 해당하는 오화와 같은 기운을 만나면 자오충 소음군화에 의해 더운 열기를 방출한다.
丑	癸 辛 己	지장간으로 나타난 계신기가 의미하듯이 단단하게(신금) 얼어붙은 물이(계수) 동토처럼 잔뜩 농축(기토)되어 있는 상황을 나타낸다. 냉기가 압축되어 봄(spring)에 스프링처럼 튀어나옴을 용이하게 한다. 물을 얼음으로 응고시켜 응고열을 방출시킴으로써 더욱더 차게 응결 압축시

丑	癸 辛 己	키는 작용을 한다. 한마디로 축토의 역할은 찬수기를 전진 상승하는 목기로 변화시키는 역할을 한다. 이러한 축토는 자수의 본질을 세상에 발현시키는 구심점 역할을 하여 자수와 축토는 자축이라는 육합 이외에 자축의 오행배열의 구조를 가진다. 따라서 자축인은 자의 본질과 축의 변환발현의 능력, 그리고 인의 발생을 3자 구조로 가진다. 이는 묘진사, 유술해 그리고 유술해의 모든 계절의 변화가 같은 기능으로 묘사된다.
寅	戊 丙 甲	봄을 시작하는 기운으로서 병화의 더운 여름기운을 지장간의 중기로 도입하여 따듯한 봄의 도래를 가속화시키는 기능을 가지고 있다. 이러한 병화의 기운에 의해 입춘이 지난 후 갑자기 날씨가 크게 온화하여지는 현상을 종종 경험하곤 한다. 일반적으로 인월에는 12월 소식괘의 지천태의 괘상이 그러하듯이 지상은 건조하고 차고 지하에는 양기가 농축되어 따듯하고 습기가 많은 양상을 나타낸다.
卯	甲 乙	생명력이 발현되는 갑목과 그 실체인 을목이 동시에 존재하는 순수한 목기의 형이상학적이면서도 물질적인 표현이다. 수소결합을 하는 습기(물)를 많이 함유하고 있다. 그래서 을목의 기운은 유연하면서도 결합력이나 접착력이 강한 특성을 보인다.
辰	乙 癸 戊	진월은 봄이 끝나는 달이다. 봄에서 여름으로의 급격한 변화를 막기 위하여 진토의 지장간의 중기에 계수의 냉기가 존재하여 급격하게 더워지는 것을 방지하고 있다. 이것이 꽃샘추위가 나타나는 이유이다.
巳	戊 庚 丙	사월은 24절기로는 입하와 소만이 있는 달이다. 더운 여름이 시작함을 돕기 위하여 가을의 건조한 경금의 기운을 도입하여 온도상승을 돕고 있다.
午	丙 己 丁	뜨거운 화기에 의하여 지상의 수분이 기화하여 끈끈한 토기가 지장간의 중기로 존재한다. 자오묘유의 순수한 기운 중에서 오직 지장간에 중기를 가진 기운이다. 그러므로 화토가 공존하는 성질을 보여 준다.
未	丁 乙 己	미월은 여름의 마지막 달이다. 가을로의 급격한 전이를 막기 위하여 지장간에 을목이 존재한다. 미월은 맛이 드는 달이면서 화금교역을 이루어서 수화의 음양순환을 완성하게 한다.
申	戊 壬 庚	찬 임수의 도움을 받아 수증기가 응축하면서 건조한 경금의 가을기운이 도래함을 촉진한다.
酉	庚 辛	긴장시키는 경금의 기운과 이것이 물질화한 신금의 기운이 섞여 있는 것으로서 순수하고 맑은 금기의 형이상학적 그리고 형이하학적 기운의 총화를 나타낸다.
戌	辛 丁 戊	지장간 정화의 뜨거운 열기가 늦은 가을의 잔서(殘暑)의 상황을 의미하며 마지막 열기의 방출로 화기의 묘고 역할을 한다. 그리하여 인디언 서머와 같은 현상으로 겨울로의 급격한 전이를 막는다. 신금의 건조한 기운에 정화에 의한 온도상승은 상대습도를 더욱 낮추어 매우 건조하고 결합력이 약한 상태를 만든다. 그러므로 술토는 유금에 비하여 더욱 건조하고 메마른 물리적 상황을 야기한다.
亥	戊 甲 壬	무토의 활성화 기운과 갑목의 바람의 "wind chill"과 같은 대류온도하강의 역할을 하여 겨울을 재촉한다. 12지지 중에서 목과 금과 같은 고형의 물질은 시작하는 기운이 강하나 수화와 같은 유체는 시작 후에 농축이 이루어질수록 그 고유의 특성이 강화된다. 그러므로 해수보다는 자수가 수기가 강하여 양이 된다. 해수의 지장간의 본기가 비록 양간의 병화이나 사화(巳火)보다는 오화(午火)가 화기가 강하므로 사화는 음화이고 오화는 양화가 된다. 이를 이해하는 것이 필요하다.

이러한 십이지지의 순환이론은 기상 현상 속에서도 그 예를 찾아볼 수 있다. 보통 진월(양력 4월)이 되면 꽃샘추위가 자주 나타나는데 이는 진월의 지장간에 내재하여 있는 찬 계수의 기운에 의한 것이다. 우사한 예가 10월 즉 술월의 지장간 戌(辛丁戊)로서 정화라는 뜨거운 열기가 존재한다. 이는 10월에 미국 동북부 뉴잉글랜드 지역에 인디언 서머라는 반짝 더위가 나타나는 현상을 설명한다. 꽃샘추위나 인디언 서머(여름)와 같이 일 년 중에서 특정한 기간에 단순한 일과성 우연이라고 하기에는 비교적 높은 확률적인 통계 값을 가지고 그 계절답지 않은 날씨가 매년 반복될 때 이를 기상현상에서 특이일 또는 특이 현상이라고 부른다. 아래에 세계적인 기상의 특이 현상을 나타내었다.

세계적인 기상 특이 현상

명칭	출현 지역	시기	설명	이유
꽃샘추위	한국의 중부지방	진월(4월)	4월 꽃피는 계절에 갑자기 추위가 닥치는 현상	지장간이론과 일진의 영향
성빙 (聖氷, Ice Saint)	미국	5월	5월에 내리는 서리현상	지장간이론과 일진의 영향
인디안 서머 (Indian Summer)	로키산맥 동쪽 경사면	10월 중순	10월에 나타나는 고온현상	푄현상, 지장간이론과 일진의 영향
크리스마스 홍수	북서유럽	12월 25일 전후	한파 전에 산악지대 눈의 해빙에 의한 홍수	일진과 지형의 영향
크리스마스 한파 (Christmas Cold Wave)	북서유럽	12월 25일~28일	서고동저형 기압배치에 의한 한파	일진과 지형의 영향
정월해동 (January Thaw)	미국 북동해안지방	1월 20일~23일	한파 후 해동 현상	지형과 일진의 영향

앞에서 언급한 바와 같이 꽃샘추위가 나타나는 4월에는 癸水의 찬 기운이 있고 10월의 더위에는 丁火라는 열기가 내장되어 있음을 알

수 있다. 그리고 성빙이라는 얼음이 언다는 5월에는 사화에 지장간에 경금이라는 차고 건조한 기운이 있음을 알 수 있다.

육십갑자 순환에 담긴 한서의 순환

이렇듯이 기상의 변화는 지상의 온도가 높아지는 시점을 기준으로 시작한다고 생각하여 본저에서는 기상현상에 대한 설명을 위해 60갑자의 사오미를 시작되는 시점으로 하여 다음과 같이 5개의 주기로 분류하였다. 이를 각각 기사주기, 신사주기, 계사주기, 을사주기, 정사주기로 표시하며 각주기는 각각 고유한 특징을 가진다. 이러한 주기를 물리적으로 해석하여 큰 기상과 유기적인 연계하여 판단을 내리는 것이 동양절기이론에 기초한 기상 예측의 기본적인 개념이다.

육십갑자로 나타나는 일진의 주기를 기사(己巳)나 신사(辛巳)와 같이 사화(巳火)로 시작하여 몇 개의 주기로 분류하는 이유는 앞에서 언급한 바와 같이 '사오미(巳午未)'가 지상의 더운 기운으로서 지상을 덥게 하여 수증기의 증발을 유도하여 강우나 강설을 유도하는 첫 번째 단계이기 때문이다.

기사주기

己巳	庚午	辛未	壬申	癸酉	甲戌	乙亥	丙子	丁丑	戊寅	己卯	庚辰

만일 기사주기의 기사일이라면 기사, 경오, 신미로 이어지는 3일 동안 지상이 더워지기 시작한다. 그러고 난 후 임신 계유일이 바로 나타나므로 기사, 경오, 신미에서 발생한 수증기가 하늘로 올라가 임신, 계유일에 하늘의 냉기의 도움을 받아 강수 현상이 나타날 가능성이 있다. 만일 이때 강수 현상이 나타나지 않는다면 뒤에 나타나는 을해 병자 정축일에 지상의 냉기의 도움을 받아 강수의 가능성이 다시 나타난다. 이러한 일진의 분포에 따른 강수의 가능성은 아래에 제시한 다양한 주기에 각각 다르게 발현될 것이며 또한 그해의 운기와 그 지역의 지형적인 특성에 영향을 받을 것이다.

신사주기

辛巳	壬午	癸未	甲申	乙酉	丙戌	丁亥	戊子	己丑	庚寅	辛卯	壬辰

위에 제시한 바와 같이 신사주기라면 신사, 임오, 계미와 같이 더운 기운과 찬 기운이 아래와 위로 간지로 연결되어 있다. 그러므로 이 경우에는 일차적으로 신사, 임오, 계미 기간 동안에 소량의 강수가 예상됨을 유추할 수 있다.

계사주기

癸巳	甲午	乙未	丙申	丁酉	戊戌	己亥	庚子	辛丑	壬寅	癸卯	甲辰

만일 계사 주기라면 '사오미와 병정'이 간지로 중첩되지 않고 일렬

로 늘어서 있는 경우이다. 이 경우는 더운 기운이 효과적으로 크게 상승작용을 일으키는 것이 쉽지 않아 보인다.

을사주기

乙巳	丙午	丁未	戊申	己酉	庚戌	辛亥	壬子	癸丑	甲寅	乙卯	丙辰

위에 그림과 같은 을사주기라면 을사, 병오, 정미와 같이 더운 기운이 강력하게 간지로 중첩되어 있고 기유, 경술일을 지나 신해, 임자, 계축과 같이 찬 기운이 나타난 후 이어서 갑인, 을묘의 강력한 바람을 일으키는 기운이 나타난다. 그러므로 을사주기는 기상변화에 실질적인 영향을 줄 수 있는 기간이다.

정사주기

丁巳	戊午	己未	庚申	辛酉	壬戌	癸亥	甲子	乙丑	丙寅	丁卯	戊辰

정사주기도 역시 앞의 을사주기와 유사한 패턴을 보이면서 경신, 신유의 매우 건조한 일진을 지나간다. 건조한 일진은 온도의 상승에 유리한 기운이며 이어서 임술, 계해, 갑자, 을축의 찬 기운이 도래하여 강수 등에 좋은 조건은 형성하고 있다.

독자들은 일진뿐만 아니라 월운 등이 기상 변화에 구체적으로 어떠한 영향을 줄 것인지를 경험적으로 그 경향성을 파악할 수 있다면 보다 믿을 만한 기상 예측의 자료로 활용할 수 있을 것으로 판단한다.

천간합과 지지충의 법칙

이러한 십간은 잘 알다시피 갑을병정무기경신임계이고 십이지지는 자축인묘진사오미신유술해이다. 이러한 천간과 지지는 양전하나 음전하간의 인력이 작용하듯이 또는 남녀의 음양이 결합하듯이 각각 양은 양끼리, 음은 음끼리 결합하여 육십갑자를 형성한다. 또한 10개의 천간과 12개의 지지는 각각 고유한 에너지를 가지면서 이들은 일정한 천간합의 법칙이나 지지충의 법칙에 의하여 그들의 고유한 에너지와는 다른 에너지를 발생한다.

여기서 말하는 천간합의 법칙이나 지지충의 법칙은 매우 중요한 법칙이다. 이것은 기상뿐만 아니고 사주팔자와 같은 운명학이나 다른 동양의 역학이론에서 공히 적용되는 일반적인 법칙이라고 할 수 있다. 여기에서 중요한 것은 천간은 합을 주로 하고 있고 지지는 충(冲)하는 현상을 우선적으로 기술하고 있다. 즉 양을 나타내는 천간은 합을 하여 새로운 기운을 발생하는것이 자연스럽고 음을 의미하는 지지는 보수적이고 물질화한 기운이기에 강력한 충이 동반되어야 실질적 변화가 발생한다. 천간합과 지지충을 간단히 정리하면 아래와 같다.

천간합

우선 천간의 결합법칙은 다음과 같다.

갑기합화 토: 갑목과 기토는 합하여 토의 기운을 만든다. 갑목의 전진 상승하는 기운이 응축하고자 하는 기토 안에 존재할 때 보다 확대된 개념의 무토와 같은 토의 기운을 발생한다.

을경합화 금: 을목과 경금은 합하여 금의 기운을 만든다. 경금의 긴장되고 건조한 기운이 습기 찬 을목에 작용하여 절도 있는 경금의 각진 형상을 만든다.

병신합화 수: 병화와 신금은 합하여 수의 기운을 만든다. 병화의 빛과 열기가 신금의 결정에 작용하여 유연한 물의 기운을 만든다. 암반속의 압력에 의하여 긴장을 해소시키는 유연한 처녀수가 만들어진다. 이것이 암반속 냉산화반응(cold oxidation)에의한 물의 생성기전으로서 천자문의 "金生麗水(금생여수)"에 해당한다.

정임합화 목: 정화와 임수는 합하여 목의 기운을 만든다. 정화의 뜨거운 열기가 임수의 냉기 속에서 임수의 기운을 덥혀서 상승하는 부력을 발생시킨다. 이러한 상승부력이 목기이다.

무계합화 화: 무토와 계수는 합하여 화의 기운을 만든다. 무토의 압축시키는 힘이 비압축성 성질을 가진 계수와 같은 물에 작용한다. 물의 압축하지 않는 성질에 의하여

밖으로 발산하는 화기의 기운이 생성된다. 그러나 봄이나 여름과 같이 수분이 많은 축축한 계절에는 압축발산의 능력이 작아지고 가을 겨울과 같이 건조한 계절에는 이러한 능력이 크게 나타난다.

천간합	설명	예 1: 기상과 운기 및 농축산	예 2: 남녀 궁합	예 3: 국민성
갑기 합화 토	갑목과 기토가 만나면 무토의 기운이 발생한다.	갑신년에는 토태과가 되고 기축년은 토불급이 된다.	甲木의 멋있는 남자와 己土의 현실적인 여자가 만나면 현실적인 토의 가정을 이룬다.	동방 甲木은 교육과 선비의 나라인 대한민국의 민족성을 설명한다. 좁은 기토의 텃밭에 대추와 같은 큰 갑목의 나무를 심어 유실수(무토)를 얻는다.
을경 합화 금	절도 없이 성장하는 을목과 경금의 긴장된 기운이 만나면 절도 있는 경금의 기운이 발생한다.	경진년은 금태과가 되고 을유년은 금불급이 된다.	乙木의 진취적인 여자와 庚金의 엄한 남자가 만나면 엄한 금의 가정을 만든다.	庚金인 미국의 강한 법치주의를 설명한다. 미국 가정의 잔디는 각진 형상으로 짧고 절도 있게 규칙적으로 깎는다.
병신 합화 수	병화의 기운이 긴장된 신금의 기운을 만나면 수의 차고 유연한 기운이 발생한다.	병술년은 수태과가 되고 신사년은 수불급이 된다.	丙火의 화끈한 남자와 辛金의 야무지고 자존심이 강한 여자가 만나면 유연한 가정이 된다.	丙火, 즉 태양의 기상을 가진 일본의 민족성을 설명한다. 일본의 일장기가 태양을 상징하며 병화는 오상으로 예절을 의미한다. 일본인의 예절은 여기서 온다.
정임 합화 목	정화와 임수가 만나면 목의 기운이 발생한다.	정해년은 목불급이 되고 임오년은 목태과가 된다.	壬水의 지혜로운 남자와 丁火의 정열적인 여자가 만나면 목 기운의 진취적인 가정을 이룬다.	丁火의 정열적인 기운을 가진 동남아시의 민족성을 설명한다.
무계 합화 화	무토의 기운과 계수의 기운이 만나면 화의 기운이 발생한다.	무자년은 화태과가 되고 계미년은 화불급이 된다.	戊土의 듬직한 남자와 계수의 싹싹한 여자가 만나면 정열적인 가정을 이룬다.	戊土의 여유 있는 기운을 가진 중국인의 성격을 설명한다. 무계합화는 무토의 포용력과 계수의 여유로움, 그리고 발생한 화기가 중국인의 시끄러운 목소리를 상징한다.

천간에 의하여 유도된 기운은 太過나 不及의 성격을 띠게 된다. 여기서 태과와 불급은 그해가 양의 해인가 음의 해인가에 따라 달라진다. 예를 들어 2003년 계미년은 계수가 음수이므로 무계합화하여 화의 기운을 만든다고 하여도 계수가 음수이므로 화불급이 되며 1998년 무인년은 무토가 양토이므로 무계합화 하여 화의 기운을 만들면 화의 기운이 강한 화태과의 해가 된다. 천간이 양인 해가 그 기운이 태과가 되고 음인 해가 불급이 되는지는 음양의 속성을 생각하여 보면 쉽게 이해가 간다.

지지충

지지는 충을 일으켜 다른 에너지를 발생하는데 지지충의 6개의 법칙을 요약하면 다음과 같다.

인신충 소양상화: 밝은 빛과 열기(양간 오행의 순환)

寅(戊丙甲)과 申(戊壬庚)의 기운이 충돌하면 지장간의 인자가 발생하여 "무병갑"과 "무임경" 등으로 "목생화"와 "금생수"의 기운이 상생구조를 이루면서 "갑병무경임"의 오행 양간의 기운이 순환하며 빛을 발생한다. 이것이 소양상화이며 인체나 생명을 가진 물체에서 발생하는 생명력이다. 이는 뜨거운 열기인 군화에 대응하는 상화(相火)의 빛을 나타내는 기운이다.

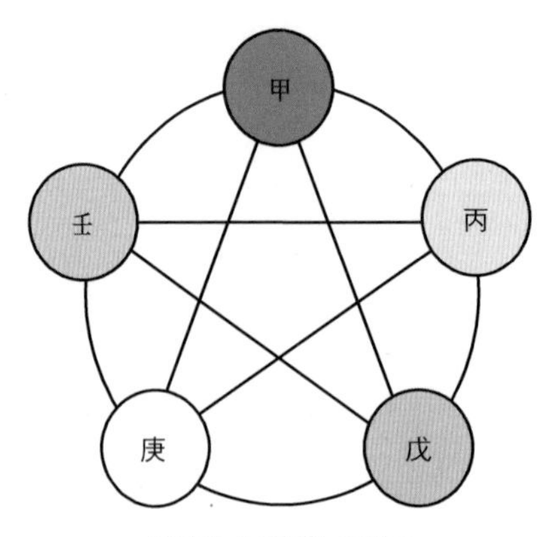

인신충 소양상화 오행도

묘유충 양명조금: 건조한 기운 발생

묘(갑을)의 기운과 유(경신)의 기운이 충돌하고 있다. 경금이 갑목을 극하고 을경합화 금의 간합이 일어나며 신금이 역시 을목을 극하여 모든 작용이 건조한 금기를 발생시키고 있다.

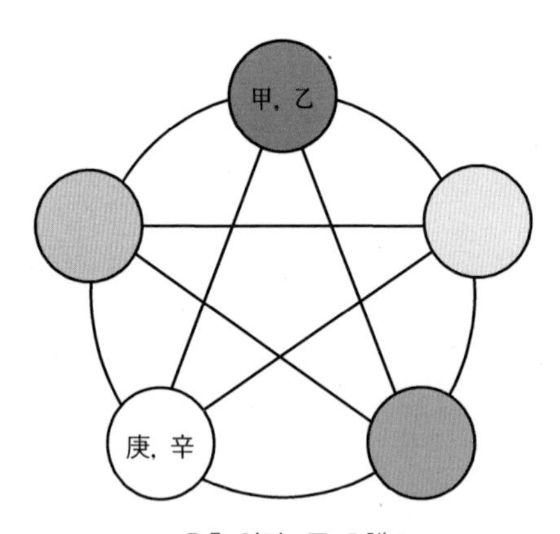

묘유충 양명조금 오행도

진술충 태양한수: 찬 기운 발생

진토에는 지장간으로 '을계무'가 있고 술토에는 지장간의 기운으로 '신정무'의 기운이 존재한다. 두 개의 기운이 충돌할 때 다섯 개의 음간 중에서 을신정계만이 존재한다. 기토가 존재하지 않으므로 가장 힘을 받는 것은 계수가 된다. 계수는 정화를 극하므로 신금이 힘을 받고 신금이 을목을 극하므로 무토와 신금 그리고 계수의 찬 기운만이 존재하게 된다.

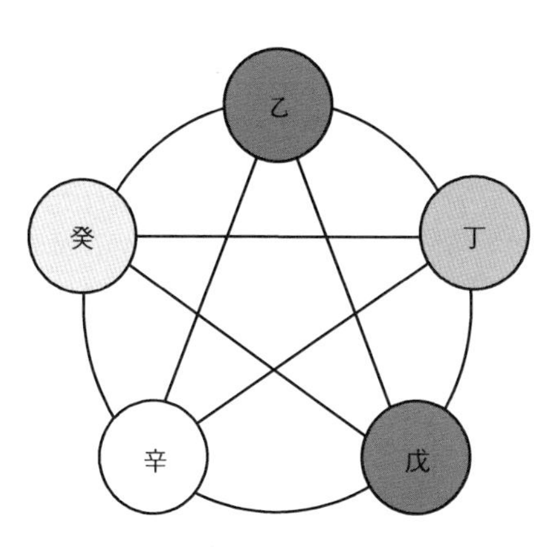

진술충 태양한수 오행도

사해충 궐음풍목: 바람 발생

사(무경병)와 해(무갑임)의 기운이 충돌하는 경우이다. 해수는 수생목에 의하여 찬바람을 일으키고 사화는 무경병에 의하여 금기를 약화시며 역시 목기를 강화시킨다. 그러므로 사해충은 바람을 일으킨다.

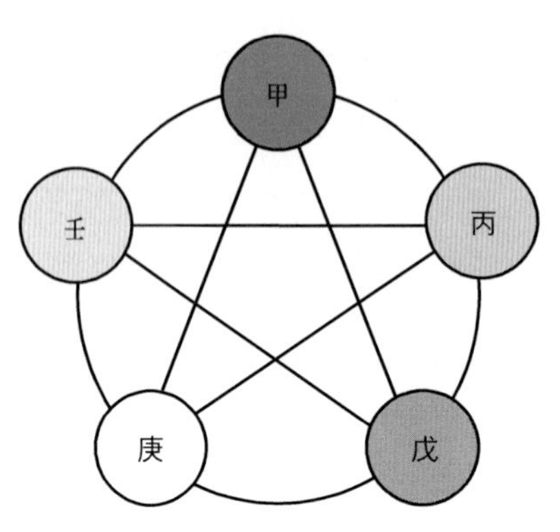

사해충 궐음풍목 오행도

자오충 소음군화: 더운 기운 발생

자수의 지장간은 임계이고 오화의 지장간은 병기정이다.

다음 그림에 나타낸 바와 같이 기토가 계수를 제어하고 정화가 임수와 결합하여 정임합목의 기운을 만든다. 그러므로 목생화를 하므로 병정의 기운이 건재하다. 그러므로 자오충은 소음군화의 더운 기운이 된다. 다른 관점에서는 자수에 내재되어 있는 강력히 진동하는 기운이 태양의 열복사를 나타내는 오화의 기운에 의하여 공명을 일으켜서 더운 열기를 방출한다.

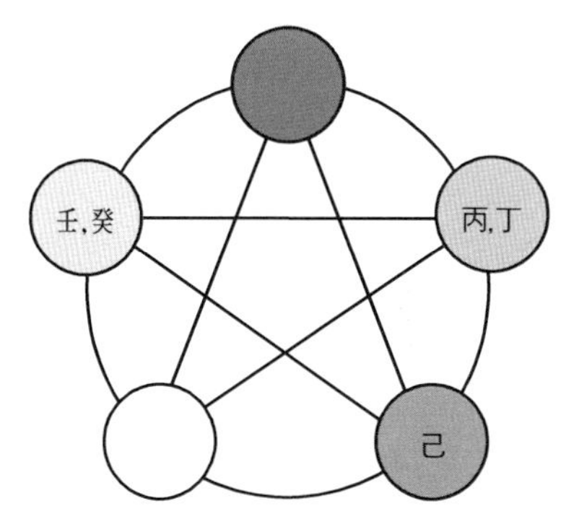

자오충 소음군화 오행도

축미충 태음습토: 습기 발생

축토의 지장간(계신기)과 미토의 지장간(정을기)의 만남이다. 더운 기운과 찬 얼음이 충돌하니 찬 얼음이 녹아 다량의 습기가 발생한다. 오행 양간의 상생적인 흐름은 빛과 열과 같은 상화의 기운을 만드나 오행 음간의 상극적인 기운은 많은 물기를 만들어 낸다.

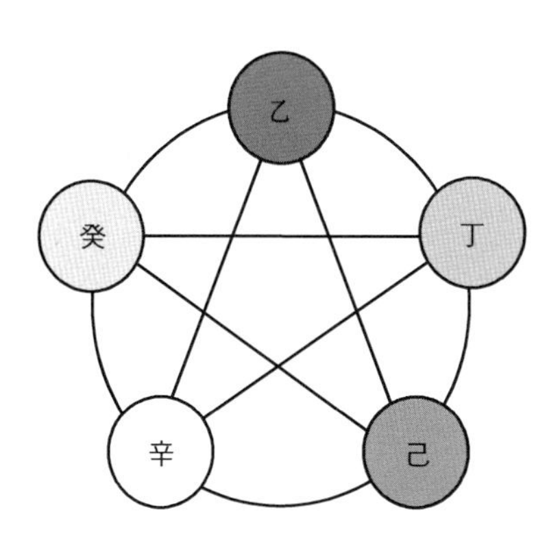

축미충 태음습토 오행도

일진으로 예측한 2006년 7월 서울 폭우

다음은 일진의 중요성을 언급한다.

2006년 7월의 일진으로만 예측하여 적중한 서울의 엄청난 강수량의 경우를 살펴보자. 이런 기상현상을 육십갑자의 일진순환의 기운으로 설명할 수 있다. 아래에 주어진 달력은 2006년 병술년의 무더운 7월의 달력이다. 여기서 독자들이 눈여겨보아야 할 것은 7월 달력의 일진분포이다. 구체적으로 언급하면 7월 9일과 10일의 일진은 각각 기해와 경자이고 11일은 신축, 그리고 12일과 13일은 각각 임인과 계묘이다. 다시 말하면 7월 9일부터 13일까지 지상과 하늘에 일련의 찬 기운으로 형성된 일진이 나타난다는 점이다. 이렇게 찬 기운으로 이루어진 일진이 나타날 경우 우리나라 7월같이 많은 수증기가 존재하는 상황이라면 냉기에 의한 수증기 응결현상에 의하여 비가 내릴 가능성이 높다는 점이다.

그리고 15일은 을사, 16일은 병오 그리고 17일은 정미이다. 즉 15일과 17일 사이에는 더운 일진으로 점철되어 있다. 이렇게 더운 여름에 더운 일진이 나타나면 열대야가 나타나거나 많은 수증기가 포화상태로 존재하여 포화성 강수나 태풍이 나타날 가능성이 높아진다. 이러한 한서의 차가 큰 일진의 주기적인 순환이 7월에 지속적으로 나타나고 있는데 7월의 하순으로 가면 7월 21일부터 역시 신해 임자 계축의 찬 기운이 나타나고 26일에는 역시 병진 정사 무오 기미로 이어지는 더운 일진이 발생한다.

JULY **7** 2006

SUNDAY	MONDAY	TUESDAY	WEDNESDAY	THURSDAY	FRIDAY	SATURDAY
						1辛卯
2壬辰	3癸巳	4甲午	5乙未	6丙申	7丁酉 소서	8戊戌
9己亥	10庚子	11辛丑	12壬寅	13癸卯	14甲辰	15乙巳
16丙午	17丁未 제헌절	18戊申	19己酉	20庚戌	21辛亥	22壬子
23癸丑 대서 30庚申	24甲寅 31辛酉	25乙卯	26丙辰	27丁巳	28戊午	29己未

이러한 강수의 가능성을 2006년 7월의 기상달력에서 예측한 예를 제시하였다. 아래의 글은 2006년 여름철 태풍 등에 따른 강수 가능성을 제시한 글이며 그 다음 자료는 7월의 강수 패턴에 대한 7월 기상달력자료이다.(장동순 저, 2006년 병술년 기상달력, 2005년 12월 중명출판사)

— 아래는 기상달력내용 —

6월부터 8월 중순경인 13일까지의 여름철의 운기는 지상의 온도는 비교적 낮으나 하늘의 온도가 높기 때문에 구름이 많고 지속적으로 흐릴 가능성이 많으며 2005년 늦여름이나 초가을에 나타난 국지성 호우를 동반한 넓은 지역에 많은 비가 내릴 가능성이 높다. 6월 중순부터 비가 많이 내릴 것이 예상되나 2005년 여름과 같이 특정한 장마기간을 설정하기가 어렵다. 강력한 태풍이 발생할 가능성은 화태과가 끝나는 8월 13일까지이며 그 이후에는 태풍이 발생한다고 하여도 그 위력은 크지 않을 것이다. 한반도에 영향을 줄 태풍의 발생 가능성이 높은 기간은 일진의 운기가 매우 뜨거운 7월 15~19일, 7월 26~29일, 8월 7~10일경으로 볼 수 있다.

2006년 7월 기상달력 사례

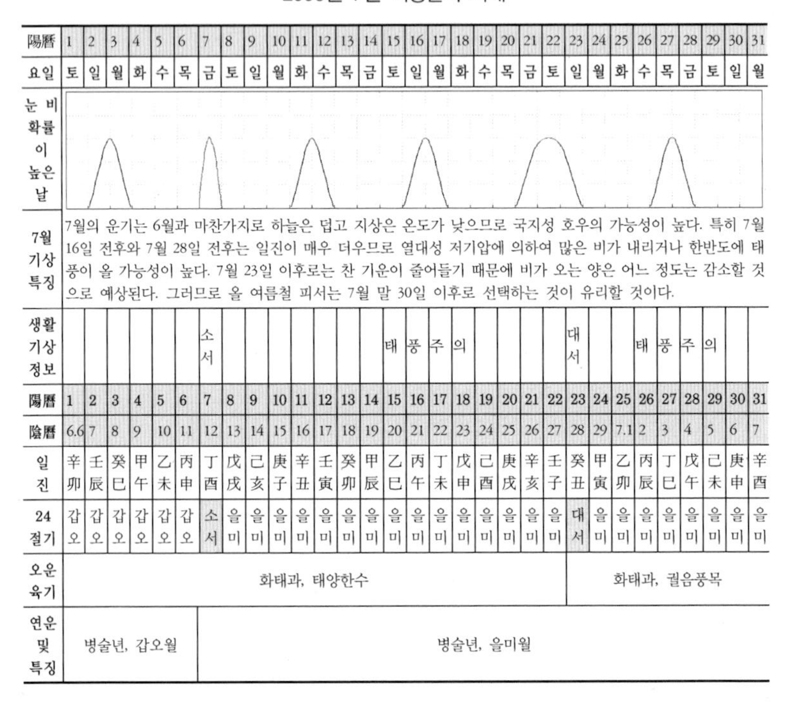

陽曆	1	2	3	4	5	6	7	8	9	10	11	12	13	14	15	16	17	18	19	20	21	22	23	24	25	26	27	28	29	30	31
요일	토	일	월	화	수	목	금	토	일	월	화	수	목	금	토	일	월	화	수	목	금	토	일	월	화	수	목	금	토	일	월
눈 비 확률이 높은 날																															
7월 기상 특징	7월의 운기는 6월과 마찬가지로 하늘은 덥고 지상은 온도가 낮으므로 국지성 호우의 가능성이 높다. 특히 7월 16일 전후와 7월 28일 전후는 일진이 매우 더우므로 열대성 저기압에 의하여 많은 비가 내리거나 한반도에 태풍이 올 가능성이 높다. 7월 23일 이후로는 찬 기운이 줄어들기 때문에 비가 오는 양은 어느 정도는 감소할 것으로 예상된다. 그러므로 올 여름철 피서는 7월 말 30일 이후로 선택하는 것이 유리할 것이다.																														
생활 기상 정보							소서								태	풍	주	의					대서			태	풍	주	의		
陽曆	1	2	3	4	5	6	7	8	9	10	11	12	13	14	15	16	17	18	19	20	21	22	23	24	25	26	27	28	29	30	31
陰曆	6.6	7	8	9	10	11	12	13	14	15	16	17	18	19	20	21	22	23	24	25	26	27	28	29	7.1	2	3	4	5	6	7
일진	辛卯	壬辰	癸巳	甲午	乙未	丙申	丁酉	戊戌	己亥	庚子	辛丑	壬寅	癸卯	甲辰	乙巳	丙午	丁未	戊申	己酉	庚戌	辛亥	壬子	癸丑	甲寅	乙卯	丙辰	丁巳	戊午	己未	庚申	辛酉
24 절기	갑오	갑오	갑오	갑오	갑오	갑오	소서	을미	을미	을미	을미	을미	을미	을미	을미	을미	을미	을미	을미	을미	을미	을미	대서	을미	을미	을미	을미	을미	을미	을미	을미
오운 육기	화태과, 태양한수																						화태과, 궐음풍목								
연운 및 특징	병술년, 갑오월						병술년, 을미월																								

위의 기상달력에서 예측한 자료와 아래에 주어진 실제 기상청에서 발표한 다음 자료를 살펴보면 운기가 임계 해자축의 찬 기운이나 병정 사오미로 덥게 중첩된 12~13일, 15~18일, 그리고 27~29일에 많은 비가 내렸음을 알 수 있다. 2012년 8월에 내린 집중폭우도 이와 유사한 일진의 영향에 의한 것이다.

일 강수량(mm) 서울(2006년, 기상청 자료)

	1월	2월	3월	4월	5월	6월	7월	8월	9월	10월	11월	12월
5일			0.0		3.5		2.5	0.1	0.1		7.0	
6일					93.0		13.0		3.5		17.0	
7일		8.4					10.0	22.0				1.0
8일						6.5			0.0		0.0	2.5
9일	0.3	0.9	0.0	0.1		0.5	3.5		4.5		2.5	2.5
10일			0.0	11.5	0.3	39.5	19.0					
11일						2.5	0.5	0.0		0.0		
12일	6.5				0.0		226.5					
13일	26.5	0.1	0.0				18.5				3.5	
14일		5.5				63.0	0.1				0.0	
15일						2.0	69.0	20.5			3.5	2.5
16일			4.5				241.0	0.5				3.0
17일						0.0	42.5	10.5	2.0			5.5
18일				0.0			31.0		0.5	0.2		
19일				16.0			0.5	0.1				
20일				0.0			4.5	0.0		0.5		
21일						14.0	3.5				0.1	
22일		0.5	0.0		30.5		9.5	0.0		21.5		0.0
23일				3.5				0.0		8.0		
24일								0.0				
25일			0.0			8.0	0.3	14.5				
26일		0.2		0.0		11.5	5.0	32.0				
27일				0.2	27.5	1.0	195.0	18.5	0.0		12.0	
28일		0.1	0.2		1.0		88.0		0.5		0.5	
29일	0.0		1.5		0.2	13.5	22.0	2.5	0.0			
30일	0.0			2.0		6.5	0.1				0.5	
31일	1.0											

2. 육십갑자의 순환

육십갑자의 연월일시 구성

앞에서 언급한 일진은 자(쥐), 축(소), 인(호랑이), 묘(토끼), 진(용), 사(뱀), 오(말), 미(양), 신(원숭이), 유(닭), 술(개), 해(돼지)와 같은 지지 외에 '갑을병정무기경신임계(甲乙丙丁戊己庚辛壬癸)'라는 천간의 기운이 결합하여 하나의 완전한 일진의 기운을 나타낸다. 즉 갑자, 을축, 병인, 정묘, 무진, 기사, 경오, 신미, 임신, 계유와 같이 천간과 지지의 글자가 결합하여 10과 12의 최소공배수인 60이 되며 육십갑자를 이루는 것이다. 이러한 60갑자의 순환은 연, 월, 일, 시간의 흐름에 각자 고유한 사이클을 가지면서 4개의 독립된 순환을 하고 있다. 즉,

연운 또는 세운의 60갑자의 순환
월운의 60갑자의 순환

일진의 60갑자의 순환
하루 시간의 60갑자의 순환

이것은 마치 달은 지구를 중심으로 공전하고 지구는 태양을 공전하고 태양은 또 다른 천체를 중심으로 공전하면서 끊임없는 순환체계를 가지는 것과 일맥상통한다.

60갑자의 순환에서 천간이라고 불리는 갑을병정무기경신임계의 10개의 글자는 하늘의 기운을 나타낸다. 반대로 12개의 띠로 표현되는 지지는 땅이나 지상의 기운을 나타낸다. 기상의 관점에서는 땅의 기운이 12지지를 순환할 때 하늘의 기운인 10개의 천간이 변화하면서 지지에 의한 기상 현상에 영향을 준다.

육십갑자의 순환이 년에 나타나는데 이를 연도별로 표시하면 다음과 같다. 아래 표에 예시한 바와 같이 60갑자는 60년을 주기로 반복함을 알 수 있으며 특정연도에 해당하는 그해의 기운을 세운이라 한다. 예를 들어 2004년의 세운은 갑신이 된다.

60갑자의 연월일시 순환

60갑자의 60년 순환

갑자 1924 1984	을축 1925 1985	병인 1926 1986	정묘 1927 1987	무진 1928 1988	기사 1929 1989	경오 1930 1990	신미 1931 1991	임신 1932 1992	계유 1933 1993
갑술 1934 1994	을해 1935 1995	병자 1936 1996	정축 1937 1997	무인 1938 1998	기묘 1939 1999	경진 1940 2000	신사 1941 2001	임오 1942 2002	계미 1943 2003
갑신 1944 2004	을유 1945 2005	병술 1946 2006	정해 1947 2007	무자 1948 2008	기축 1949 2009	경인 1950 2010	신묘 1951 2011	임진 1952 2012	계사 1953 2013
갑오 1954 2014	을미 1955 2015	병신 1956 2016	정유 1957 2017	무술 1958 2018	기해 1959 2019	경자 1960 2020	신축 1961 2021	임인 1962 2022	계묘 1963 2023
갑진 1964 2024	을사 1965 2025	병오 1966 2026	정미 1967 2027	무신 1968 2028	기유 1969 2029	경술 1970 2030	신해 1971 2031	임자 1972 2032	계축 1973 2033
갑인 1974 2034	을묘 1975 2035	병진 1976 2036	정사 1977 2037	무오 1978 2038	기미 1979 2039	경신 1980 2040	신유 1981 2041	임술 1982 2042	계해 1983 2043

월운도 이러한 육십갑자의 순환을 따르며 2004년과 2005년 월운을 예로 들면 다음과 같다.

2004년 갑신년의 월운

1월	2월	3월	4월	5월	6월	7월	8월	9월	10월	11월	12월
을축	병인	정묘	무진	기사	경오	신미	임신	계유	갑술	을해	병자

2005년 을유년의 월운

1월	2월	3월	4월	5월	6월	7월	8월	9월	10월	11월	12월
정축	무인	기묘	경진	신사	임오	계미	갑신	을유	병술	정해	무자

이러한 육십갑자의 순환은 일진에도 60갑자의 주기를 이루면 순환한다. 예를 들어 2004년 1월과 2월을 예로 들면 다음과 같다.

2004년 1월 일진의 예

일	월	화	수	목	금	토
				1 기묘	2 경진	3 신사
4 임오	5 계미	6 갑신	7 을유	8 병술	9 정해	10 무자
11 기축	12 경인	13 신묘	14 임진	15 계사	16 갑오	17 을미
18 병신	19 정유	20 무술	21 기해	22 경자	23 신축	24 임인
25 계묘	26 갑진	27 을사	28 병오	29 정미	30 무신	31 기유

2004년 2월 일진의 예

일	월	화	수	목	금	토
1 경술	2 신해	3 임자	4 계축	5 갑인	6 을묘	7 병진
8 정사	9 무오	10 기미	11 경신	12 신유	13 임술	14 계해
15 갑자	16 을축	17 병인	18 정묘	19 무진	20 기사	21 경오
22 신미	23 임신	24 계유	25 갑술	26 을해	27 병자	28 정축
29 무인						

다음은 60 갑자의 기운이 시간의 순환에 적용되는 예를 살펴보자.

예를 들어 2004년(갑신) 2월(병인월) 4일(계축일)은 입춘일로서 시간의 흐름은 다음과 같다. 시간의 흐름도 유사하게 60갑자의 순환을 따른다.

2004년 2월 4일 계축일 시간에 따른 60갑자

23-1	1-3	3-5	5-7	7-9	9-11	11-13	13-15	15-17	17-19	19-21	21-23
임자	계축	갑인	을묘	병진	정사	무오	기미	경신	신유	임술	계해

2004년 2월 5일 갑자일 시간에 따른 60갑자

23-1	1-3	3-5	5-7	7-9	9-11	11-13	13-15	15-17	17-19	19-21	21-23
갑자	을축	병인	정묘	무진	기사	경오	신미	임신	계유	갑술	을해

이와 같이 60갑자의 기운은 연월일시의 4개의 주기를 가지면서 끊임없이 순환하고 있음을 알 수 있을 것이다. 이러한 기본적인 지식을 가지고 기상에 대한 예측의 간단한 예를 설명하여 보기로 하자.

일진의 지지만을 가지고 아주 쉽게 설명하면 2004년 1월 3일(신사), 4일(임오), 5일(계미)은 일진이 뱀(巳)의 날이나 말(午)의 날, 그리고 양(未)의 날로 사오미가 연달아서 나타난다. 그러므로 2004년 1월의 3, 4, 5일은 일반적으로 온화한 기간이라고 할 수 있다. 그러나 하늘의 기운은 신금, 임수, 계수의 찬 기운으로 중첩되어 있기에 하늘은 온도가 낮다고 판단한다.

반대로 일진이 돼지(해), 쥐(자), 그리고 소(축)의 날이 들면 추워지거나 비나 눈이 올 가능성이 높아진다. 예를 들면 2004년 1월 21일(기해), 22일(경자), 23일(신축) 구정연휴 기간이 바로 이런 경우에 해당한다. 그렇기 때문에 구정 연휴기간에는 날씨가 춥거나 궂을 가능성이 높다고 예측 할 수 있는 것이다.

60년 순환이론

태양계의 동역학적인 운동에 의한 지구 기후와 생태계의 주기적인 변화이론에 대한 수많은 연구가 지속적으로 수행되어 왔다. 이러한 빙하 주기와 같은 기후변화에 대한 가장 설득력 있는 가설중의 하나는 세르비아의 수학자 밀란코비치(M. Milankovitch)에 의하여 제시된 지구에 입사하는 태양 복사량의 변화이다. 이러한 태양 복사열의 변화는 태양과 달을 포함한 목성, 화성, 토성, 금성 그리고 수성 등의 태양계 행성의 운동이 동역학적(動力學的)으로 관여하고 있는 것으로 알려져 있다. 이를 유발하는 원인으로는 잘 알려진 아래 세 가지 현상이다.

(1) 25,800년 주기의 세차 운동,
(2) 41,000년 주기를 가진 지구자전축의 기울기 변화, 그리고
(3) 약 10만 년 주기를 가진 지구공전궤도 변화이다.

특히 최근 Scafetta 등은 이제까지의 수많은 통계적인 자료를 분석하여 날씨의 반복순환성이 태양계의 운동에 근본적인 원인이 있다는 논문을 발표하였다. 그리고 그러한 순환성을 나타내는 대표적인 주기가 60년이라고 주장하였다.[5] 이러한 60년 주기는 근본적으로 태양계의 주행성인 목성과 토성의 공전주기가 각각 12년과 30년이라는 것에 근거하며 경제학 분야에서도 콘트라디에프 파동과 같은 60년 주기 이론이 있다. 물론 보다 근본적인 개념으로는 동아시아 문화권에 전승

---

5) Nicola Scafetta, Empirical evidence for a celestial origin of the climate oscillations and its implication, *Journal of Atmospheric and Solar-Terrestrial Physics*, Volume 72, Issue 13, August 2010, pp.951~970.

되고 있는 60년 주기의 60갑자이론이다. 앞에서 이미 언급한 바와 같이 2011년 *Nature Communications* 지에서는 대서양의 수표면 온도가 지난 8,000년 동안 55년에서 70년 주기로 변화한다는 논문이 발표되었다.

60년 주기이론을 태양계 행성의 공전주기로 설명하면 다음과 같다. 태양계에서 태양이나 달을 제외하고 지구에 가장 강력한 영향을 미치는 행성은 목성과 토성이라 할 수 있다. 이러한 목성의 공전주기는 12년이고 토성의 공전주기는 30년이다. 그러므로 12년과 30년으로 주어지는 목성과 토성의 공전주기의 최소공배수는 60년이 된다. 또한 목성과 토성의 공전 각속도는 일 년에 각각 30도와 12도이다. 그러므로 한번 목성과 토성이 만난 후 다시 목성과 토성이 만나는 시간은 20년 후가 된다. 즉 20년이란 세월이 흐르면 목성이 움직인각은 30도×20년=600도이고 토성은 12도×20년=240도이다. 목성의 600도에서 360도를 빼면 240도가 되므로 목성은 태양을 한 바퀴 더 돌아서 토성과 같은 위치에 있게 된다. 그러므로 태양계에서 목성과 토성의 공전운동은 20년 또는 60년 주기로 지구상에 규칙적으로 영향을 준다고 할 수 있다. 여기에서 20년의 시간은 20년씩 구궁운동을 할 경우 180년의 삼원갑자의 주기성을 가짐을 알 수 있다.

사실 60년 주기이론은 동양의 曆이나 易의 기본적인 개념이라 할 수 있으며 동양의학의 최고 경전이라고 할 수 있는 『황제내경(黃帝內徑)』에는 소우주인 인체의 질병에 대한 상호 관계로서 대우주인 자연의 기상이나 기후이론을 심도 있게 언급하고 있다. 이러한 『황제내경』에 나타난 운기이론은 동양의 기상이나 기후예측의 근본이 되는 이론으로 동양에는 요순시대의 칠년대한이나 오년홍수에 대한 예견과 치산치수에 대한 전설적인 언급에서부터 『삼국지』의 적벽대전에 대한 동남풍의 고사에 이르기까지 기상 예측에 대한 많은 언급이 이루어지고 있다.

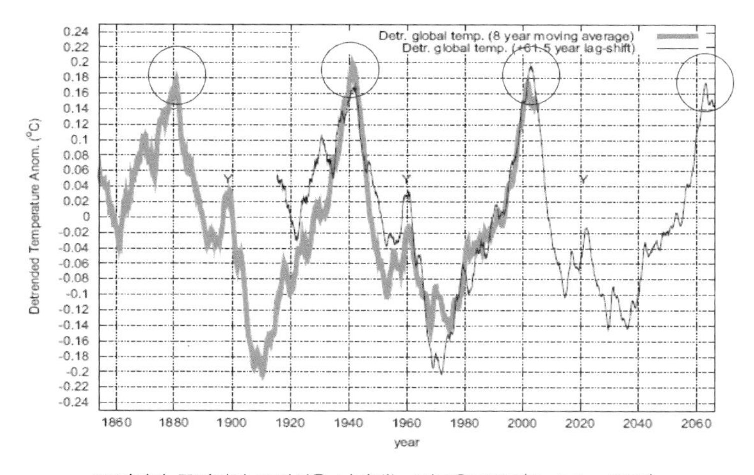

60년마다 특징적인 주기성을 나타내는 평균온도분포(Scafetta, 2010)

본 저서의 목적은 『황제내경』에 제시하고 있는 五運六氣와 같은 동양의 순환론적인 절기 이론에 기상인자에 대한 서양과학적인 전달현상론적인 개념적용에 기초한다. 이 절기 이론에는 연도별로나 계절별로 기상변화의 영향을 미치는 변수로 '風熱暑濕燥寒'(풍열서습조한, 六氣)과 같은 기상변화의 전구상태(precursor)와 같은 "원천 생성항"이 존재한다. 이러한 '원천 생성항'은 시간에 따라 60년 주기를 가진다는 것이다. 60년의 주기를 가지기는 하나 주기적으로 순환하는 기상특성의 발현정도는 온난화나 지형학적 변화 등과 같은 환경변화에 따라 그 발현 강도가 영향을 받을 수 있다. 그러나 과학적인 기상 예측 모델에서는 이러한 '풍열서습조한'이라는 六氣의 순환특성이 기상 변화를 야기하는 근본적인 원인이 아니고 기상변화로 나타나는 주어지는 단순한 결과로만 생각하고 있다. 그러나 '풍열서습조한'과 같은 오운육기 또는 기상변화 인자가 기상변화의 근본적인 원인인 동시에 전달 현상에 의해 나타난 결과라는 것을 이해하는 것이 중요하다.

3. 육십갑자와 오운육기

세운에 의한 연도별 기상특징

60년 주기의 순환의 성격을 가진 기의 개념의 대표적인 것이 음양오행이다. 이러한 음양오행이론에서 음양은 달과 태양이며 오행은 태양계의 오행성을 말한다. 지구상에는 이러한 음양의 기운이 균형을 이루고 있는데 그 가시적인 증거 중의 하나가 지구상에서 바라보는 태양의 크기와 달의 크기가 같다는 것이다. 오행의 물리적 실체는 오행성이다. 예를 들면 목성의 기운은 목성을 구성하고 있는 가벼운 기체들에 의해 결정된다. 이는 간에서 발생하는 목기가 따듯하고 부드럽다는 목기의 정의와 일치한다. 이러한 음양오행의 개념이 보다 구체화된 것이 우리가 흔히 사용하고 있는 六十甲子(갑자, 을축, 병인, 정묘……)이다. 우선 이러한 육십갑자에 의해 그해의 기상특징이 나타나게 되는데 이해를 돕기 위해 이를 간단히 예시하면 다음과 같다.

연도	60갑자	기상특징
2000년	경진년	건조한 기상으로 동해안 산불
2001년	신사년	90년 만의 한발 후 홍수
2002년	임오년	황사와 강풍
2003년	계미년	일 년 내내 지속적인 강우
2004년	갑신년	100년 만의 중부권 폭설
2005년	을유년	한서 차이 심함, 황사, 호남 폭설
2006년	병술년	쓸쓸한 해, 온난화의 경향 약화 예상
2007년	정해년	전국적 구름에 의한 국지성 폭우
2008년	무자년	지상과 하늘이 더운 해
2009년	기축년	장마답지 않은 장마기간(기상청 장마라는 단어가 이제는 유명무실하기에 전통적인 의미의 장마기간을 없애야 한다고 주장), 서해안 겨울 폭설
2010년	경인년	가을장마로 광화문 침수, 북극진동에 의한 겨울추위
2011년	신묘년	2달간의 긴 장마, 우면산 산사태, 온화한 가을과 겨울
2012년	임진년	강풍과 봄장마나 한발 가능성, 장마후 무더위와 호우

이러한 육십갑자는 연월일시와 같은 시간을 나타내는 주기적 순환에 공통적으로 사용되고 있다. 특히 年의 천간과 지지의 글자는 일 년 사계절과 같은 계절별 기상특징을 나타내는 오운육기의 변화를 야기한다(예를 들면 1운1기에서 5운6기까지이며 10개의 구간을 가진다).

구체적으로 언급하기 위해 2006년 병술년을 예로 들면, 병술년의 병화는 하늘의 기운이고 술토는 지상의 기운을 나타낸다. 이러한 병화와 술토의 기운은 하늘과 지상의 원천적인 기운이라 할 수 있다. 이러한 원천적인 기운이 변화를 일으키는데 병화는 병신합수(丙辛合水)를 하여 수(水)의 기운을 만든다. 이렇게 발생한 수의 기운은 병의 양년(陽年)이기에 강력한 기운이 발생하여 수의 찬 기운이 태과한 해가 된다. 그러므로 병년에는 병화의 기운에서 수태과의 냉기가 발생하는 해가 된다. 한편 지지는 술토의 건조한 기운이 원천적인 기운으로 존재하는데 이 술토가 진토를 끌어들여 진술충의 반응이 나타나 태양한수의 찬 기운을 발생시킨다. 그러므로 병술년 지지는 술토의 건조한 기운에 진술충 태양한수의 찬 기운을 발생시킨다. 이것을 정리하면 병술년 하늘은 병화의 화의 기운에서 유도된 수태과의 기운이 존재하고 지상은 술토의 기운에서 유도된 태양한수의 기운이 지상을 지배한다.

오운육기의 발생

이렇게 형성된 하늘과 지상의 대표적인 기운은 다시 하늘에 오운이라는 기운과 지상에 육기라는 기운을 만들어 낸다. 오운에는 주운과 객운이 있고 육기에는 역시 주기와 객기가 있다. 주운과 주기는 주인과 같은 기운으로서 매년 똑같이 반복되는 기운이고 객운과 객기는 매년 다르게 나타난다. 한마디로 주운과 주기는 봄・여름・가을・겨울과 같이 매년 규칙적으로 반복되는 기운을 의미한다. 반면에 객운과 객기는 봄은 봄인데 추운 봄, 더운 봄, 또는 비가 많이 오는 봄이 될지를 규정하는 기운이라 할 수 있다. 주운이나 객운과 같이 운은 목운, 화운, 토운, 금운, 수운 등이 있으며 주기와 객기에는 궐음풍목, 소음군화, 태음습토, 소양상화, 양명조금, 태양한수 등이 있다. 주운은 정하여진 기운으로서 항상 목운, 화운, 토운, 금운, 수운의 순서를 유지한다. 이때 목화토금수의 순서는 마치 봄・여름・가을・겨울의 순서와 같다. 그런데 객운에는 태과와 불급이라는 단어가 붙어서

1운부터 5운까지 나타나게 된다. 구체적인 예를 들면 병년에는 수태과의 해인데 이 수태과의 기운이 제일 먼저 1운에 나타난다. 그래서 병년 객운의 순서는 1운에는 수태과, 2운에는 목불급, 3운에는 화태과, 4운에는 토불급, 그리고 그해 마지막인 5운에는 금태과가 나타난다. 이것은 주운이 목운, 화운, 토운, 금운, 수운 등으로 보통 2월에서부터 다음 해 1월까지 규칙적으로 오행의 순서대로 나타나는 것과는 차이가 있다.

2006년 병술년 오운육기	10개 순서	하늘의 기운(객운)	지상의 기운(객기)	기간
1운1기	1	수태과	소양상화	1월 20일~3월 20일
1운2기	2	수태과	양명조금	3월 21일~4월 2일
2운2기	3	목불급	양명조금	4월 3일~5월 20일
2운3기	4	목불급	태양한수	5월 21일~6월 8일
3운3기	5	화태과	태양한수	6월 9일~7월 22일
3운4기	6	화태과	궐음풍목	7월 23일~8월 13일
4운4기	7	토불급	궐음풍목	8월 14일~9월 22일
4운5기	8	토불급	소음군화	9월 23일~11월 15일
5운5기	9	금태과	소음군화	11월 16일~11월 21일
5운6기	10	금태과	태음습토	11월 22일~2007년 1월 19일

그래서 병술년 1운1기에는 하늘에는 병화와 수태과의 기운이 있고 지상에는 술토의 건조한 기운과 진술충 태양한수의 찬 기운이 존재하는 것을 토대로 하여 1운1기의 수태과와 소양상화의 기운이 존재하는 이중적인 구조로 되어 있다. 이것을 도식적으로 표시하면 아래와 같다. 즉,

2006년 병술년 1운1기의 기운

수태과(하늘) / 소양상화(지상) } 2006年 병술년 중 1운1기의 기운

(병화+수태과)(하늘) / (술토+태양한수)(지상) } 2006年 병술년의 기운

이와 같이 동양의 절기이론에서 보통 60년을 주기로 하여 봄·여름·가을 그리고 겨울의 기운이 일정한 성격상의 패턴이나 특징을 가짐을 그 기본적인 모델로 하고 있다. 이것과 더불어서 60갑자로 주어지는 매일매일의 일진은 오운육기 이론과 더불어서 기상 현상에 실질적인 영향을 나타내고 있다. 오운육기와 일진 등의 영향에 대하여 실례를 들어서 살펴보기로 하자.

예를 들어 하늘과 지상의 기운을 나타내는 다양한 운기이론에서 하늘을 상징하는 천간이 더운 기운으로 중첩되어 있고 지상의 기운에 찬 기운이 몰려 있다면 그것은 순환이 제대로 이루어지지 않는 상황을 의미한다. 이러한 경우가 실제 일어난 아래 2005년 운기표와 설명을 보기로 하자.

2005년 을유년의 운기표

乙酉年 기본 기운		
	天	乙木(을목)
	地	酉金(유금)
乙酉年 유도된 기운	간합	乙庚合化金 (금불급)
	지지충	묘유충(卯酉冲) 양명조금(少陽相火)

계절	겨울	봄	여름	가을	겨울
객운 (하늘의 변화 기운)	1월 20일~ 4월 1일 1운(금불급)	4월 2일~6월 7일 2운(수태과)	6월 8일~8월 12일 3운(목불급)	8월 13일~11월 15일 4운(화태과)	11월 16일~1월 6일 5운(토불급)

객기 (지상의 변화 기운)	1기	2기	3기	4기	5기	6기
	1월 20일~ 3월 19일 태음습토	3월 20일~ 5월 20일 소양상화	5월 21일~ 7월 22일 양명조금	7월 23일~ 9월 22일 태양한수	9월 23일~ 11월 21일 궐음풍목	11월 22일~ 1월 19일 소음군화

	1운1기	1운2기	2운2기	2운3기	3운3기	3운4기	4운4기	4운5기	5운5기	5운6기
객운(하늘)	금불급	금불급	수태과	수태과	목불급	목불급	화태과	화태과	토불급	토불급
객기(지상)	태음습토	소양상화	소양상화	양명조금	양명조금	태양한수	태양한수	궐음풍목	궐음풍목	소음군화

즉 2005년 을유년의 늦은 여름부터 늦은 가을까지의 하늘과 지상의 기운의 분포가 하늘은 덥고 지상은 찬 기운이 나타났다. 즉 위의 을유년 운기표에서 알 수 있듯이 2005년 4운4기의 객운과 객기의 기운은 객운이 화태과이고 객기가 태양한수로서 하늘은 덥고 지상은 찬 기운이 지배하고 있음을 알 수 있다.

(하늘의 기운) 화태과

(지상의 기운) 태양한수

그러므로 위의 경우는 지상의 찬 공기는 밀도가 높고 하늘의 더운 공기는 밀도가 낮은 역전층이 발생하여 순환이 잘 이루어지지 않는 상황을 나타내고 있다. 또한 지상에서 올라가는 수증기의 양은 작고 하늘은 많은 수증기를 포함할 수 있는 상황이기에 하늘에는 구름은 끼나 비는 잘 오지 않는 상황도 발생할 수 있다. 이 경우 열유체적인 유동의 관점으로 본다면 유동이 정체되어 있는 매우 안정한 상태가 된다. 만일 이때 비가 온다면 수증기의 포화상태에서 매우 불안정한 국지성 호우의 가능성이 있다. 또한 비가 온 후에도 하늘의 온도가 높기 때문에 가을철에도 비가 온후 온도가 내려가지 않는 이상한 기상이 된다. 실제로 2005년 가을에는 한반도에는 그러한 기상이 발현되었다. 이와 같이 순환하는 운기이론이 미래의 구체적인 기상 특징을 예측하는 신뢰성 있는 도구로 활용되고 있는 셈이다. 그러나 이 과정에서 알 수 있듯이 열과 유체의 흐름에 대한 공학적인 지식이 필요함을 알 수 있다.

운기의 변화

육십갑자에 따른 운기의 내용을 종합적으로 정리하면 다음과 같다. 갑년(甲年)과 기년(己年)은 토의 기운이 발생하며 그해 천간의 기운이 음양 여부에 따라서 태과와 불급으로 나누어진다. 즉 갑(甲)은 음양으로는 양에 해당하므로 토운의 태과를 주도하고 기(己)는 음에 해당하므로 토운이 불급하여 도래한다. 다른 천간합의 경우도 유사하다. 구체적으로 예를 들면 갑신년의 전반적인 운기는 아래 표와 같다. 지지의 신(申)은 인신충 소양상화를 발생하며 이는 객기에서 3번째에 나타나며 육기가 순환한다. 이 순환 순서에 대해서는 뒤에 자세히 언급된다.

갑신년 세운	운	1운	2운	3운	4운	5운		비고
	기	1기	2기	3기	4기	5기	6기	
토태과 소양상화	주운	목운	화운	토운	금운	수운		
	객운	토태과	금불급	수태과	목불급	화태과		
	주기	궐음풍목	소음군화	소양상화	태음습토	양명조금	태양한수	
	객기	소음군화	태음습토	소양상화	양명조금	태양한수	궐음풍목	

갑기합을 이루는 해로서 불급의 기운을 나타내는 기미년을 예로 들면 운기 상황은 다음과 같다. 지지의 겨토는 축미충 태음습토를 발생하며 3기에 나타나서 육기가 순환한다.

기미년 세운	운	1운	2운	3운	4운	5운		비고
	기	1기	2기	3기	4기	5기	6기	
토불급 태음습토	주운	목운	화운	토운	금운	수운		
	객운	토불급	금태과	수불급	목태과	화불급		
	주기	궐음풍목	소음군화	소양상화	태음습토	양명조금	태양한수	
	객기	궐음풍목	소음군화	태음습토	소양상화	양명조금	태양한수	

을년(乙年)과 경년(庚年)은 금운이 도래하며 을(乙)은 음이므로 금운의 불급을 주도하고 경(庚)은 양이므로 금운이 태과하여 도래한다. 경신년과 을사년을 각각 예로 들면 운기 상황은 아래와 같다.

경신년 세운	운	1운	2운	3운	4운	5운		비고
	기	1기	2기	3기	4기	5기	6기	
금태과 소양상화	주운	목운	화운	토운	금운	수운		
	객운	금태과	수불급	목태과	화불급	토태과		
	주기	궐음풍목	소음군화	소양상화	태음습토	양명조금	태양한수	
	객기	소음군화	태음습토	소양상화	양명조금	태양한수	궐음풍목	
을사년 세운	운	1운	2운	3운	4운	5운		비고
	기	1기	2기	3기	4기	5기	6기	
금불급 궐음풍목	주운	목운	화운	토운	금운	수운		
	객운	금불급	수태과	목불급	화태과	토불급		
	주기	궐음풍목	소음군화	소양상화	태음습토	양명조금	태양한수	
	객기	양명조금	태양한수	궐음풍목	소음군화	태음습토	소양상화	

병년(丙年)과 신년(辛年)은 수운이 하늘의 기를 관장하며 병(丙)은 양간이므로 수운의 태과를 주도하고 신(辛)은 음간에 해당하므로 수운의 불급을 주도한다. 한편 정년(丁年)과 임년(壬年)은 목운이 하늘의 기를 관장하며 정(丁)은 음간이므로 목운의 불급을, 그리고 임(壬)은 양간이므로 목운의 태과를 주도한다.

마지막으로 무년(戊年)과 계년(癸年)은 화운이 하늘의 기를 관장하고 무(戊)는 양간이므로 화운의 태과를 주도하고, 계(癸)는 음간이므로 화운이 불급한다. 독자들은 유사한 방법으로 운기의 상황표를 만들 수 있을 것으로 본다.

천간의 기운에 따른 불급과 태과를 도표로 다시 정리하면 다음과 같다.

천간 구분	甲	乙	丙	丁	戊	己	庚	辛	壬	癸
태과불급	太過	不及	太過	不及	太過	不及	太過	不及	太過	不及

주: 세운은 연운이라고도 하며 그 해 일 년을 지배하는 운을 말한다.

운의 변화

앞에서 언급한 것처럼 주운은 매년 기후의 일반적이고 규칙적인 변화를 나타낸다. 이러한 변화는 매년 변하지 않고 고정적으로 반복되는 것이므로 주운이라고 하는 것이다. 이러한 주운의 일 년 중 기간은 다음과 같다.

	1운	2운	3운	4운	5운	비고
主運	목운(木運)	화운(火運)	토운(土運)	금운(金運)	수운(水運)	
대한 일부터	73일 5刻	73일 5刻	73일 5刻	73일 5刻	73일 5刻	100刻(각)=1일 (24시간)

또한, 주운은 고정적으로 반복되는 규칙적인 운이나 입운(入運)되는 시점은 해마다 조금씩 차이가 난다. 각 년의 주운이 교체되는 시각은 삼합이론으로 설명되며 다음과 같다.

申子辰년

申년과 子년 그리고 辰년은 신자진 삼합(三合)으로 수국을 이룬다. 따라서 신년과 자년 그리고 진년의 입운(入運) 시각이 같다. 이와 같은 삼합이론이 형성하는 이유는 삼합을 이루는 글자의 지장간의 기운을 살펴보면 위의 세 글자는 모두 물에 해당하는 수의 기운을 가지고 있음을 알 수 있다. 즉 신(무임경), 자(임계), 진(을계무)이다.

초운(初運)인 목운은 대한일 寅時 初 1刻(오전 3시 정각)에 시작되고 이운(二運)인 화운은 춘분 후 제13일째 되는 날 寅時 正 1刻(4시 14분

경)에 시작되며

삼운(三運)인 토운은 망종 후 제10일째 되는 날 卯時 初 2刻(5시 28분 경)에 시작되며

사운(四運)인 금운은 처서 후 7일째 되는 날 卯時 正 3刻(6시 43분경)에 있어난다.

오운(五運)인 수운은 입동 후 4일째 되는 날 辰時 初 4刻(7시 57분경)에 시작된다.

독자들은 위에서 제시한 시간이 부정확하고 임의적인 숫자가 아님을 기억하여 주기바란다.

巳酉丑년

巳酉丑년은 모두 사화와 유금 그리고 축토가 모두 금의 기운을 지장간에 가지고 있어서 사유축 세 글자가 합하면 강력한 합금과 같은 금국(金局)을 이룬다. 이를 사유축 금국이라 하며 巳년과 丑년과 酉년의 입운시각은 아래와 같이 동일하다.

초운(初運)인 목운은 대한일 巳時 初 1刻에 시작한다.

이운(二運)인 화운은 춘분 후 13일째 되는 날 巳時 正 1刻에 시작된다.

삼운(三運)인 토운은 망종 후 10일째 되는 날 午時 初 2刻에 시작된다.

사운(四運)인 금운은 처서 후 7일째 되는 날 午時 正 3刻에 시작된다.

오운(五運)인 수운은 입동 후 4일째 되는 날 未時 初 2刻에 시작된다.

寅午戌년

寅년과 午년 그리고 戌년은 인오술 삼합으로 화국(火局)을 형성한다. 이 세 해는 입운시각이 같다.

초운(初運)인 목운은 대한일 申時 初 初刻에 시작한다.
이운(二運)인 화운은 춘분 후 13일째 되는 날 申時 正 1刻에 시작된다.
삼운(三運)인 토운은 망종 후 10일째 되는 날 酉時 初 2刻에 시작된다.
사운(四運)인 금운은 처서 후 7일째 되는 날 酉時 正 3刻에 시작된다.
오운(五運)인 수운은 입동 후 4일째 되는 날 戌時 初 3刻에 일어난다.

亥卯未년

亥卯未는 해묘미 삼합으로 목국을 이룬다. 그래서 亥년과 卯년과 未년의 입운 시각이 모두 아래와 같이 같다.

초운(初運)인 목운은 대한일 亥時 初 1刻에 일어난다.
이운(二運)인 화운은 춘분 후 13일째 되는 날 亥時 正 1刻에 시작된다.
삼운(三運)인 토운은 망종 후 10일째 되는 날 子時 初 2刻에 일어난다.
사운(四運)인 금운은 처서 후 7일째 되는 날 子時 正 3刻에 시작된다.
오운(五運)인 수운은 입동 후 4일째 되는 날 丑時 初 4刻에 시작된다.

기(氣)의 변화

주기는 땅의 계절변화에 따라 운기가 생성되므로 매년 불변한다. 주기는 주운과 마찬가지로 각 계절변화의 일반적이고 규칙적인 정황을 알 수 있게 하는 근거가 된다. 주기는 일 년을 여섯 시기로 나누어 육기의 일반적인 추세에 따르는 것이 상례이다. 육기란 음양으로는 삼양과 삼음의 변화를 일컫지만 기상에 있어서는 구체적으로 풍(風), 열(熱), 서(暑), 습(濕), 조(燥), 한(寒)과 같은 현상을 의미한다.

참고로 기후를 나누는 가장 최소 기준은 1후(候)가 되는데 1후는 5일이 된다. 3후는 1기가 되어 15일이 되는 것이니 이를 두고 1기(氣)라 하는데 일 년을 이러한 24절기로 나누어 보면 그 각각의 시기는 15일하고 21.87각(5.25시간)이 된다. 따라서 일년을 6등분을 한다면 각각은 21.87각×4가 되므로 그 합은 60일하고도 87.5각(정확하게는 87.48각)이 된다. 주기도 주운과 마찬가지로 입운의 기준은 대한일(大寒日)이 된다. 기도 운처럼 규칙이 일정한 것으로 그 순서는 다음과 같으며 주기에 대하여 그 기간을 각각 표시하였다. 초기(初氣)는 대한일에서 춘분 전날까지 관장하며 이를 궐음의 기라 하며 오행으로는 목에 해당하고 목의 기상 현상은 풍(風), 즉 바람이므로 궐음풍목이라고 한다. 유사한 방법으로 2기(氣)는 춘분에서 소만 전날까지 관장을 하며 소음이며 소음군화이다. 3기(氣)는 소만일에서 대서 전날까지 관장하며 소양상화이다. 4기(氣)는 대서일에서 추분 전날까지 기간이다. 5기(氣)는 추분일에서 소설 전날까지 관장하며 마지막 종기인 6기(氣)는 소설에서 대한 전날까지 관장한다.

주기(主氣)	이름	기간
초기(初氣)	궐음풍목	대한일-춘분 전날
이기(二氣)	소음군화	춘분일-소만 전날
삼기(三氣)	소양상화	소만일-대서 전날
사기(四氣)	태음습토	대서일-추분 전날
오기(五氣)	양명조금	추분일-소설 전날
육기(六氣)	태양한수	소설일-대한 전날

객기의 경우는 매년 그 순서가 달라진다. 여기서 주의할 점은 주기는 매년 궐음풍목-소음군화-소양상화-태음습토-양명조금-태양한수의 순서를 취하나 객기는 위의 순서에서 소양상화와 태음습토를 바뀌어 나타난다. 이것에 대해서는 열적관성 현상에 기초한 설명이 요구되므로 여기서는 생략한다. 아무튼지 객기는 그해 연운에 나타나는 충의 기운이 제3기에 나타나서 6개의 인자가 순환하는 형태를 취한다. 예를 들어 2012년 임진년이라면 진토에 의한 진술충 태양한수가 3번째 사천의 기운으로 나타나고 4-5-6-1-2의 순서로 태양한수(3기)-궐음풍목(4기)-소음군화(5기)-태음습토(6기)-소양상화(1기)-양명조금(2기)로 순환하는 형태를 취한다.

여기서 주목할 사항 중의 하나는 기의 기운의 시작과 끝남이 위에서 언급하였듯이 24절기를 기점으로 하여 변하는 것을 알 수 있다. 그리고 이러한 10개의 계절에 의하여 기상 특성이 계단형태의 양자적으로 변함을 볼 때 24절기가 기상에 미치는 중요성을 짐작할 수 있을 것이다.

12월의 절기와 주역의 12월 소식괘

月支	月別(양력)	入節	月의 中期	주역의 12월 消息卦
寅	2月	입춘(立春)	우수(雨水)	☷☰ 지천태(泰)
卯	3月	경칩(驚蟄)	춘분(春分)	☳☰ 뇌천대장(大壯)
辰	4月	청명(淸明)	곡우(穀雨)	☱☰ 택천쾌(夬)
巳	5月	입하(立夏)	소만(小滿)	☰☰ 중천건(乾)
午	6月	망종(芒種)	하지(夏至)	☰☴ 천풍구(姤)
未	7月	소서(小暑)	대서(大暑)	☰☶ 천산돈(遯)
申	8月	입추(立秋)	처서(處暑)	☰☷ 천지비(否)
酉	9月	백로(白露)	추분(秋分)	☴☷ 풍지관(觀)
戌	10月	한로(寒露)	상강(霜降)	☶☷ 산지박(剝)
亥	11月	입동(立冬)	소설(小雪)	☷☷ 중지곤(坤)
子	12月	대설(大雪)	동지(冬至)	☷☳ 지뢰복(復)
丑	1月	소한(小寒)	대한(大寒)	☷☱ 지택림(臨)

기상에 영향을 미치는 변수

이상의 내용에 기초하여 기상에 영향을 미치는 변수를 정리하자. 일 년을 놓고 볼 때 하늘에는 오운의 기운이 돌고 지상에는 육기가 순환하는 것이다. 일단 세운이 결정되면 세운에 따라서 오운육기의 순환하는 패턴이 결정된다. 기상에 필요한 운기를 보기 위해서는 세운, 세운에 의하여 유도된 오운육기, 월운, 24절기, 일진 등을 종합적으로 고려하는 것이 필요하다. 이를 2003년 계미년을 대상으로 정리하면 다음과 같다.

계미년(2003년)	하늘의 기운: 癸 지상의 기운: 未 60갑자의 순서로 매년 하나씩 순환
계미에 의하여 유도된 기운 * 그해 기운의 대표적인 특징을 나타낸다.	하늘의 기운: 천간 계수에 의하여 화불급 * 화불급이라는 것은 하늘에 화의 더운 기운이 적다는 의미로서 계미년은 일 년 내내 오운에 따라 변화하며 영향을 받으나 기본적으로는 계수의 냉기와 화불급의 기운이 의하여 하늘의 온도가 낮다는 의미이다. 지상의 기운: 지지 미토의 열과 습에 다시 축미충에 의하여 태음습토가 된다. * 더운 미토에 의하여 유도된 기운이 태음습토가 됨은 지상에는 온도가 높고 습기가 많다는 의미이며 수분이 많기에 열용량이 높아 온도의 변화가 적다고 판단한다. 그리고 계미년의 미토는 뜨거운 토이기에 계미년은 온도가 높은 포화수증기와 같은 상태가 지상을 지배한다고 본다.
主運과 主氣 * 봄, 여름, 가을, 겨울이 매년 똑같이 순환하는 것과 같다.	하늘의 주된 기운(주운): 하늘의 주인과 같은 주운이 목(73일)화(73일)토(73일)금(73일)수(73일)로 매년 같은 순서로 똑같이 순환한다. 주운이라 하는 것은 매년 봄・여름・가을・겨울과 같은 사계절이 나타나듯이 매년 규칙적으로 변하지 않고 나타나는 기운을 말한다. 지상(땅)의 주된 기운(주기): 땅의 주인과 같은 주기가 매년 궐음풍목(61일), 소음군화(61일), 소양상화(61일), 태음습토(61일), 양명조금(61일), 태양한수(61일)로 똑같은 순서로 순환하며 나타난다.
客運과 客氣 * 주운과 주기는 매년 4계절의 기운이 순서대로 순환한다면 객운과 객기는 매년 그 순서가 다르게 나타나서 4계절의 특징을 변화시킨다.	하늘의 손님 기운(객운): 2003년 계미년에는 계미년의 대표적인 기운인 화불급의 기운이 첫 번째로 나타나서 음양과 오행기운이 교차하면서 화불급, 토태과, 금불급, 수태과, 목불급의 순서로 순환한다. 계미년에는 손님과 같은 첫 번째 객운이 화불급으로서 찬 기운이 들어오므로 그해 늦은 겨울과 이른 봄의 하늘의 기운은 온도가 낮아지게 된다. 지상(땅)의 손님 기운(객기): 궐음풍목(1기), 소음군화(2기), 태음습토(3기), 소양상화(4기), 양명조금(5기), 태양한수(6기) 순서로 순환한다. 즉 계미년의 대표기운인 태음습토가 3번째로 나와서 태음습토(3번째), 소양상화(4번째), 양명조금(5번째), 태양한수(6번째), 궐음풍목(1번째) 그리고 소음군화(2번째) 순서로 순환한다.
월운	갑인(2월),을묘(3월)의 순서로 60갑자의 순환이 이루어지며 매년 달라진다.

24절기	입춘, 우수, 경칩, 춘분 등으로 매년 똑같이 주기적으로 순환하며 특히 중기의 시작과 끝남은 오운육기의 변화와 일치하여 기상변화에 크게 영향을 미친다.
일진	60갑자로 365일을 순환
시간	1각, 즉 2시간을 기본단위로 하여 60갑자로 순환

위의 표에 기초하여 계미년의 전반적인 기상을 포함한 운기를 예측한다. 예를 들어서 계미년의 하늘에는 계수의 찬 기운이 있고 이 계수에 의하여 유도된 기운 또한 화불급으로서 또한 차다. 그러므로 계미년의 하늘은 온도가 일관성 있게 낮고 차다고 할 수 있다. 그리고 반면에 땅의 기운은 미토로서 덥고 습기 찬 기운이다. 또한 이 미토에 의하여 발생한 기운도 태음습토로서 수분이 많은 기운이다. 그러므로 계미년의 지상은 온도가 높은 수증기가 지상을 지배를 한다고 판단할 수 있다.

그러므로 계미년은 지상은 덥고 습기가 많으며 하늘은 찬 기운이 강하다. 이 경우 지상에서 수증기의 증발이 순조로와 많아질 것이며 이것이 부력에 의하여 하늘로 올라가면 쉽게 구름을 만들고 응결하여 비를 내리게 할 것으로 판단하는 것이다. 2003년 계미년이 일 년 내내 구름이 많았는데 폭우보다는 비가 지속적으로 내릴것이라는 판단은 이와같이 육십갑자를 구성하고 있는 10개의 천간과 12개의 지지가 가지는 물리적인 의미를 보다 정확하게 규명함으로써 가능한 것이다.

동서양 기상 예측 방법의 비교

서양과학에 의한 기상 예측방법과 동양 자연사상에 의한 기상 예측 방법은 각기 기본적인 정의에서부터 시작하여 구체적인 방법론까지 근본적으로 다른 방법이다. 마치 한의학과 서양의학의 패러다임이 전혀 다른 것과 유사하다고 할 수 있다. 여러분들이 체질, 기미론, 경락과 같은 한의학의 기본적인 가설을 인정 한다면 여기서 언급하는 동양의 절기이론도 이와 똑같은 이론적인 배경을 가졌다고 보면 좋을 것이다.

한마디로 과학기상은 서양의 力學을 이용한 방법이고 동양의 기상 예측은 易學을 이용한 방법이다. 서양과학의 역학은 힘을 다루는 학문으로 유체역학이나 열역학 등의 학문을 이용하는 것이고 동양의 역학은 힘 대신에 변화자체를 기술하는 동양의 술법인 것이다.

그러나 서양의 역학이나 동양의 역학은 모두 변화에 따른 미래의 결과를 예측한다는 점에서는 같다고 할 수 있다. 그러나 조금은 전문적인 이야기이기는 하지만 서양의 과학은 물리량의 시간에 따른 변화에 초점을 두고 있으나 동양의 자연사상은 물리량의 순환 자체를 강조하고 있다. 그래서 서양의 과학은 분석적인 데 반하여 동양의 사상은 전일적인 특징을 가진다.

구체적인 예를 들면 서양 기상이론에서는 대륙성 고기압이 한반도 주변에 형성되면 찬바람이 불고 추워질 것이라고 예측한다. 그러나 동양의 절기 이론은 언제쯤 대륙성 고기압이 형성될 것임을 미리 예상한다. 한마디로 대륙성 고기압이 형성된 것을 관측한 후 기압 경도력이나 온도의 구배에 따라 추워질 것이라는 예보를 하는 것이 서양 과학적인 방법이라면 고기압이 형성되기 전에 이러한 현상이 언제쯤 나타날 것임을 미리 제시하여주는 것이 동양의 절기 이론이다.

그리고 서양기상은 봄이 되면 온도가 올라가 따뜻하여질 것임을 알고 있지만 동양의 절기이론은 올봄이 따뜻할지, 추울지, 바람이 많이 불지, 건조할지, 비가 많을지를 정성적이긴하나 미리 예측할 수 있다는 것이 장점이라고 할 수 있다.

서양과학 기상과 동양의 절기이론의 비교

서양 과학기상	동양 절기이론
나타난 기상 변수에 의하여 판단한다. 그러나 기상 변수의 변화원인에 대한 근본적인 이론이 없다.	어떤 상황이 일어날지에 대한 근본적인 인자를 알고 있으나 이를 정량적으로 추적할 이론적인 도구가 현재로는 확립되어 있지 않다.
10일 이상의 장기 예보가 일반적으로 가능하지 않다.	일 년 이상의 장기 예보가 가능하다.
정량적인 예측이 가능하다.	정성적인 예측만이 가능하다.
전달현상론과 같은 力學이론에 의한 예측을 한다.	주기적인 순환이론에 기초한 易學이론에 의한 예측을 한다.
봄이 되면 따듯하여질 것을 안다	건조한 봄, 비가 많은 봄, 추운 봄, 따듯한 봄 등 어떠한 봄이 될는지 봄 기상의 성격을 구체적으로 알 수 있다.
대륙성 고기압이 있으면 찬바람이 불고 추워짐을 정량적으로 알 수 있다. 그러나 예를 들어 2주일 전에 대륙성 고기압이 생길 것임을 미리 판단하기는 매우 어렵다.	오운육기가 수태과나 태양한수가 되거나 일진 등이 임계 해자축으로 흐르면 비가 오고 추워질 것임을 미리 알 수 있다. 그러나 온도가 영하 몇 도로 내려갈지를 정량적으로 예측하기는 쉽지 않다. 이에 대한 대답을 위해서는 운기에 따른 통계적인 방법이나 과학기상의 방법에 운기적인 특성을 고려한 모델개발이 요구된다.

서양의 기상이론에서는 인공위성과 같은 문명의 이기를 동원하여 기압배치에 관련된 기상의 변화를 정밀하게 관찰하면서 공기의 이동을 슈퍼컴퓨터를 이용하여 복잡한 열과 물질전달, 그리고 유동현상에 관한 2차 편미분 방정식을 문제를 푼다. 그런 후에 언제까지 얼마나 추울지를 정량적으로 예측한다. 그러나 주지하다시피 기상이나 생태계의 문제는 현대과학에서도 가장 다루기 어려운 분야로 알려져 있고 또한 '나비효과'로 알려져 있는 카오스이론뿐만 아니라 난류의 흐름에 대한 모델의 정확성이나 수치해석상의 오류문제는 현대의 유체역학 분야에 해결이 안 된 가장 대표적인 문제이다. 기상에 대한 과학적인 접근의 문제점은 가까운 장래에 쉽게 해결될 전망이 보이지 않는다는 점은 잘 알려진 사실이다.

한편 동양의 절기 이론에 기초한 기상 예측은 기상관측의 결과에 관계없이 절기의 특성에 따라 언제 대륙성 고기압이 생길지를 미리 알 수 있는 방법이기에 중장기 기상 예측에 유리하다고 할 수 있다. 또한 10년 후 또는 50년 전 어떤 해의 봄이 바람이 많은지, 더운지 추운지, 건조한지 습기가 많은지를 미리 추론할 수 있다는 점이 특징이라고 할 수 있다. 그러나 동양의 자연사상은 주지하다시피 과학적인 정의가 쉽지 않은 분야이며 정량화가 어려울 뿐만 아니라 또한 온난화나 산업화에 따른 수자원 사이클의 비정상적인 순환과 같은 생태계의 변화가 기상에 매우 큰 영향을 보인다는 점에서 오류의 가능성 또한 적지 않다고 할 수 있다. 그러나 기상변화의 주기성이나 특성을 관찰하는 데는 큰 문제가 없을 것으로 생각된다.

운기론에 의한 기상 예측

앞에서 언급한 바와 같이 지지충에 의하여 유도된 기운은 태과나 불급은 없다. 음의 기운이므로 발현의 크고 작음이 없다고 보아야 한다. 지지충에 대한 응용 예를 지나간 해에 작용하면 다음과 같다. 예를 들어 2000년 경진년은 진술충을 하여 태양한수의 기운을 만들고 있으므로 2000년 경진년은 추운 기운이 일 년을 지배한다고 보인다. 2003년 계미년은 축미충 태음습토가 되므로 끈적끈적하고 습기가 많은 한 해가 된다는 점이다. 이를 응용하면 2004년 갑신년은 인신충 소양상화에 의하여 밝은 빛이 나는 화사한 날씨가 많은 한 해가 될 것이며 2005년 을유년은 묘유충 양명조금에 의하여 바람이 강하고 건조한 기운이 주도적일 것이며, 2006년 병술년은 진술충 태양한수에 의하여 온도가 낮은 한 해가 될 것이다. 2014년 甲乙年은 자오충소음군화에 의해 지상이 더운 한해가 된다.

천간의 합과 지지의 충에 대한 이론을 정리하면 연도에 따라서 아래와 같은 개략적인 운기 특성을 나타내는 일람표를 만들 수 있다.

운기로 본 2000~2010년의 기상과 운기 특징

세운 / 연도	운기	기상 특징	가축 전염병	전염병 대응법
2000년 경진년	금태과, 태양한수	춥고 건조, 봄철 산불	조류독감, 개의 질병	쌀겨 대신 보리나 밀을 사료로 사용
2001년 신사년	수불급, 궐음풍목	봄철 한발	돼지 질병	사료로 콩이나 소금으로 간을 맞출 것
2002년 임오년	목태과, 소음군화	고공하늘에 강풍과 황사	소 광우병	쌀겨 사료 비율 강화
2003년 계미년	화불급, 태음습토	지속적 강우	조류독감 개의 질병	쌀겨 대신 보리나 밀을 사료로 사용
2004년 갑신년	토태과, 소양상화	온도가 높고 기습한파	돼지의 구제역 및 기타 질병	사료로 콩이나 소금으로 간을 맞출 것
2005년 을유년	금불급, 양명조금	지상 건조하고 바람이 강하다.	말과 고양이의 질병	현미 사료 비율 강화
2006년 병술년	수태과, 태양한수	평균온도가 낮은 해	양이나 염소의 구제역	사료에 수수나 고미의 한약재 첨가
2007년 정해년	목불급, 궐음풍목	하늘은 덥고 지상은 찬 해	조류독감	쌀겨 대신 보리나 밀을 사료로 사용
2008년 무자년	화태과, 소음군화	게릴라성 호우	말의 질병	현미사료 비율 강화
2009년 기축년	토불급, 태음습토	쓸쓸하고 소량의 잦은 강우	소 광우병	쌀겨 사료 비율 강화
2010년 경인년	금태과, 소양상화	건조하고 온도의 변화가 심한 와중에 밝은 기후	조류독감 개의 질병	쌀겨 대신 보리나 밀을 사료로 사용
2011년 신묘년	수불급, 양명조금	지상은 건조하고 하늘은 차지 않다.	돼지질병	콩이나 소금
2012년 임진년	목태과, 태양한수	하늘은 차고 강풍 지상은 찬 기운	소의 질병	쌀겨 사료 비율 강화

위의 해마다 다른 운기 특징이 나타나는 이유를 아래의 표에 보다 구체적으로 설명하였다.

연도 \ 세운	운기	기상 특징
2000년 경진년	금태과, 태양한수	지상은 태양한수로서 춥고 하늘을 건조하므로 지상에서 수증기의 증발이 약하고 하늘은 건조하여 화재의 가능성이 높다
2001년 신사년	수불급, 궐음풍목	하늘을 수불급으로 냉기가 부족하고 지상에서는 수증기의 증발이 활발하지 못하므로 한발의 가능성이 있다.
2002년 임오년	목태과, 소음군화	지상은 오화와 소음군화로서 덥고 하늘은 임수의 찬 기운이 목태과의 기운을 수생목하므로 하늘에는 제트기류가 강풍이 분다. 그러므로 황사의 가능성이 매우 높다.
2003년 계미년	화불급, 태음습토	지상은 미토와 태음습토에 의하여 과열증기와 같은 상태이고 하늘은 계수의 찬 기운과 화불급의 기운에 의하여 지속적으로 냉기가 돈다. 그러므로 지속적인 강수가 예상된다.
2004년 갑신년	토태과, 소양상화	지상은 신금과 소양상화로서 온도가 낮지 않으나 수증기의 증발이 아주 많지는 않다. 이에 반하여 하늘은 토태과의 기운이 작용하고 있으므로 수증기를 함유할 수 있는 능력이 크다. 그러므로 눈비가 오지 않다가 일단 오면 폭설이나 폭우의 가능성이 존재한다.
2005년 을유년	금불급, 양명조금	지상은 매우 건조하고 하늘은 금불급으로 화기가 적고 아주 건조하지 않다. 그러므로 지상과 하늘의 특성이 이질적으로 다르게 나타날 가능성이 있다.
2006년 병술년	수태과, 태양한수	하늘과 땅이 모두 온도가 낮아 강력한 한파 대신에 쓸쓸하게 추운 해가 될 가능성이 높다.
2007년 정해년	목불급, 궐음풍목	하늘은 정화의 뜨거운 열기와 목불급의 기운으로 온도가 높고 지상은 온도가 높지 않고 바람에 의하여 수증기의 증발이 약하다. 그러므로 구름이 전국적으로 넓게 낄 가능성이 크다.
2008년 무자년	화태과, 소음군화	화태과와 소음군화에 의하여 하늘과 지상이 모두 온도가 높다. 그러므로 포화성 강수나 강설현상이 예상된다.
2009년 기축년	토불급, 태음습토	토불급이므로 수기가 강하고 축토에 의한 태음습토이므로 지상은 차다. 그러므로 쓸쓸하고 소량의 잦은 강우현상이 예상된다.
2010년 경인년	금태과, 소양상화	하늘은 경금에 의한 금태과가 발생해 매우 건조하고 지상은 인신충에 의한 소양상화의 기운이 발생하였으므로 온도의 변화와 그에 따른 기상변화가 나타날 가능성이 높다.
2011년 신묘년	수불급, 양명조금	지상은 매우 건조하고 하늘은 비교적 온도가 높아서 많은 수증기를 함유할 수 있다.
2012년 임진년	목태과, 태양한수	하늘은 차고 강풍이 불고 지상은 찬 기운이 지배한다. 지상이 차므로 수자원이 풍부한 지역에서나 더운 계절에는 많은 비가 오고 그렇지 않은 지역은 오히려 한발의 가능성이 있다.

다음의 표에는 1997년 정축년의 경우의 예를 들어 구체적인 오운육기표를 정리하여 나타내었다. 오운육기표에 포함된 내용을 살펴보면 우선 제일 중요한 인자로는 정축년의 하늘에는 정화의 기운이 있으며 땅에는 축토의 기운이 존재한다. 이러한 본질적인 기운인 정화와 축토에 의하여 유도된 기운으로 하늘에는 정임합목 작용과 정화가 음의 기운이므로 목불급의 기운이 발생한다. 지상에는 축토가 원래 존재하였으며 이 축토는 미토를 유도하여 축미충 태음습토의 기운을 발생시킨다. 이 상황은 천간의 양은 합의 작용에 의하여 활성화되고 물질적인 음의 기운을 가진 지지는 충이라는 강력한 충돌작용에 의하여 비로소 활성화 하는 특성 가진다. 이는 남녀라는 음양의 속성을 나타내는 것으로 시사하는 바가 크다.

이렇게 일 년을 기운을 대표하는 기운 외에 일 년을 오운육기로 세분화한 주운(主運) 주기(主氣)와 객운(客運) 객기(客氣)가 있다. 運은 하늘의 기운이고 氣는 지상에 나타나는 기운이다. 그리고 주운 주기는 봄·여름·가을·겨울과 같은 큰 기운이 일정한 시간상의 규칙을 가지고 순환하는 것이나 객운객기는 '客'이라는 의미가 일정한 흐름 속에서 작은 변화를 나타내는 섭동(perturbation)의 의미가 있다. 이것이 시사하는 바는 이러한 객운과 객기의 작용에 의해 같은 봄이라 하더라도 어떤 해는 특히 건조하거나 바람이 강하고 어떤 해는 따듯하고 또 다른 해는 추운 봄이 나타나는 것이다. 그러므로 어떤 해 어떤 계절의 기상의 특징을 구체적으로 규명하기 위해서는 이러한 오운육기의 변화를 잘 알고 있어야 한다. 예를 들어 어떤 해의 주운과 주기에서 1운과 1기는 항상 목이고 궐음풍목이다. 이 경우 객운과 객기가 목태과이고 궐음풍목이 된다면 그해는 바람이 더욱 강한 봄이 될 것이라는 해석이 가능하다.

이 중에서 주운주기는 봄, 여름, 가을, 겨울과 같이 연도에 관계없이 항상 일정한 순서로 나타나는 기운이다. 주운은 목, 화, 토, 금, 수의 오행의 기운으로 들어오기 때문에 계절의 순서와 정확하게 일치한다. 그리고 주기의 기운은 궐음풍목, 소음군화, 소양상화, 태음습토, 양명조금, 태양한수의 순서를 따른다. 이러한 주기의 시작은 대개 1월 20일 대한(大寒)일 전후로 시작한다. 그러나 주운의 발현은 그해가 태과의 해인 경우에는 대한일로부터 13일 정도 일찍 시작하고 불급인 해에는 대한일로부터 13일 정도 늦게 시작한다. 불급의 해인 정축년의 경우는 대한일로부터 13일 늦게 시작하고 있기 때문에 2월 2일부터 시작하고 있음을 알 수 있다.

이와 반대로 객운과 객기는 매년 그 순서가 달라진다. 그 순서가 달라질 뿐만 아니라 객운에는 태과와 불급이 있다. 그리고 객기는 순서도 다를 뿐만 아니라 그 사이클의 조합도 객기와는 약간의 차이를 보인다. 즉 주기는 궐음풍목, 소음군화, 소양상화, 태음습토, 양명조금, 태양한수의 순서로 순환을 이루나 객기는 궐음풍목, 소음군화, 태음습토, 소양상화, 양명조금, 태양한수의 순서를 가진다. 여기서 독자들은 객기의 순환 순서가 음(궐음, 소음, 태음)과 양(소양, 양명, 태양)의 순서를 가짐을 주목할 필요가 있으며 그 이치를 생각하여 보는 것은 흥미롭다.

이러한 객운과 객기의 연중 분포에 대한 설명을 마무리하자면 정축년과 같이 목불급의 해는 1운이 목불급으로 시작하여 73일 정도의 간격으로 화태과, 토불급, 금태과 그리고 수태과로 이어진다. 이와는 다르게 객기는 60일 정도의 간격을 가지며 나타나는데 정축년과 같이 태음습토의 해에는 태음습토라는 기운이 1기에 나타나는 것이 아니고 세 번째인 3기에 나타난다. 그리고 태음습토 다음의 객기의 기운인 소양상화가 4기, 양명조금의 5기, 태양한수가 6기, 그리고 궐음풍목이 1기가 되며 마지막으로 2기에는 소음군화가 된다.

기상에 영향을 미치는 인자로는 위에서 언급한 정축년과 그로부터 유도된 목불급과 태음습토의 기운, 그리고 이것이 일 년을 순환하는 오운육기의 개념이 있음을 이해하였다. 그리고 이 외에 월운이 영향을 미친다. 월운이라는 것은 역시 60갑자로 주어지는 기운이다. 즉 일년 12달은 물론 12지지로 나타난다. 그러나 월간은 연도에 따라 달라진다. 즉 정축년 2월은 寅月인데 구체적으로 壬寅月이 된다. 3월은 이어서 癸卯月이 된다. 정축년 2월과 3월은 임인월과 계묘월이 되므로 다른 조건이 같다면 임수와 계수의 영향에 의해 하늘에는 보다 찬 기운이 강할 것이다.

丁丑年(1997年) 運氣表

丁丑年 기본 기운	天	정화
	地	축토
丁丑年 유도된 기운	간합	정임합목, 목불급
	지지충	축미충, 태음습토

계절	겨울	봄	여름	가을	겨울
주운 (하늘의 고정적 기운)	1운(목)	2운(화)	3운(토)	4운(금)	5운(수)
	2월 2일~ 4월 1일	4월 2일~ 6월 8일	6월 9일~ 8월 12일	8월 13일~ 11월 15일	11월 16일~ 1월 6일
객운 (하늘의 변화 기운)	1운(목불급)	2운(화태과)	3운(토불급)	4운(금태과)	5운(수불급)

구분	1기	2기	3기	4기	5기	6기
주기 (땅의 고정적 기운)	1월 20일~ 3월 19일 궐음풍목	3월 20일~ 5월 20일 소음군화	5월 21일~ 7월 22일 소양상화	7월 23일~ 9월 22일 태음습토	9월 23일~ 11월 21일 양명조금	11월 22일~ 1월 19일 태양한수
객기 (땅의 변화 기운)	궐음풍목	소음군화	태음습토	소양상화	양명조금	태양한수

24절기												
월운	壬寅	癸卯	甲辰	乙巳	丙午	丁未	戊申	己酉	庚戌	辛亥	壬子	癸丑
월	1	2	3	4	5	6	7	8	9	10	11	12
음력	12/27	1/26	2/28	3/29	5/2	6/3	7/5	8/6	9/7	10/8	11/8	12/7
양력	2/4	3/5	4/5	5/5	6/6	7/7	8/7	9/7	10/8	11/7	12/7	1/5
절기	입춘	경칩	청명	입하	망종	소서	입추	백로	한로	입동	대설	소한
	우수	춘분	곡우	소만	하지	대서	추분	처서	상강	소설	동지	대한

1운	2운	3운	4운	5운
2/2~4/1	4/2~6/8	6/9~8/12	8/13~11/15	11/16~1/6

1기	2기	3기	4기	5기	6기
1/20~3/19	3/20~5/20	5/21~7/22	7/23~9/22	9/23~11/21	11/22~1/19

구분	1운1기	1운2기	2운2기	2운3기	3운3기	3운4기	4운4기	4운5기	5운5기	5운6기
주운(하늘)	목	목	화	화	토	토	금	금	수	수
객운(하늘)	목불급	목불급	화태과	화태과	토불급	토불급	금태과	금태과	수불급	수불급
주기(땅)	궐음 풍목	소음 군화	소음 군화	소양 상화	소양 상화	태음 습토	태음 습토	양명 조금	양명 조금	태양 한수
객기(땅)	궐음 풍목	소음 군화	소음 군화	태음 습토	태음 습토	소양 상화	소양 상화	양명 조금	양명 조금	태양 한수

이상과 같이 기상에 영향을 주는 인자를 정리하면 다음과 같다.

기상에 영향을 주는 모든 변수들

기상에 영향을 주는 인자	예	비고
세운	정축(丁丑)	정화의 뜨거운 열기와 축토의 습한 냉기가 원래 기운이다.
유도된 기운	목불급(정임합목), 태음습토(축미충)	정축으로부터 유도된 기운으로 일 년 내내 이 기운이 영향을 미친다.
오운육기	주운 주기 객운 객기	주운주기는 고정된 기운이나 객운객기는 정축의 변화로 생긴 기운으로 오운육기의 기상특징을 결정한다.
월운	정축년의 경우는 2월(임인), 3월(계묘) 등	월운 중에서 지지는 고정된 기운이나 월간은 세운(정축)에 의해 다르게 나타난다.
일진	육십갑자로 나타난다.	하루의 기상에 매우 큰 영향을 준다.
시간	육십갑자로 나타난다.	하루 기상에 어느 정도 영향을 준다고 판단된다. 그러나 일기가 변화하는 데 걸리는 특성시간이 일각(2시간) 동안 작용하는 기운에 큰 영향을 받기에는 시간이 부족하다.
지형학적 특성과 수자원 순환	동해 산악지대나 해안가 폭설이나 폭우	산맥에 의한 푄 현상이나 댐이나 해안가 수증기가 영향을 준다.
사람들의 심리 상태	그 지역 살고 있는 사람들의 기운	입시한파나 경제적인 불안감에 의한 춥고 메마른 기후가 나타난다.
온난화나 환경오염	범지구적인 변화	온실가스 등

이상의 운기론에 대한 토론의 결과에 기초하여 실용적인 응용의 예로서 우리나라 계절별 대표적인 일기도에 대하여 운기학적인 설명을 시도한다.

우리나라 대표적인 일기도와 운기론적 설명

장마

우리나라 여름철의 더위와 장마는 무더운 북태평양 고기압에 의하여 발생한다. 이 경우 북쪽의 찬 대륙성 고기압의 세력이 태양한수나 수태과의 기운으로 존재하면 일기도와 같은 장마전선 형성된다. 그렇지 않은 경우에는 2~3일 더운 후 비가 내리는 포화성 강수 현상만 일어나고 장마전선의 형성에 의한 장마철의 집중적인 강수 현상은 발생하지 않는다. 포화성 강수란 열대지방에서 아주 더운 한낮이 되면 쏟아지는 스콜과 같은 강수현상을 말한다.

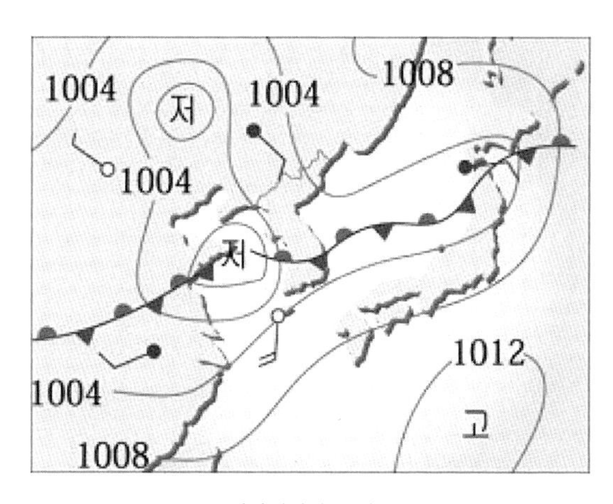

장마전선의 일기도

태풍

태풍은 한여름에 일진이 병정 사오미와 같은 더운 운기가 중첩될 때 발생한다. 이때 북태평양 바닷물의 수온이 실질적으로 상승하기 때문이다. 여름철의 운기가 화태과나 소음군화로, 더울 때는 일진이 임계 해자축에서도 발생하기도 한다. 이때 일진의 찬 기운은 태풍의 구름을 형성하여 많은 비가 올 가능성이 높다.

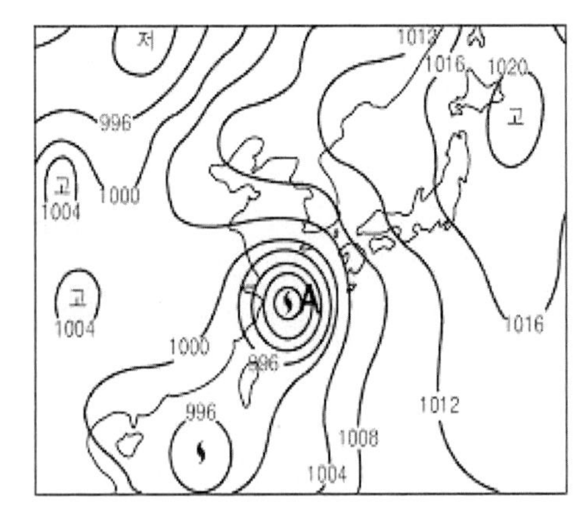

태풍의 일기도

무더운 여름

여름에 수태과나 태양한수 그리고 일진의 분포에서 임계 해자축과 같은 찬 기운이 부족할 때는 아래 일기도와 같이 남고 북저의 전형적인 남동계절풍인 부는 기압골의 형태를 나타낸다. 무더운 여름이 된다.

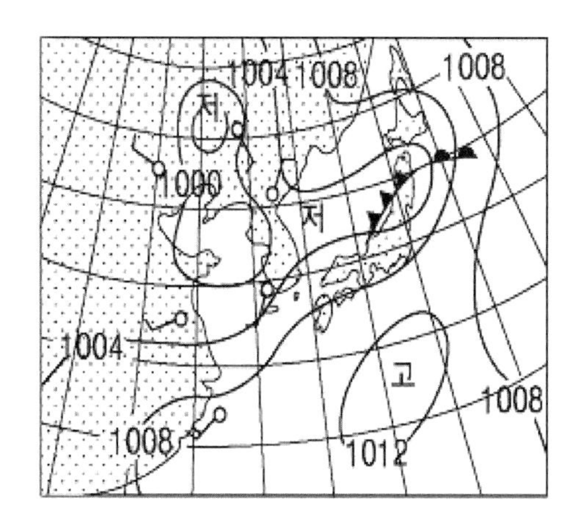

남고북저 기압배치-여름(남동계절풍)

북서 계절풍의 겨울

우리나라 겨울철의 기상을 특징짓는 찬 시베리아 고기압에 의한 한파의 도래는 겨울철의 운기가 수태과나 태양한수가 존재할 때 주로 발생한다. 그러나 겨울철의 운기가 소음군화나 화태와 같이 더운 운기가 존재할 때 상승부력에 의한 압력의 공백현상에 의해 유도된 북서계절풍에 의해 기습한파와 함께 서해안 폭설이 발생한다.

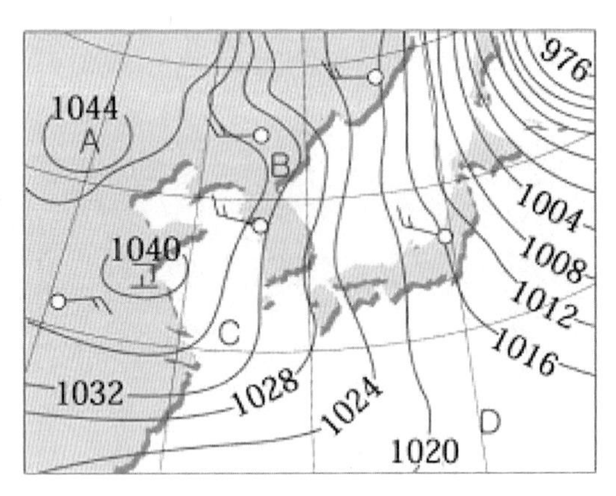

서고동저 기압배치를 가진 북서 계절풍의 겨울

연도별 강수량의 변화

『한국의 기후』[6]라는 저서에서는 한국의 강수량은 연 변동률이 크기 때문에 연도별 분석은 의미를 찾기 어려우며 지역별로 장기간에 걸친 경년변화(經年變化, secular change)를 파악하여야만 강수량의 변화추세를 이해할 수 있다고 주장하였다. 실례로 1980년대에 10년간 서울지역 연간 강수량의 변화를 보면 아래와 같다. 아래 표에 보면 10년 동안에도 82년에는 949.3mm이었고 90년도에는 2,355.5mm로서 연도에 따른 강수량의 변화가 현격함을 알 수 있다.

6) 이현영 저, 범문사, 2000년 10월.

연도	1981	1982	1983	1984	1985	1986	1987	1988	1989	1990
육십갑자	신유년	임술년	계해년	갑자년	을축년	병인년	정묘년	무진년	기사년	경오년
연간 강수량 (mm)	1,216.2	949.3	1,205.1	1,249.5	1,544.6	1,247.4	1,751.4	760.8	1,437.1	2,355.5
세운의 운기	수불급 양명 조금	목태과 태양 한수	화불급 궐음 풍목	토태과 소음 군화	금불급 태음 습토	수태과 소양 상화	목불급 양명 조금	화태과 태양 한수	토불급 궐음 풍목	금태과 소음 군화
3운3기 6.8.~ 7.21.	화불급 양명 조금	토태과 태양 한수	금불급 궐음 풍목	수태과 소음 군화	목불급 태음 습토	화태과 소양 상화	토불급 양명 조금	금태과 태양 한수	수불급 궐음 풍목	목태과 소음 군화
3운4기 7.22.~ 8.12.	화불급 태양 한수	토태과 궐음 풍목	금불급 소음 군화	수태과 태음 습토	목불급 소양 상화	화태과 양명 조금	토불급 태양 한수	금태과 궐음 풍목	수불급 소음 군화	목태과 태음 습토
4운4기 8.13.~ 9.21.	토태과 태양 한수	금불급 궐음 풍목	수태과 소음 군화	목불급 태음 습토	화태과 소양 상화	토불급 양명 조금	금태과 태양 한수	수불급 궐음 풍목	목태과 소음 군화	화불급 태음 습토

이러한 강수량의 변화는 그해의 전체의 운기와 특히 비가 많이 오는 6, 7, 8, 9월의 운기를 살펴봄으로써 어느 정도 이해할 수 있다. 구체적으로 3운3기는 6월 8일부터 7월 21일 사이이고 3운4기는 7월 22일부터 8월 12일까지이다. 그리고 4운4기는 8월 13일부터 9월 21일까지로서 9월 21일 추분이 지나면 늦은 태풍을 제외하고는 많은 강수는 기대하기 어렵다.

예를 들어 강수량이 매우 적었던 1982년 임술년과 1988년 무진년은 강수량이 각각 949.3mm와 760.8mm로서 매우 적은 양을 나타내고 있다. 그런데 1982년의 세운의 운기를 보면 1982년은 하늘은 목태과이고 지상은 태양한수이다. 지상이 태양한수이므로 온도가 낮아 지상에서 발생하는 수증기의 양이 적었고 하늘은 목태과이므로 강풍이 불어서 이것이 효과적으로 강수현상을 일으키기가 쉽지 않아 보인다. 더욱이 3운3기부터 4운4기까지의 구체적인 운기가 토태과와 금불급의 기운이다. 즉 토태과나 금불급이 의미하는 바는 하늘에 많은 양의 수증기를 함유할 수 있다는 의미이다. 또한 지상의 기운도 3기를 제외하고는 궐음풍목으로서 수증기의 증발이나 강수에 효과적이지 못한 것으로 보인다.

1988년 무진년의 전반적인 세운의 경우도 지상은 진술충 태양한수이고 하늘은 무계합화 화태과이다. 즉 지상은 차고 하늘은 온도가 높다. 지상이 차므로 지상에서 수증기의 증발이 순조롭지 못하고 하늘은 온도가 높으므로 하늘에서 수증기의 응결이 약하다. 그러므로 일반적으로 강수에 적합한 상황이 이루어지지 않았다고 볼 수 있다.

강수량이 많았던 해는 1987년 정묘년의 1,437.1mm이고 1990년 경오년의 2,355.5mm를 들 수 있다. 1987년 정묘년은 하늘이 덥고 습한 해라 할 수 있다. 그러므로 강수현상에는 불리할 것 같으나 87년 강수량이 많은 계절에 오운육기가 토불급, 태양한수와 같은 찬 기운이 집중적으로 나타나서 많은 강수량에 일조를 한 것으로 보인다. 1990년 경오년은 2,000mm가 넘는 기록적인 강수량을 나타내고 있다. 2000년에는 지상의 세운과 계절별 운기가 모두 수증기의 증발에 유리한 소음군화와 태음습토로 이루어져 있고 또한 4운4기가 화불급의 기운으로 이루어져 있는데 90년 9월에만 570mm의 폭우가 쏟아진 것을 설명하는 운기라 할 수 있다. 이상과 같이 연도별 운기는 강수현상에 직접적이고도 강력한 영향을 주고 있음을 알 수 있다. 그러므로 전통적인 기상 분석에서 강수량은 연 변동률이 크기 때문에 연도별 분석은 의미를 찾기 어렵다는 주장은 운기론을 고려할 때 설득력이 약하다고 볼 수 있다.

지역별로 장기간에 걸친 경년변화에 대해서 이현영은 경년변화의 특성주기를 발견하기에는 통계 연간이 짧아서 경년변화의 특성을 발견하기가 어려우나 대체로 30년 주기가 발견된다고 주장하였다. 이것은 미국의 160년 동안의 온도변화 특성에서도 나타나는 것으로 앞에서 이미 인용한 바와 같이 1880년부터 1910년까지 30년은 온도가 감소하였고 1910년부터 40년까지는 증가하는 추세를 보인 후 다시 70년까지 감소한 후 2003년까지 증가하는 경향을 보였다. 그리고 그 이후는 약간의 감소하는 추세를 보이고 있다. 육십갑자의 주기이론에서도 30년은 온도가 상승하는 기간이고 다른 30년은 온도가 하강하는 기간으로 나타나므로 이러한 전반적인 온도추이와 운기적인 특성이 결합하여 30년 주기의 특성발현에 영향을 줄 수 있다고 판단된다.

160년의 지구평균온도의 기상자료를 60갑자로 표시하면 흥미로운 변화패턴을 볼 수 있다. 앞에 제시한 표에 의하면 1880년부터 1910년까지 30년은 온도가 감소하였고 1910년부터 40년까지는 증가하는 추세를 보인 후 다시 70년까지 감소한 후 2003년까지 증가하는 경향을 보였다. 그리고 그 이후는 약간의 감소하는 추세를 보이고 있다.

계절별 날씨에 대한 운기론적 설명

겨울 날씨

겨울 날씨는 시베리아 고기압의 성쇠에 크게 좌우된다. 시베리아의 넓은 평야지대가 겨울철의 강력한 복사 냉각현상에 의하여 온도가 하강하고 따라서 밀도가 상승하여 대기압이 1,050hPa에 해당하는 지구상에서 가장 강력한 정체성 고기압을 형성한다. 이 한랭하고 건조한 시베리아 고기압은 대략 일주일을 주기로 하여 확장과 수축을 반복한다. 이러한 시베리아 고기압이 확장되는 2~3일 동안은 강풍이 불며 기온이 급강하며 전반적으로 날씨가 맑으나 백두대간(속리산과 지리산 구간과)과 호남정맥(즉 노령산맥이나 소백산맥)의 서쪽에는 많은 눈을 내릴 수 있다. 강풍이 부는 것은 시베리아 기단과 서고동저형의 기압골의 배치로 대응하는 알류샨 열도의 저기압과 중심기압간의 기압차가 80hPa에 해당되기 때문이다. 이러한 기압의 차이는 최대 초속 몇십 미터의 강풍을 유발할 수 있다. 이러한 시베리아 기단의 확장은 운기론적인 관점에서는 수태과나 태양한수의 기운이 도래할 때 확실하게 나타나며 일진이 임계해자축의 찬 일진이나 병정 사오미의 더운 기운이 도래할 때 가시화된다. 그리고 눈비가 오는 것은 지상이 소음군화나 소양상화 또는 태음습토로 따듯하거나 습기가 많을 때 차고 더운 일진의 도움을 받아 나타난다고 할 수 있다. 동절기에 2~3일 동안 한파와 강풍이 몰아치는 동안 강설의 가능성은 지상이나 바다에서 얼마나 많은 수증기를 제공하는가 여부에 달려 있다. 시베리아 고기압이 팽창한 후 소강상태에 있는 동안에는 당연히 시베리아와 오호츠크 동북쪽에 위치한 알류산 열도 간의 서고동저형의 기압배치도 어느 정도 완화된다. 그리고 중국대륙을 지나면서 기온이 상승한 이동성 고기압형태로 한반도에 영향을 미치게 된다.

이와 같이 우리에게 잘 알려진 겨울철의 삼한사온의 온도분포는 시베리아 기단의 강약에 따른 것이나 일률적인 것은 아니다. 구체적으로 서고동저형의 기압골의 배치가 우세하면 추운 겨울이 나타나고 그렇지 않은 경우에는 온화한 겨울을 맞게 된다. 특히 1971년과 같은 해에는 65년 만에 한강이 얼지 않은 해였다고 한다. 이를 이해하기 위해서는 1970~71년 겨울의 운기를 살펴보면 이해가 간다. 우선 1970년은 경술년이고 1971년은 신해년이다. 그러므로 경술년의 12월의 운기와 신해년의 1~2월의 운기를 살펴보면 1970~1971년 겨울의 기상을 알 수 있을 것이다. 아래에서 살펴보면 1970년 12월과 1971년 1~2월은 온도가 따듯하였음을 알 수 있다. 이러한 점을 미리 고려한다면 난방용 기름이나 발전 용량의 수급계획에 크게 도움을 받을 수 있을 것이다.

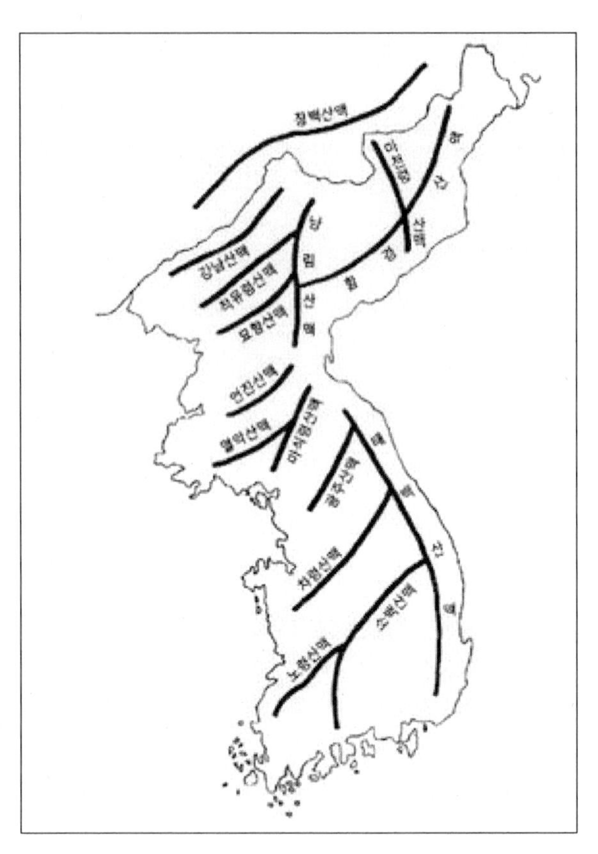

기상에 영향을 미치는 우리나라 산맥

<table>
<tr><td rowspan="2">1970
경술년
세운</td><td>운</td><td>1운</td><td>2운</td><td>3운</td><td>4운</td><td>5운</td><td></td><td rowspan="2">비고</td></tr>
<tr><td>기</td><td>1기</td><td>2기</td><td>3기</td><td>4기</td><td>5기</td><td>6기</td></tr>
<tr><td rowspan="4">금태과
태양한수</td><td>주운</td><td>목운</td><td>화운</td><td>토운</td><td>금운</td><td>수운</td><td></td><td rowspan="4">5운6기의 12월경에 토태과와 태음습토로 열용량이 크다. 그러므로 춥지 않은 겨울이 예상된다.</td></tr>
<tr><td>객운</td><td>금태과</td><td>수불급</td><td>목태과</td><td>화불급</td><td>토태과</td><td></td></tr>
<tr><td>주기</td><td>궐음풍목</td><td>소음군화</td><td>소양상화</td><td>태음습토</td><td>양명조금</td><td>태양한수</td></tr>
<tr><td>객기</td><td>소양상화</td><td>양명조금</td><td>태양한수</td><td>궐음풍목</td><td>소음군화</td><td>태음습토</td></tr>
</table>

1971 신해년 세운	운	1운	2운	3운	4운	5운		비고
	기	1기	2기	3기	4기	5기	6기	
수불급 궐음풍목	주운	목운	화운	토운	금운	수운		1운1기의 1~2월에 수불급으로 차지 않고 양명조금으로 온도상승에 유리하였다.
	객운	수불급	목태과	화불급	토태과	금불급		
	주기	궐음풍목	소음군화	소양상화	태음습토	양명조금	태양한수	
	객기	양명조금	태양한수	궐음풍목	소음군화	태음습토	소양상화	

겨울철이 매우 추웠던 해로는 1963년과 1965년을 거론할 수 있다. 1963년 겨울은 중부이북의 바닷물이 몇십 센티미터의 두께로 결빙하여 항만 선박출입이나 하역작업이 가능하지 않았다고 한다.[7] 이를 살펴보기 위해서는 1962년 12월과 1963년 1~2월의 운기를 살펴보면 이해가 갈것이다.

봄 날씨

봄은 일 년 중 날씨 변화가 가장 심한 계절이다. 봄에는 변화를 상징하는 진토(辰土)가 4월에 자리 잡고 있다. 겨울 동안 강력한 시베리아 고기압이 약하여짐에 따라 서고동저형으로 자리를 잡았던 북서계절풍도 약하여 지면서 저기압을 동반한 이동성 고기압의 형태로 우리나라로 동진한다. 보통은 3~4일에 한 번 정도로 우리나라를 지나가는 이러한 고기압의 이동속도에 따라서 우리나라 봄 날씨가 변화

7) 이현영 저, 한국의 기후, 법문사, 2000년 10월.

한다. 여기서 주목할 것은 이때 이동성 고기압이 통과 후 저기압이 나타나므로 날씨가 궂어진다. 또는 때때로 시베리아 고기압이 일시적으로 강하여지면 꽃샘추위가 나타날 수 있다. 때론 이동성 고기압의 속도가 늦춰지거나 계속적으로 이동성 고기압이 통과하면 건조하고 맑은 날씨와 함께 산불의 가능성이 높아진다. 이러한 모든 상황은 그 해의 세운과 봄철의 오운육기 그리고 일진 등의 변수로 결정된다. 기상청에서는 이러한 날씨의 변화를 그 당시의 기압의 상태가 나타났을 경우에 비로소 예측할 수 있지만 동양의 운기학에서는 일 년 전 또는 몇 달 전에 이러한 기상상태를 미루어 유추할 수 있다. 봄철에 몽고와 화북지방에서 상층기류를 타고 날아오는 황사는 하늘에 강풍이 부는 목태과의 해나 토불급의 해에 지상이 특히 건조하거나 더운 기운이 많으면 가능성이 높아진다.

우리나라는 늦은 봄에서부터 초여름 사이에 높새바람이 자주 분다. 높새바람은 국지풍적인 성격을 가진 동풍으로 푄(Föhn) 현상에 의하여 건조한 바람이 불기에 한발을 일으킨다. 이러한 높새바람은 오호츠크해의 고기압이 존재할 때 가장 높은 비율로 발생한다고 한다. 이러한 높새바람이 가장 강력하게 발생하였던 해 중의 하나는 1988년 6월 21~29일에 9일 동안 발생하였던 높새바람이다. 그리고 1928년과 1929년에 경상북도에서부터 중부지방에 일어났던 한발이 주로 이러한 기상상태에 기인하였다고 한다(이현영, 2000년). 높새바람은 국지풍의 성격을 가지고 있고 그 기간도 짧아서 운기적으로 설명하기가 쉽지 않으나 1928년과 1929년 그리고 1988년의 운기를 분석하여 볼 때 시베리아 기단과 편서풍의 기운이 약하여지는 상황에서 발생하는

것으로 유추된다. 즉 더워지는 와중에 찬바람이 돌고 목의 기운이 약해질 때 오호츠크해의 찬 기단이 일시적으로 힘을 발휘하면서 동북풍이 발생할 때 우리나라에서 높새바람이 발생하는 것으로 판단된다. 참고로 1928년, 1929년 그리고 1988년이 운기를 정리하였다.

1928 무진년 세운	운	1운	2운	3운	4운	5운		화태과 토불급의 찬 기운이 줄어들어 시베리아기단의 세력이 약화된 와중에 양명조금의 기운이 목의 기운을 약화시켰다.
	객운	화태과	토불급	금태과	수불급	목태과		
화태과 태양한수	기	1기	2기	3기	4기	5기	6기	
	객기	소양상화	양명조금	태양한수	궐음풍목	소음군화	태음습토	
1929 기사년 세운	운	1운	2운	3운	4운	5운		금태과의 기운이편서풍과 같은 목의 기운을 약화시켜 동풍을 유도하였으며 태양한수의 찬 기운을 시베리아 기단 대신에 오호츠크 기단이 대신하였다.
	객운	토불급	금태과	수불급	목태과	화불급		
토불급 궐음풍목	기	1기	2기	3기	4기	5기	6기	
	객기	양명조금	태양한수	궐음풍목	소음군화	태음습토	소양상화	
1988 무진년 세운	운	1운	2운	3운	4운	5운		1988년은 1928년과 같이 무진년으로 운기의 성격이 같다. 운기가 같은 해에 같은 성격의 높새바람이 발생함은 통계적으로 의미가 있다.
	객운	화태과	토불급	금태과	수불급	목태과		
화태과 태양한수	기	1기	2기	3기	4기	5기	6기	
	객기	소양상화	양명조금	태양한수	궐음풍목	소음군화	태음습토	

여름 날씨

늦은 봄부터 초여름 장마 전까지 북동쪽에서 확장하는 찬 오호츠크기단은 한반도 기상에 많은 영향을 미친다. 이러한 오호츠크기단의 영향을 받게 되면 이상저온 현상이 나타날 수도 있고 황사의 이동이 차단되면 시계가 좋아진다. 한반도의 황사의 발생이 강력한 목태과의 기운에서 의하여 주로 발생함을 감안하면 오호츠크기단과 연계하여 높새바람이 일어나는 기전을 부분적으로 이해할 수 있다.

장마는 주로 양자강 유역에서 전선을 따라 2~3일 주기로 동진하여 오는 저기압에 의하여 발생하는데 운기상으로는 반드시 일진이나 계절 기운에 태양한수나 수태과의 기운이 존재하여야 한다. 화북지방의 이동성 고기압이나 오호츠크 고기압이 세력을 크게 확장하면 북태평양 고기압의 세력이 약하여져서, 장마전선은 크게 남하하여 날씨가 좋아지는 장마휴식 현상이 1~2일 또는 4~5일간 나타나기도 한다. 이때는 고온다습한 북태평양기단이 세력이 약화된 상태이므로 여름철 장마기간이라 할지라도 폭염이나 무더위는 나타나지 않을 것으로 판단된다. 만일 6월 중·하순경에 형성되는 장마전선의 형성이 늦거나 만주지방으로 빨리 북상하여 버리면 여름철에는 오직 스콜과 같은 포화성 강수 현상이 국지적으로 발생하여 가물게 된다. 결론적으로 북태평양기단의 세력이 매우 약한 해에는 서늘한 여름이 나타나서 냉해가 예상되며 반대로 이 기단의 세력이 너무 강한 경우에는 30C가 넘는 무더위와 열대야가 지속된다.

이현영(2000년)에 의하면 무더웠던 여름으로 1973년, 1994년을 들 수 있고 여름이 특히 서늘하였던 해는 1954년, 1957년, 1980년이라고 기술하였다. 특히 1980년에는 서울에서 최고기온 30C가 넘는 날이 단 하루였다고 한다. 1980년의 이러한 저온 현상을 가져온 운기표를 제시하였다.

1980 경신년 세운	운	1운	2운	3운	4운	5운		아주 강한 냉기는 나타나지 않으나 건조하고 서늘한 금기가 아주 강한 해라서 여름철 저온현상이 나타난 것으로 보인다.
	객운	금태과	수불급	목태과	화불급	토태과		
금태과 소양상화	기	1기	2기	3기	4기	5기	6기	
	객기	소음군화	태음습토	소양상화	양명조금	태양한수	궐음풍목	

가을 날씨

가을철에는 일반적으로 시베리아 고기압에서 떨어져 나온 이동성 고기압에 의하여 맑은 날씨가 나타난다. 그러나 가을장마나 가을철 무더위는 4운4기의 운기(8월 13일~9월 21일)에 의하여 결정적으로 영향을 받는다. 광화문 지하도를 침수시킨 2010년 가을장마가 대표적인 경우라 할 수 있다. 즉 4운4기가 화불급의 기운으로 결정적으로 냉기가 돌았음을 알 수 있다. 이러한 온도의 하강을 일으키는데 금태과의 건조한 기운이 일조를 하였을 것으로 보인다.

2010년 경인년 운기표 금태과와 소양상화	5운6기 11.22. ~ 1.6.	1운1기 1.7. ~ 3.20.	1운2기 3.21. ~ 4.1.	2운2기 4.2. ~ 5.20.	2운3기 5.21. ~ 6.8.	3운3기 6.9. ~ 7.22.	3운4기 7.23. ~ 8.12.	4운4기 8.13. ~ 9.22.	4운5기 9.23. ~ 11.15.	5운5기 11.16. ~ 11.21.	5운6기 11.22. ~ 2.1.
객운(하늘)	화불급	금태과	금태과	수불급	수불급	목태과	목태과	화불급	화불급	토태과	토태과
객기(지상)	태양한수	소음군화	태음습토	태음습토	소양상화	소양상화	양명조금	양명조금	태양한수	태양한수	궐음풍목

한편 가을철 무더위에 의한 냉방제품이나 냉·음료 특수는 2008년 무자년 가을철에 잘 나타나 있다. 4운4기와 4운5기에 하늘의 기운이

냉기가 없다는 수불급임이 이해가 간다. 이러한 기상달력예측에 대한 검증자료는 4장 2절에 제시한 2008년 무자년 가을더위를 참고하기 바란다.

2008년 기상달력예보

2008년 무자년 운기표 화태과와 소음군화	5운6기 11.23. ~ 1.7.	1운1기 1.8. ~ 3.19.	1운2기 3.20. ~ 3.31.	2운2기 4.1. ~ 5.20.	2운3기 5.21. ~ 6.7.	3운3기 6.8. ~ 7.21.	3운4기 7.22. ~ 8.12.	4운4기 8.13. ~ 9.22.	4운5기 9.23. ~ 11.15.	5운5기 11.16. ~ 11.21.	5운6기 11.22. ~ 1.19.
객운(하늘)	수불급	화태과	화태과	토불급	토불급	금태과	금태과	수불급	수불급	목태과	목태과
객기(지상)	소양 상화	태양 한수	궐음 풍목	궐음 풍목	소음 군화	소음 군화	태음 습토	태음 습토	소양 상화	소양 상화	양명 조금
2008년 기상 개황	2008년 무자년(戊子年)은 불의 화기(火氣)가 지상과 하늘에 강력한 한 해이다. 하늘의 온도가 높았던 2007년 정해년에 이어 2008년의 기상은 일반적으로 체감 온도가 높은 와중에 기습한파, 폭설, 폭우, 열대야, 태풍과 같은 기상 변화가 심한 한해가 예상된다. 장마철에는 불규칙한 호우는 예상되나 의외로 적은 비가 내릴 가능성이 높으며 오히려 장마 이후에 규칙적인 호우성 강우의 가능성이 있다. 가을철은 온도가 높은 계절이 예상되며 심장병과 고혈압 등 혈관계 질환이 심한 한해가 될 것이다. 농산물 작황은 살구나 자두, 상추, 쑥갓 등의 농사가 잘될 것이나 밤이나 수산물의 작황은 떨어질 것으로 예상된다. 사람들의 심리는 많은 새로운 일을 추진하는 등 분주한 한 해가 될 것이다.										

비슷한 가을더위가 발생하였는데 2011년 연운이 수불급에 양명 조금이고 4운4기가 토태과와 태양한수였다. 2011년 가을에도 아래에 그 당시 폭염에 관한 연합뉴스 기사를 전재한다. 독자들은 이러한 가을더위에 대한 운기론적인 설명을 시도하여 보기 바란다.

<기록적 '9월 폭염'에 전국이 '헉헉……'>
사상 최악의 정전사태를 부른 늦더위가 남부지방을 중심으로 이어지면서 시민들은 또다시 진땀을 뺐다. 16일 기상청에 따르면 이날

오후 2시 현재 최고기온은 밀양 34.6도를 비롯해 김해 34도, 고흥 33.5도, 경주 33.5도 등을 기록했다. 무인 기상관측 장비 기준으로는 보성(문덕) 35도, 광양 34.9도 등을 보이기도 했다. 9월 중순 역대 최고기온은 2008년 9월 13일 밀양에서 기록한 34.8도다. 전남 8개, 전북 4개, 경북 4개, 경남 9개 시·군과 광주시, 대구시에는 폭염주의보도 내려졌다.

2008년 폭염특보가 시행된 뒤 연중 가장 늦은 시기에 특보가 발표된 기록도 하루 만에 갈아치우게 됐다. 한여름 같은 찜통더위에 대구 동성로, 광주 충장로 등 도심은 오가는 사람이 줄어 한산한 모습을 보였다. 반면 뙤약볕을 피하려는 직장인들 덕분에 구내식당이나 배달 음식점, 커피전문점 등은 때 아닌 호황을 누렸다. 부산 해운대 해수욕장에는 1만 명이 넘는 피서객이 몰려 백사장 파라솔 밑에 앉아 쉬거나 바다로 뛰어들어 물놀이를 즐겼다. 광안리 해수욕장에도 늦더위를 피해 온 사람들이 밤까지 이어졌다. 산업현장에서도 '9월 폭염'과의 혈투가 벌어졌다. 대우 조선해양과 삼성중공업 등 거제 지역 대형 조선소 작업장 곳곳에는 제빙기, 냉온 정수기, 냉방 장비 '스폿 쿨러' 등이 쉴 새 없이 가동됐다.

연합뉴스 손상원 기자 | 2011.09.16.

/4장/

연도별 오운육기의 예측 사례

이 장에서는 2004년부터 2012년까지 9년간의 기상 예측 사례를 제시하였다. 이 내용 중 기상달력에 의하여 이미 발표된 것도 있지만 기상달력이 여러 사정으로 인하여 발표되지 못한 해의 내용도 포함하고 있다.

1. 연도별 기상 예측 사례

2004년 갑신년 기상 예측

2004년 갑신년은 강수량이 적으면서 비교적 온도가 높은 한 해가 될 것이다. 금년에는 홍수나 태풍의 피해는 크지 않을 것으로 보이나 봄철 안개와 한발, 그리고 가을철 산불과 냉해에 대비를 하는 것이 좋을 것이다. 6월 말경에 시작한 장마는 7월 21일경에 끝날 것이다. 금년 음료수 소비 경향은 포도주와 오렌지주스와 같은 산미의 음료수 소비는 감소하는 대신에 단맛이 나는 음료수의 소비가 증가할 것으로 보인다. 질병으로는 2003년 계미년에 심하였던 심장질환은 감소하는 대신에 위장병 환자가 늘어날 것이다. 농축산으로는 참외나 호박, 고구마의 작황은 좋을 것이나 콩 종류의 생산은 감소할 것으로 보인다. 소의 생육은 무난할 것이나 돼지는 출산율 저조와 역병 등에 취약할 것이다. 그리고 4월 15일 총선을 전후하여서는 쓸쓸하고 심지어는 추울 것이며 비가 올 가능성이 매우 크다.

2004년 기상 개황

2004년 갑신년 기상의 특징은 강수량이 적고 바람이 강하지 않으며 기온은 평년보다 비교적 높은 무난한 한 해가 될 것이다. 그러므로 2002년 임오년의 강한 바람에 의한 황사나 2003년 계미년의 일 년 내내 지속된 강우 현상 등은 많이 약화될 것이다. 또한 1998년 무인년 8월에 내린 한 달에 1,200mm 이상의 게릴라성 집중호우나, 2000년 경진년 봄에 창궐한 산불, 2001년 신사년 1월의 한파나 봄에 발생한 90년 이래의 한발, 그리고 1997년 정축년 5월의 충청지방의 봄장마와 같은 극단적인 기상 이변은 나타나지 않을 것이다.

2004년은 화창하나 구름은 많고 비교적 온도가 높은 한 해이나 봄철 한발이나 안개 그리고 가을철 냉해와 산불과 같은 현상에 주의가 필요하다. 2003년과 같이 비가 많이 와서 찬 음료수나 빙과류의 판매가 줄고 건설공사 등이 차질을 받는 일은 크게 없을 것이다.

2003년 12월과 2004년 1월 20일까지는 겨울바람은 강하지 않으나 구름이 많이 끼기에, 비교적 온화하면서도 쌀쌀한 겨울이 예상되나 때때로 2003년 계미년에 일 년 내내 비를 가져온 찬 기운이 몰려 올 경우 온도가 크게 하강하여 추운 날씨를 보일 것이다. 1월 8일이 지난 후부터는 일차적으로 찬 기운 줄어 들 것이고 1월 20일이 지난 후에는 날씨는 보다 많이 풀릴 것이나 온난한 기후에 의한 열적 부력현상 때문에 때때로 찬바람에 의하여 한파가 몰려올 가능성이 크다. 12월과 1월 8일까지는 눈의 양은 많지 않을 것이나 1월 20일 이후에는 온화한 날씨가 많기 때문에 온화한 날씨와 그에 따른 한파 도래에 의하여 눈이 온다면 함박눈 형태가 예상된다. 2004년 12월과 2005년 1월의 겨울 기상은 때때로 부는 강한 바람을 제외하고는 일반적으로 온화하며 눈도 적은 날씨를 보일 것이다. 구정 연휴인 1월 21~23일 기간은 한파가 몰려올 가능성이 크다.

2004년 봄은 크게 습하지 않으면서 약간 따뜻한 봄이 될 전망이다. 그러므로 3월부터 5월까지는 봄 안개가 발생할 가능성이 크므로 봄 안개에 주의하는 것이 좋다. 황사는 봄철에 국한될 것으로 보이며 평년수준으로 보인다. 바람은 많이 불지 않을 것이며 강수량이 많은 봄이 아니기 때문에 어느 정도 한발에 대한 준비를 필요로 한다. 그러나 하늘과 땅이 크게 건조하지 않기 때문에 산불 피해는 생각보다 크지 않을 것으로 판단된다.

2004년 4월 15일 총선 전후하여서는 쓸쓸하고 심지어는 추울 것이며 궂은 날씨가 될 가능성이 매우 크다. 투표율이 낮을 가능성이 높다.

장마는 6월 말부터 7월 22일까지 예상되며 22일 이후 8월 12일까지는 그런대로 비가 오고 8월 13일 이후부터는 강우횟수는 크게 줄어들 것이다. 그러므로 여름철 피서는 7월 22일 이후로 선택하는 것이 좋을 것이다. 태풍에 의한 영향은 많지 않을 것이 예상되나 최근 심하여지고 있는 온난화현상에 의한 태풍의 피해는 항상 주의를 요구한다.

8월 13일 이후 강우량은 현저히 줄 것이기 때문에 건조한 날씨가 될 것이 예상된다. 특히 금년 가을은 비교적 건조하고 쌀쌀한 가을이 될 것이기 때문에 가을철 가뭄과 냉해 그리고 산불피해에 어느 정도 조심하는 것이 좋을 것이다. 9월 26~29일까지 추석 연휴기간은 일반적으로 쌀쌀한 가운데 온화한 날씨가 될 것이나 추석 당일이나 연휴 마지막 날에는 날씨가 궂을 가능성이 크다. 11월 이후 늦가을에는 따뜻한 기운이 돌아 가을 안개가 발생할 가능성이 높다.

2004년 12월과 2005년 1월의 겨울 기상은 때때로 부는 강한 바람을 제외하고는 일반적으로 온화한 날씨를 보이고 눈이 오는 횟수도 적은 날씨를 보일 것이다. 그러나 이러한 기상조건에서는 눈이 온다면 함박눈이 유력하다. 추위는 온난화의 영향 정도에 따라서 크게 차이가 날 수 있다.

건강의 관점에서 보았을 때 갑신년은 사람들의 위장이 크게 약화되는 해이다. 그러므로 평소에 위장의 기능이 약한 사람들은 2004년 갑신 한 해 동안 특히 소화가 안 되고 무릎관절이 아프며 눈꺼풀이 심하게 떨리는 증상들이 심하여질 것이다. 그러나 2003년 말에 심하여진 부정맥 등 심장이 약한 사람들은 비교적 편한 한 해가 될 것이다. 그러나 2004년 후반부로 접어들면 뼈가 쑤시고 뒷골이 아픈 후두통이 심하여지고 신부전증과 같은 증상이 예상된다.

2004년 음료수 시장은 위장이 약하여지는 해이므로 덥더라도 찬 음료보다 따듯한 음료가 좋을 것이며 달콤한 맛을 가진 빙과류나 인

삼차나 식혜, 꿀물 그리고 복숭아나 배로 만든 음료수가 사람들의 선택을 받을 가능성이 크다. 반면에 오렌지주스와 같은 산미의 음료수는 큰 인기를 얻지 못할 것이다. 따라서 새콤한 포도주보다도 달콤한 술이 인기를 얻을 가능성이 크다.

농축산 문제에서는 소는 수태를 많이 할 것이며 질병에도 강한 한 해가 될 것이나 돼지는 출산율도 저조할 것이고 역병과 같은 질병에도 약할 것이다. 그러므로 2004년 후반에는 돼지고기 값이 오를 가능성이 크다. 농사에 있어서 벼는 평년작이 예상되며 호박, 고구마나 참외 등은 작황이 좋을 것이나 콩이나 깨 종류는 작황이 좋지 않을 것이다. 그리고 수산업은 약간 나쁠 것으로 보인다.

심리적인 관점에서 보았을 때 갑신년은 냉정한 결기와 뜨거운 양면성을 동시에 가지는 해가 될 것이다. 2003년 계미년이 방화나 투신 등에 의한 사건이 많았다면 갑신년은 칼이나 쇠붙이와 같은 흉기에 의한 사건이 증대할 것으로 보인다. 운기별로 본 개략적인 기상 현황을 요약하면 다음과 같다.

2003년 11월 23일~2004년 1월 20일

바람은 강하지 않으나 온도가 낮고 구름이 많아 온화하나 비교적 쓸쓸한 겨울이 될 것으로 보인다. 12월부터 1월 20일까지 지속적으로 온도가 내려갈 것이 예상되며 한두 차례 온도가 크게 하강할 가능성이 크다.

2004년 1월 21일~2004년 2월 말

함박눈이 예상되고 포근한 겨울이나 때때로 강한 바람이 불어 올 가능성이 있고 때로는 겨울 안개도 예상된다.

2004년 3~5월

비교적 따듯한 봄, 강수량은 많지 않을 것으로 보이나 봄 안개가 많이 낄 가능성이 높다. 봄철 한발과 황사현상이 예상되나 산불피해는 크게 심하지 않을 것으로 보인다.

2004년 6월 8일~8월 12일

온난화가 심하지 않다면 호우성 집중강우보다는 잦은 강우가 예상되며 7월 21일경에 장마가 그칠 것이다. 그러나 강우는 8월 12일까지 산발적으로 이어질 가능성이 크다.

2004년 8월 13일~9월 22일

8월 13일 이후 강우량과 강우횟수가 크게 감소할 것으로 예상된다.

2004년 9월 23일~11월 21일

건조하고 쌀쌀한 가을이 될 것이며 단풍이 일찍 들고 산불과 농작물 냉해주의가 요구되며 늦가을 안개가 예상된다.

2004년 11월 22일~2004년 12월

온화하나 때로는 바람이 강하여 한파에 의한 체감온도 급격한 저하가 예상되며 눈이 오는 횟수가 적은 겨울이 될 것이나 눈이 온다면 폭설이 될 것이다.

甲申年(2004年) 運氣表

<table>
<tr><td colspan="2" rowspan="2">癸未年
기본 기운</td><td colspan="2">天</td><td colspan="10">甲木</td></tr>
<tr><td colspan="2">地</td><td colspan="10">申金</td></tr>
<tr><td colspan="2" rowspan="2">癸未年
유도된 기운</td><td colspan="2">간합</td><td colspan="10">甲己合化土 (토태과)</td></tr>
<tr><td colspan="2">지지충</td><td colspan="10">인신충(寅申冲) 소양상화(少陽相火)</td></tr>
<tr><td colspan="2">계절</td><td colspan="2">겨울</td><td colspan="3">봄</td><td colspan="3">여름</td><td colspan="3">가을</td><td colspan="1">겨울</td></tr>
<tr><td colspan="2" rowspan="2">주운
(하늘의
고정적 기운)</td><td colspan="2">1운(목)</td><td colspan="3">2운(화)</td><td colspan="2">3운(토)</td><td colspan="3">4운(금)</td><td colspan="2">5운(수)</td></tr>
<tr><td colspan="2">1월 8일~
3월 31일</td><td colspan="3">4월 1일~
6월 7일</td><td colspan="2">6월 8일~
8월 12일</td><td colspan="3">8월 13일~
11월 15일</td><td colspan="2">11월 16일~
1월 19일</td></tr>
<tr><td colspan="2">객운
(하늘의 변화
기운)</td><td colspan="2">1운(토태과)</td><td colspan="3">2운(금불급)</td><td colspan="2">3운(수태과)</td><td colspan="3">4운(목불급)</td><td colspan="2">5운(화태과)</td></tr>
<tr><td colspan="2" rowspan="2">주기
(지상의
고정적 기운)</td><td colspan="2">1기</td><td colspan="2">2기</td><td colspan="2">3기</td><td colspan="2">4기</td><td colspan="2">5기</td><td colspan="2">6기</td></tr>
<tr><td colspan="2">1월 21일~
3월 19일
궐음풍목</td><td colspan="2">3월 20일~
5월 20일
소음군화</td><td colspan="2">5월 21일~
7월 21일
소양상화</td><td colspan="2">7월 22일~
9월 22일
태음습토</td><td colspan="2">9월 23일~
11월 21일
양명조금</td><td colspan="2">11월 22일~
1월 19일
태양한수</td></tr>
<tr><td colspan="2" rowspan="2">객기
(지상의 변화
기운)</td><td colspan="2">1기</td><td colspan="2">2기</td><td colspan="2">3기</td><td colspan="2">4기</td><td colspan="2">5기</td><td colspan="2">6기</td></tr>
<tr><td colspan="2">소음군화</td><td colspan="2">태음습토</td><td colspan="2">소양상화</td><td colspan="2">양명조금</td><td colspan="2">태양한수</td><td colspan="2">궐음풍목</td></tr>
<tr><td rowspan="6">24절기</td><td>월운</td><td>丙寅</td><td>丁卯</td><td>戊辰</td><td>己巳</td><td>庚午</td><td>辛未</td><td>壬申</td><td>癸酉</td><td>甲戌</td><td>乙亥</td><td>丙子</td><td>丁丑</td></tr>
<tr><td rowspan="2">월</td><td>1</td><td>2</td><td>3</td><td>4</td><td>5</td><td>6</td><td>7</td><td>8</td><td>9</td><td>10</td><td>11</td><td>12</td></tr>
<tr><td>1/14</td><td>2/15</td><td>(윤)
2/15</td><td>3/17</td><td>4/18</td><td>5/20</td><td>6/22</td><td>7/23</td><td>8/25</td><td>9/25</td><td>10/26</td><td>11/25</td></tr>
<tr><td>음력</td><td>2/4</td><td>3/5</td><td>4/4</td><td>5/5</td><td>6/5</td><td>7/7</td><td>8/7</td><td>9/7</td><td>10/8</td><td>11/7</td><td>12/7</td><td>1/5</td></tr>
<tr><td>양력</td><td>입춘</td><td>경칩</td><td>청명</td><td>입하</td><td>망종</td><td>소서</td><td>입추</td><td>백로</td><td>한로</td><td>입동</td><td>대설</td><td>소한</td></tr>
<tr><td>절기</td><td>우수</td><td>춘분</td><td>곡우</td><td>소만</td><td>하지</td><td>대서</td><td>추분</td><td>처서</td><td>상강</td><td>소설</td><td>동지</td><td>대한</td></tr>
</table>

	1운 1/8~3/31 ←		2운 4/1~6/7 ←		3운 6/8~8/12 ←		4운 8/13~11/15 ←		5운 11/16~1/19 ←	
	1기 1/21~3/19 ←	2기 3/20~5/20 ←		3기 5/21~7/21 ←		4기 7/22~9/22 ←		5기 9/23~11/21 ←		6기 11/22~1/19 ←
	1운	1운	2운	2운	3운	3운	4운	4운	5운	5운
	1기	2기	2기	3기	3기	4기	4기	5기	5기	6기
	1운1기	1운2기	2운2기	2운3기	3운3기	3운4기	4운4기	4운5기	5운5기	5운6기
주운(하늘)	목	목	화	화	토	토	금	금	수	수
객운(하늘)	토태과	토태과	금불급	금불급	수태과	수태과	목불급	목불급	화태과	화태과
주기(지상)	궐음 풍목	소음 군화	소음 군화	소양 상화	소양 상화	태음 습토	태음 습토	양명 조금	양명 조금	태양 한수
객기(지상)	소음 군화	태음 습토	태음 습토	소양 상화	소양 상화	양명 조금	양명 조금	태양 한수	태양 한수	궐음 풍목

2005년 을유년 기상 예측

이 기상 달력은 동양의 절기이론을 과학적으로 해석하여 작성한 것이다. 이 달력은 생활기상과 기상경영을 위한 자료로 2005년 365일의 강우, 폭설, 기습한파, 열대야, 황사, 안개 그리고 태풍에 대한 정보를 예측한 기상달력이다. 그리고 매일매일 날짜별로 사업이나 중요한 회담에서 일의 성사가 어려운 좋지 않은 시간을 옛날 兵法과 人事에 사용된 六壬 이론에 기초하여 표시하였다.

최근 우리나라의 기상을 설명하면 지난 2000년 경진년에 동해안에서 큰 산불이 났었다. 2001년 신사년은 90년 만의 봄 가뭄이 들었고, 2002년 임오년은 황사가 극심하였다. 2003년 계미년은 일 년 내내 흐리고 비가 왔으며 2004년 갑신년은 무더위와 폭설과 기습한파가 나타났다. 이러한 기상특징은 운기이론으로 잘 설명된다. 운기로 살펴본 2005년 乙酉年에 대한 전반적인 기상 개황은 다음과 같다. 2005년은 예년에 비해 乾燥하면서 하늘에는 비교적 强한 바람이 부는 해이다. 일 년 평균 氣溫이 평년에 비해 낮지 않은 한 해가 될 것이나 건조하기 때문에 일교차가 크고 따라서 지역에 따라 심한 안개가 발생할 가능성이 크다. 특히 현재와 같이 범지구적으로 온난화가 심한 상황에서 기온이 비교적 높은 2004년이나 2005년 같은 해에는 기습한파나 폭설의 가능성이 항상 존재한다. 그러나 을유년 2005년에는 2004년보다 폭설이나 기습한파의 강도가 심하지 않을 것이 예상된다. 강우의 횟수는 많지 않아 2003년과 같은 지속적인 강우는 없을 것이나 일단 비나 눈이 내린다면 한 번에 내리는 강수량은 적지 않을 것으로 판단된다. 건조한 기후에 바람이 약하지 않은 해가 될 것이므로 특히 봄과 가을로 산불과 황사에 대한 주의도 요구된다.

월별 기상특징을 살펴보면 1월은 2004년 갑신년 운기에 영향을 받으므로 기습한파나 함박눈이 내릴 가능성이 높다. 2월, 3월에는 건조한 가운데 비교적 눈과 비가 오는 횟수가 적을 것이다. 그러나 눈이 온다면 역시 많은 눈이 올 가능성이 크다. 겨울과 봄으로 산불과 황사에 주의가 요구되는데, 특히 3월 하순에는 산불 가능성이 높다. 4월과 5월 그리고 7월의 3개월은 건조하지 않고 오히려 2003년 계미년과 같이 하늘이 흐리고 비가 오는 날이 많을 것이다. 그러나 폭우보다는 지속적으로 내리는 강우가 될 가능성이 높다. 올 여름은 운기의 관점에서는 일정한 장마 기간을 설정하기 어렵다. 6월 5일 망종부터 7월 초 小暑까지는 소나기성 호우가 내린 후 맑은 날이 많을 것이며 小暑 이후에는 흐린 가운데 지속적인 강우가 예상된다.

7월 23일부터 8월 12일까지의 기간은 하늘과 지상이 온도가 낮아 비가 많이 올 가능성이 높으며 온도 변화가 심하여 열대야와 함께 냉해도 예상된다. 그러므로 국내에서 여름 피서는 이 기간 이후가 좋을 것이다. 8월과 9월 태풍의 발생 횟수는 예년에 비해 적을 것으로 보이나 이 기간 동안에 하늘의 온도가 높아 큰 태풍으로 발전할 가능성이 있다. 9월 말 추분 이후 12월까지는 강수량도 적고 비교적 온도가 높은 맑은 날이 이어질 가능성이 크므로 가을철 산불에 대한 주의도 요구된다. 올 가을 단풍은 늦어질 것이다. 온화한 가운데 늦가을 또는 초겨울에 한두 차례 때 이른 한파가 나타날 가능성이 있어 초겨울 동파에 주의가 요구된다.

이 자료는 과학적 기상이론과 우리의 전통 절기 이론을 결합하여 만든 것으로 2003년과 2004년 충남도청에 도정 운영 보고서로 제출하였던 『생활기상 보고서』와 『100년의 기상 예측』(중명출판사, 2004년)에 나타난 이론에 근거한 것이며 지난 10년간 한반도의 실제 기상자료로 보정한 것이다. 비나 눈이 올 가능성이 높은 날은 오운육기와 12지지 순환이론에 기초한 것으로 60~70% 정도의 강수패턴에 대한 적중 확률이 예상된다. 그러나 水資源 순환특성이나 지역에 따른 차이 그리고 온난화 정도에 따라 강우 순환주기에 대한 보정이 요구되나 본 달력은 일반적인 한반도의 기상을 나타내기에 이러한 구체적인 인자는 고려되지 않았다.

乙酉年(2005年) 運氣表

乙酉年 기본 기운	天	乙木
	地	酉金
乙酉年 유도된 기운	간합	乙庚合化金 (금불급)
	지지충	묘유충(卯酉冲) 양명조금(少陽相火)

계절	겨울	봄	여름	가을	겨울

주운 (하늘의 고정적 기운)	1운(목)	2운(화)	3운(토)	4운(금)	5운(수)
	1월 20일~4월 1일	4월 2일~6월 7일	6월 8일~8월 12일	8월 13일~11월 15일	11월 16일~1월 6일
객운 (하늘의 변화 기운)	1운(금불급)	2운(수태과)	3운(목불급)	4운(화태과)	5운(토불급)

주기 (지상의 고정적 기운)	1기	2기	3기	4기	5기	6기
	1월 20일~3월 19일 궐음풍목	3월 20일~5월 20일 소음군화	5월 21일~7월 22일 소양상화	7월 23일~9월 22일 태음습토	9월 23일~11월 21일 양명조금	11월 22일~1월 19일 태양한수
객기 (지상의 변화 기운)	1기	2기	3기	4기	5기	6기
	태음습토	소양상화	양명조금	태양한수	궐음풍목	소음군화

24절기												
월운	戊寅	己卯	庚辰	辛巳	壬午	癸未	甲申	乙酉	丙戌	丁亥	戊子	己丑
월	1	2	3	4	5	6	7	8	9	10	11	12
음력	12/26	1/25	2/27	3/27	4/29	6/2	7/3	8/4	9/6	10/6	11/6	12/6
양력	2/4	3/5	4/5	5/5	6/5	7/7	8/7	9/7	10/8	11/7	12/7	1/5
절기	입춘	경칩	청명	입하	망종	소서	입추	백로	한로	입동	대설	소한
	우수	춘분	곡우	소만	하지	대서	처서	추분	상강	소설	동지	대한

1운	2운	3운	4운	5운
1/20~ 4/1 ◀	4/2~6/7 ◀	6/8~8/12 ◀	8/13~11/15 ◀	11/16~1/6 ◀

1기	2기	3기	4기	5기	6기
1/20~3/19 ◀	3/20~5/20 ◀	5/21~7/22 ◀	7/23~9/22 ◀	9/23~11/21 ◀	11/22~1/19 ◀

	1운	1운	2운	2운	3운	3운	4운	4운	5운	5운
	1기	2기	2기	3기	3기	4기	4기	5기	5기	6기
	1운1기	1운2기	2운2기	2운3기	3운3기	3운4기	4운4기	4운5기	5운5기	5운6기
주운(하늘)	목	목	화	화	토	토	금	금	수	수
객운(하늘)	금불급	금불급	수태과	수태과	목불급	목불급	화태과	화태과	토불급	토불급
주기(지상)	궐음 풍목	소음 군화	소음 군화	소양 상화	소양 상화	태음 습토	태음 습토	양명 조금	양명 조금	태양 한수
객기(지상)	태음 습토	소양 상화	소양 상화	양명 조금	양명 조금	태양 한수	태양 한수	궐음 풍목	궐음 풍목	소음 군화

2006년 병술년 기상 예측

2006년 병술년은 콩 종류와 밤, 수박이 작황이 좋고 가축으로는 돼지가 수태를 많이 하기 때문에 돼지의 가격이 크게 떨어질 가능성이 높다. 그리고 신장이나 방광 또는 자궁에 관계된 질병이 많이 발생하는 해이므로 체질적으로 이 부위가 약한 사람들은 병술년에 작황이 좋은 콩이나 밤 그리고 돼지고기를 많이 먹는 것이 건강을 위하는 길이다.

2006년 일 년 평균으로 온도가 비교적 낮은 한해가 될 것이나 강력한 기습한파나 대형폭설의 가능성은 오히려 낮은 해이다. 지상과 하늘의 기운이 모두 온도가 낮은 한 해이기 때문에 2004년 갑신년이나 2005년 乙酉年뿐만 아니고 지난 10여 년의 기상과 비교할 때도 연평균온도가 낮아서 온난화의 경향이 일시적으로 둔화되는 한 해가 될 것이기 때문에 극단적인 더위는 없을 것으로 판단한다. 그리고 바람이 강한 해가 아니기 때문에 강력한 황사현상은 나타나지 않을 것이며 2003년 계미년과 같이 건설공사에 지장을 초래할 정도로 지속적인 강우현상 역시 없을 것이다.

계절별로 2006년 기상을 살펴보면, 2005년 겨울부터 2006년 3월 초봄까지는 비교적 온도가 높지 않은 쌀쌀한 기상이 될 것이나 대형 폭설이나 기습한파의 가능성은 낮다고 판단된다. 그러나 눈과 비는 평년정도로 내릴 것으로 판단된다. 그러므로 이 기간에 겨울철 한발이나 산불의 가능성은 낮다고 판단된다. 1월 29일 구정을 전후한 연휴

기간 동안에는 기습한파가 몰아칠 가능성이 높다.

2006년 4월과 5월의 봄은 지상은 건조하고 하늘의 온도가 낮지 않기 때문에 한동안 가물 가능성이 높다. 그러므로 4월과 5월에는 봄철 한발에 의한 산불에 대비하는 것이 좋을 것이다. 그러나 일단 비가 온다면 국지적으로 많은 비가 내릴 가능성이 있다.

6월부터 8월 중순경인 13일까지의 여름철의 운기는 지상의 온도는 비교적 낮으나 하늘의 온도가 높기 때문에 구름이 많고 지속적으로 흐릴 가능성이 많으며 2005년 늦여름이나 초가을에 나타난 국지성 호우를 동반한 넓은 지역에 많은 비가 내릴 가능성이 높다. 6월 중순부터 비가 많이 내릴 것이 예상되나 2005년 여름과 같이 특정한 장마기간을 설정하기가 어렵다. 강력한 태풍이 발생할 가능성은 화태과가 끝나는 8월 13일까지이며 그 이후에는 태풍이 발생한다고 하여도 그 위력은 크지 않을 것이다. 한반도에 영향을 줄 태풍의 발생 가능성이 높은 기간은 일진의 운기가 매우 뜨거운 7월 15~19일, 7월 26~29일, 8월 7~10일경으로 볼 수 있다.

2006년 가을의 운기는 지상은 덥고 하늘은 찬 기운이 지배를 하기 때문에 정상적으로 비가 내리고 건조하지 않은 가을이 될 것이다. 그러나 일시에 많은 비는 내리지 않을 것이다. 10월 6일 추석연휴기간 동안에는 일반적으로 날씨가 좋을 것이나 연휴가 끝나는 날부터 비가 올 가능성이 크다.

겨울은 일반적으로 온도가 낮아 바람이 불고 쌀쌀할 날이 많을 것이나 영하 20도의 강력한 기습한파나 100년 만의 폭설과 같은 현상은 나타날 가능성이 높지 않다.

건강상으로는 신장이나 방광 그리고 생식기 분야의 질병이 많은 해이기 때문에 2006년에 작황이 좋은 콩 종류와 밤, 수박을 많이 섭취하고 인내와 양보의 미덕을 가지는 것이 건강을 위한 길이다. 수산물도 풍어를 이룰 가능성이 높은 한 해이다. 그러나 병술년의 운기는 수의 기운이 강해 생명력이 크게 저하될 가능성이 높으므로 전염병이나 질병이 돌 가능성이 높다.

丙戌年(2006年) 運氣表

<table>
<tr><td rowspan="2">丙戌年
기본 기운</td><td colspan="4">天</td><td colspan="26">丙火</td></tr>
<tr><td colspan="4">地</td><td colspan="26">戌土</td></tr>
<tr><td rowspan="2">丙戌年
유도된 기운</td><td colspan="4">간합</td><td colspan="26">丙辛合化水 (수태과)</td></tr>
<tr><td colspan="4">지지충</td><td colspan="26">진술충(辰戌冲) 태양한수(太陽寒水)</td></tr>
<tr><td>계절</td><td colspan="5">겨울</td><td colspan="7">봄</td><td colspan="8">여름</td><td colspan="7">가을</td><td colspan="3">겨울</td></tr>
<tr><td rowspan="2">주운
(하늘의 고정적 기운)</td><td colspan="6">1운(목)</td><td colspan="6">2운(화)</td><td colspan="6">3운(토)</td><td colspan="6">4운(금)</td><td colspan="6">5운(수)</td></tr>
<tr><td colspan="6">1월 7일~
4월 1일</td><td colspan="6">4월 2일~
6월 8일</td><td colspan="6">6월 9일~
8월 13일</td><td colspan="6">8월 14일~
11월 15일</td><td colspan="6">11월 16일~
2월 1일</td></tr>
<tr><td>객운
(하늘의 변화 기운)</td><td colspan="6">1운(수태과)</td><td colspan="6">2운(목불급)</td><td colspan="6">3운(화태과)</td><td colspan="6">4운(토불급)</td><td colspan="6">5운(금태과)</td></tr>
<tr><td rowspan="2">주기
(지상의 고정적 기운)</td><td colspan="5">1기</td><td colspan="5">2기</td><td colspan="5">3기</td><td colspan="5">4기</td><td colspan="5">5기</td><td colspan="5">6기</td></tr>
<tr><td colspan="5">1월 20일~
3월 20일
궐음풍목</td><td colspan="5">3월 21일~
5월 20일
소음군화</td><td colspan="5">5월 21일~
7월 22일
소양상화</td><td colspan="5">7월 23일~
9월 22일
태음습토</td><td colspan="5">9월 23일~
11월 21일
양명조금</td><td colspan="5">11월 22일~
1월 19일
태양한수</td></tr>
</table>

객기 (지상의 변화 기운)		1기		2기		3기		4기		5기		6기	
		소양상화		양명조금		태양한수		궐음풍목		소음군화		태음습토	
24절기	월운	庚戌	辛已	壬辰	癸巳	甲午	乙未	丙申	丁酉	戊戌	己亥	庚子	辛丑
	월	1	2	3	4	5	6	7	8	9	10	11	12
	음력	1/7	2/7	3/8	4/9	5/11	6/12	7/15	7/16 (閏)	8/17	9/17	10/17	11/18
	양력	2/4	3/6	4/5	5/6	6/6	7/7	8/8	9/8	10/8	11/7	12/7	1/6
	절기	입춘	경칩	청명	입하	망종	소서	입추	백로	한로	입동	대설	소한
		우수	춘분	곡우	소만	하지	대서	처서	추분	상강	소설	동지	대한

1운	2운	3운	4운	5운
1/7~4/1 ◀──	4/2~6/8 ◀──	6/9~8/13 ◀──	8/14~11/15 ◀──	11/16~2/1 ◀──

1기	2기	3기	4기	5기	6기
1/20~3/20 ◀──	3/21~5/20 ◀──	5/21~7/22 ◀──	7/23~9/22 ◀──	9/23~11/21 ◀──	11/22~1/19 ◀──

	1운	1운	2운	2운	3운	3운	4운	4운	5운	5운
	1기	2기	2기	3기	3기	4기	4기	5기	5기	6기
	1운1기	1운2기	2운2기	2운3기	3운3기	3운4기	4운4기	4운5기	5운5기	5운6기
주운(하늘)	목	목	화	화	토	토	금	금	수	수
객운(하늘)	수태과	수태과	목불급	목불급	화태과	화태과	토불급	토불급	금태과	금태과
주기(지상)	궐음 풍목	소음 군화	소음 군화	소양 상화	소양 상화	태음 습토	태음 습토	양명 조금	양명 조금	태양 한수
객기(지상)	소양 상화	양명 조금	양명 조금	태양 한수	태양 한수	궐음 풍목	궐음 풍목	소음 군화	소음 군화	태음 습토

2007년 정해년 기상 예측

지금 한반도는 '기상의 화약고'라고 불릴 만큼 지구촌 최대의 기상 이변 지역 중의 하나로 주목받고 있다. 이러한 기상상황을 고려할 때 기상에 대한 정보의 중요성은 단순한 레저나 스포츠를 위한 정보의 차원을 넘어서 기업이나 개인의 생존의 문제로 부각되고 있는 상황이다. 이러한 문제에 대해 동양의 절기이론을 과학적으로 해석한 2007년 정해년 일 년 기상 개황과 365일 날씨를 담은 기상달력을 발간하였다. 여기에서 사용한 동양의 절기이론은 순환하는 운기의 특징을 과학적으로 해석한 것이다. 쉬운 예를 들면, 우리의 상식은 매년 봄이 되면 날씨가 풀리고 봄바람이 부는 정도로 이해하고 있다. 그러나 동양의 절기이론은 매년 돌아오는 같은 봄이라 할지라도 어느 해 봄은 춥고 폭설이 내리는가 하면 어느 해는 건조하고 바람이 많으며 다른 해는 의외로 따듯하고 비가 많은 봄이 되는 것을 설명한다. 물론 이러한 동양의 절기이론이 완벽하게 일 년의 기상특징과 365일의 눈비와 한서 그리고 태풍 등의 기상을 예측한다고는 말할 수 없다. 그러나 이제까지 다년간 연구 경험에 비추어 볼 때 절기이론은 한 해의 기상특징과 일 년 365일 강우나 강설의 가능성을 정확하게 예측한 사례가 많았다. 따라서 독자들이 순환하는 운기의 특성을 이해하고 본 달력에 담긴 정보를 사용한다면 날씨가 지엽적으로 맞고 틀림의 차원을 떠나서 농축산 농가나 기업 경영 그리고 일상생활에 많은 도움이 될 수 있을 것으로 판단한다. 지난 몇 년의 경우와 마찬가지로 2007년의 역시 최근 심화되고 있는 온난화의 정도에 따라 기상이 크게 달라질 것이다. 이러한 온난화의 문제와 함께 기상 시스템의 불안정함과 복잡성을 고려할 때 일 년 365일의 기상을 일 년 전에 한꺼번에 예측하는 일은 절대로 쉬운 일이 아니다. 그러나 온난화 효과와 절기의 영향 등을 고려하여 일 년의 기상 특징과 365일의 날씨를 정확하게 기술하고자 노력을 기울였으며 다음과 같이 정리하였다.

2007년의 기상 개황

2007년 정해년은 기본적으로 운기가 더운 한 해이다. 따라서 이러한 더운 운기 특성과 함께 매년 심해지는 온난화 현상을 고려할 때 2007년은 체감 온도가 비교적 높은 한 해가 될 것이다. 일반적으로 정해년은 평균온도가 예년에 비하여 높고 장마철을 제외하고는 많은 비가 오지 않을 것으로 예상된다. 따라서 겨울과 봄철에 가뭄과 산불 그리고 황사 발생의 가능성이 높을 것으로 예상된다. 봄철 황사는 평년 이상으로 나타날 것으로 보이나 바람이 강하지 않은 목불급의 해이기 때문에 황사가 극심하였던 2002년 임오년이나 2006년 병술년 수준의 황사는 나타나지 않을 것으로 판단한다. 장마는 6월 중순 이후 긴 장마기간이 나타날 것으로 보이며 태풍은 7월 20일 이후 8월에 피해가 있을 것으로 우려된다. 장마철을 제외하고는 일반적으로 가물 것이나 일단 비나 눈이 온다면 정해년의 운기 특성상 넓은 지역에 걸쳐 폭우나 폭설의 형태가 예상되며 지역에 따라 강수량이 심한 차이를 보일 것으로 판단된다.

2007년의 계절별 기상 개황

한 해의 기상을 구체적으로 언급하면 다음과 같다. 2006년 12월에는 2005년 12월과 같은 호남과 서해안 지방의 폭설이 있을 가능성은 비교적 낮아 보인다. 오히려 겨울부터 봄철에 이르기까지 한발과 산불 황사 등의 가능성이 높다. 특히 정해년의 2월과 3월은 금의 기운이 태강하고 목의 기운이 약한 운기가 발현되기 때문에 조류독감 등의 발생 가능성이 높다. 따라서 농축산 농가는 특별한 주의가 요구된다. 5월 말 이후 여름철에는 북태평양의 고기압의 발달과 남쪽의 더운 기운이 강세를 보이는 동시에 차고 더운 일진이 강하게 교차된다. 따라서 무더위와 함께 폭우의 가능성이 매우 높다. 특히 6월 중순부터 7월 말까지 집중호우를 동반한 길고 무더운 여름 장마가 예상된다. 정해년의 태풍은 7월 22일 이전에는 궐음풍목의 기운으로 야기되는 북태평양의 고기압의 발달로 한반도를 피해 갈 가능성이 높다. 따라서 7월 22일 이전 태풍은 한반도를 관통하면서 직접적인 피해를 줄 가능성은 낮아 보인다. 그러나 더운 운기가 7월 말 이후에 강하게 나타나고 있어서 늦은 여름과 초가을에 태풍으로 인한 피해 가능성이 비교적 높은 한 해라고 할 수 있다. 가을철의 기상은 일반적으로 건조한 가운데 크게 덥거나 춥지 않을 것이다. 그러나 늦은 가을이나 초겨울이 되면 오히려 더운 운기가 지상과 하늘을 지배하기 때문에 기습한파나 폭설의 가능성이 있다고 판단된다. 그러므로 호남과 충청의 서해안 지역은 주의가 요구된다.

2007년의 운기 특징

2007년의 기상을 운기이론에 기초하여 과학적으로 설명하면 다음과 같다. 정해년의 일반적인 기상특징은 하늘의 온도는 높고 지상의 온도는 낮다. 이러한 경우 나타날 수 있는 기상 특징은 지상에 존재하는 찬 기운 때문에 지상에서 발생하는 수증기의 증발량이 많지 않다. 그러나 상공은 온도가 높기 때문에 지상에서 증발한 수증기나 유입된 수증기가 비교적 높은 고도와 넓은 지역에 다량으로 분포하는 특징을 보일 것이다. 그러므로 비가 온다면 강수의 형태가 넓은 지역에서 이루어지며 강수량에 있어서도 지역적으로 폭우나 한발이 나타나는 등 차이가 심한 양상을 보일 것으로 판단된다. 이론적으로 하늘의 온도는 높고 지상의 온도가 낮은 안정적인 대기층을 보이기에 한발과 함께 국지적인 폭우의 가능성이 예측된다. 그러나 때로는 지상의 찬 기운이 비를 내리게 한다면 이 경우에는 소량의 강우가 찔끔찔끔 내리는 형태를 보일 가능성도 있다. 이러한 일 년의 대표적인 기상 특징이 계절에 따른 오운육기의 기상특징과 어울리면서 증폭 또는 완화되면서 일 년 4계절의 기상 현상을 좌우할 것이다. 그리고 또한 지역에 따른 지형학적인 영향과 일진 분포에 따라서 일 년 365일의 구체적인 기상 현상을 나타내게 될 것이다. 이와 같이 본 기상 예측 달력은 이러한 일 년 기상의 대표적인 특징과 계절에 따른 오운육기의 변화, 그리고 일 년 365일의 일진을 동시에 고려하여 2007년 일 년 365일의 기상 개황을 구체적으로 예측하고자 한 기상정보라고 할 수 있다. 본 달력에서는 특정한 날의 강우나 강설 그리고 태풍 등에 대한 기상정보를 표시하였다. 이것은 위에서 언급한 바와 같이 절기 이론의 현상학적인 모델을 과학적인 방법으로 해석하여 일 년 365일의 기상자료를 일 년 전에 미리 예측한 것이기 때문에 60~70% 정도의 정확도를 예상하나 경우에 따라서는 실질적인 차이를 보이는 경우가 있다. 그러므로 특히 관심이 있는 특정한 날(예: 식목일이나 성탄절)에 대한 강수나 강설 또는 태풍 등에 대한 보다 정확한 정보가 필요한 경우에는 10일 전쯤 본 연구실에 문의를 하거나 홈페이지에 나타난 기상 자료를 참고할 것을 권한다.

2000년 이후 기상특징의 비교

독자들의 이해를 돕기 위하여 2007년 정해년의 구체적인 기상 개황을 최근 몇 년간의 본 연구실에서 예측하였던 기상특징과 비교하여 설명하면 다음과 같다. 즉 지상과 하늘이 모두 건조한 기운이 집중되었던 2000년 경진년 겨울과 봄에는 동해안에 산불이 창궐하였다. 2001년 신사년 봄에는 지상은 온도가 낮고 하늘은 비교적 온도가 높아 강수의 조건이 형성되지 않았다. 따라서 2001년 신사년 봄에는 90년 만에 한발이 도래하여 양수기 파동을 일으킨 후 곧바로 장마로 이어져서 가뭄과 장마로 인한 많은 피해를 나타내었다. 그리고 하늘이 차고 강풍이 불었으며 지상은 온도가 높았던 2002년 임오년은 극심한 황사 현상과 함께 집중적인 폭우가 많았다. 2003년 계미년에는 하늘이 차고 지상은 더운 것은 2002년 임오년과 유사하였다. 그러나 계미년은 운기의 특성상 차고 더운 기운의 발현이 서서히 이루어져서 집중적인 폭우는 없었으나 건설공사에 심각한 지장을 줄 정도로 일년 내내 지속적인 강우가 있었다. 하늘은 덥고 지상은 덥고 건조하였던 2004년 갑신년은 하늘에 포화상태의 수증기가 3월 초 경칩절기에 집중적으로 발현됨으로써 100년 만의 폭설로 경부고속도로가 마비되었다. 운기가 건조하여 한서의 변화가 심하였던 2005년 을유년은 12월의 고온현상(토불급과 소음군화)에 의한 서해 바다의 높은 온도가 12월 한 달 동안 호남지역에 매우 심한 폭설로 나타났다. 한편 운기가 매우 차가왔던 2006년 병술년은 늦은 여름과 가을철의 일시적인 고온과 가뭄현상을 제외하고는 일반적으로 온도가 낮았다. 이러한 찬 기운은 여름철 긴 장마와 호우를 불러와 동해안의 기상 재난과 함께 영동고속도로를 마비시켰다. 2007년 정해년은 지상은 차고 상공은 온도가 높은 한 해로서 이 경우 기상 현상은 장마철에는 호우가 예상되나 장마철을 제외하고는 강수의 횟수가 적어 한발의 가능성이 있다. 일반적으로 정해년과 같이 丁'字가 들어가는 해의 지구평균온도(77년 정사년, 87년 정묘년, 97년 정축년)는 온난화의 경향을 웃도는 높은 온도를 나타내는데 작금에 날로 심하여지는 온난화 현상이 곁들여져서 올해에도 이러한 고온현상이 이어질 것으로 판단된다. 다음에 2006년 12월부터 2007년 12월까지의 구체적인 계절별 기상 개황은 다음과 같다.

2006년 12월~2007년 겨울 기상

2006년 12월부터 2007년 1월 중순경까지는 2006년 병술년의 운기에 지배를 받는 기간이다. 이 기간의 운기는 하늘은 건조한 서풍이 많이 부는 금태과이고 지상은 습기를 많이 포함할 수 있는 태음습토이기 때문에 2005년 12월과 같은 호남과 서해안지역의 대형폭설의 가능성은 적을 것으로 판단된다. 또한 2007년 1월부터 2007년 3월까지는 비교적 온도가 높지 않은 쌀쌀한 겨울과 초봄이 될 것으로 판단한다. 그리고 이 기간 중에는 한발이나 산불의 가능성이 높으며 특히 1월 20일부터 2월 초순까지는 산불이나 화재의 가능성이 특히 높은 기간이므로 산이나 도시에서는 화재의 예방에 특히 만전을 기하는 것이 필요하다.

2007년 봄과 여름 기상

겨울철과 초봄에 나타난 이러한 한발의 가능성과 함께 지역적으로 편차가 큰 폭우의 가능성이 봄철 내내 나타나서 초여름의 문턱인 5월 20일까지 이어질 가능성이 높다. 그러므로 2007년 봄철에는 전반부에는 가뭄 그리고 봄철 후반에는 국지적인 폭우를 동시에 대비하는 것이 좋을 것이다. 2007년 여름철에는 정상적으로 여름 장마철 비가 내릴 가능성이 높으며 정상적인 강우가 예상되는 기간은 하늘의 기운이 비교적 차고 강한 바람이 예상되는 토불급의 기간인 2007년 6월 9일 이후 7월 말까지가 될 것으로 보인다. 2006년 장마의 시작은 빠르면 찬 일진이 몰려 있는 6월 9일이며, 늦으면 온도가 충분히 높아지는 6월 22일 하지 이후가 될 가능성이 높다. 7월 한 달 동안은 차고 더운 일진이 강하게 반복적으로 나타나기 때문에 장마기간은 7월 말까지 이어질 가능성이 높다. 7월에 태풍이 올 가능성이 높은 날은 더운 운기가 중첩되어 있는 7월 10~14일 사이와 22~26일 사이가 될 것이며 8월에는 3~8일 사이가 될 가능성이 높다. 그러나 7월 22일 이전에는 북태평양의 고기압의 기운이 강하게 형성될 것이 예상되므로 한반도를 관통하여 직접적인 피해를 줄 가능성은 크게 높지 않다. 최악의 경우에는 서해안을 따라 북상할 가능성이 있다고 판단된다. 2007년 정해년은 더운 운기가 장마 이후에 강하게 나타나고 있어서 늦은 태풍의 가능성이 높은 해라고 할 수 있다. 특히 2007년 7월과 8월은 더운 운기가 중첩되어 나타나기 때문에 폭우와 열대야 등의 기상이 나타날 가능성이 높다고 할 수 있다.

2007년 가을과 초겨울 기상

가을철의 기상은 일반적으로 건조한 가운데 크게 덥거나 춥지 않을 것이나 11월 말 이후 초겨울에는 오히려 더운 운기가 지상과 하늘을 지배하기 때문에 기습한파와 폭설의 가능성에 주의가 요구된다.

丁亥年(2007年) 運氣表

<table>
<tr><td colspan="2" rowspan="2">丁亥年
기본 기운</td><td>天</td><td colspan="13">丁火</td></tr>
<tr><td>地</td><td colspan="13">亥水</td></tr>
<tr><td colspan="2" rowspan="2">丁亥年
유도된
기운</td><td>간합</td><td colspan="13">丁壬合化木(목불급): 하늘은 목극토를 하지 못하고 강한 토기가 토극수를 하며 정화가 있어 하늘은 온도가 높다.</td></tr>
<tr><td>지지충</td><td colspan="13">사해충(巳亥冲) 궐음풍목(厥陰風木): 해수가 있고 풍목의 기운이 토를 제압하므로 수의 기운이 강하여진다. 그러므로 정해년의 하늘의 기운은 온도가 높은 것에 비하여 지상의 기온은 일반적으로 낮다고 할 수 있다.</td></tr>
<tr><td colspan="2">계절</td><td colspan="3">겨울</td><td colspan="3">봄</td><td colspan="3">여름</td><td colspan="2">가을</td><td colspan="3">겨울</td></tr>
<tr><td colspan="2">객운
(하늘의
변화 기운)</td><td colspan="3">1운(목불급)
2월 2일~
4월 1일</td><td colspan="3">2운(화태과)
4월 2일~
6월 8일</td><td colspan="3">3운(토불급)
6월 9일~
8월 13일</td><td colspan="2">4운(금태과)
8월 14일~
11월 16일</td><td colspan="3">5운(수불급)
11월 17일~
1월 7일</td></tr>
<tr><td colspan="2" rowspan="2">객기
(지상의
변화
기운)</td><td colspan="2">1기</td><td colspan="3">2기</td><td colspan="2">3기</td><td colspan="2">4기</td><td colspan="3">5기</td><td colspan="2">6기</td></tr>
<tr><td colspan="2">1월 20일~
3월 20일
양명조금</td><td colspan="3">3월 21일~
5월 20일
태양한수</td><td colspan="2">5월 21일~
7월 22일
궐음풍목</td><td colspan="2">7월 23일~
9월 22일
소음군화</td><td colspan="3">9월 23일~
11월 22일
태음습토</td><td colspan="2">11월 23일~
1월 20일
소양상화</td></tr>
<tr><td rowspan="6">24
절기</td><td>월운</td><td>辛丑</td><td>壬寅</td><td>癸卯</td><td>甲辰</td><td>乙巳</td><td>丙午</td><td>丁未</td><td>戊申</td><td>己酉</td><td>庚戌</td><td>辛亥</td><td>壬子</td><td>癸丑</td></tr>
<tr><td>월
(양력)</td><td>2007년
1월</td><td>2</td><td>3</td><td>4</td><td>5</td><td>6</td><td>7</td><td>8</td><td>9</td><td>10</td><td>11</td><td>12</td><td>2008년
1월</td></tr>
<tr><td>음력</td><td></td><td>1/7</td><td>2/7</td><td>3/8</td><td>4/9</td><td>5/11</td><td>6/12</td><td>7/15</td><td>7/16</td><td>8/17</td><td>9/17</td><td>10/17</td><td>11/18</td></tr>
<tr><td>양력</td><td></td><td>2/4</td><td>3/6</td><td>4/5</td><td>5/6</td><td>6/6</td><td>7/7</td><td>8/8</td><td>9/8</td><td>10/8</td><td>11/7</td><td>12/7</td><td>1/6</td></tr>
<tr><td rowspan="2">절기</td><td>소한</td><td>입춘</td><td>경칩</td><td>청명</td><td>입하</td><td>망종</td><td>소서</td><td>입추</td><td>백로</td><td>한로</td><td>입동</td><td>대설</td><td>소한</td></tr>
<tr><td>대한</td><td>우수</td><td>춘분</td><td>곡우</td><td>소만</td><td>하지</td><td>대서</td><td>처서</td><td>추분</td><td>상강</td><td>소설</td><td>동지</td><td>대한</td></tr>
</table>

	5운 6기 11.22. ~ 1.19.	5운 1기 1.20. ~ 2.1.	1운 1기 2.2. ~ 3.20.	1운 2기 3.21. ~ 4.1.	2운 2기 4.2. ~ 5.20.	2운 3기 5.21. ~ 6.8.	3운 3기 6.9. ~ 7.22.	3운 4기 7.23. ~ 8.13.	4운 4기 8.14. ~ 9.22.	4운 5기 9.23. ~ 11.16.	5운 5기 11.17. ~ 11.22.	5운 6기 11.23. ~ 1.7.
객운 (하늘)	금태과	금태과	목불급	목불급	화태과	화태과	토불급	토불급	금태과	금태과	수불급	수불급
객기 (지상)	태음습토	양명조금	양명조금	태양한수	태양한수	궐음풍목	궐음풍목	소음군화	소음군화	태음습토	태음습토	소양상화
2007년 기상 개황	2007년 정해년의 기상은 일반적으로 하늘의 기운은 덥고 지상의 기운은 온도가 높지 않은 것이 특징이다. 정자가 들어가는 해의 지구평균온도가 77년 정사년, 87년 정묘년, 97년 정축년의 예에서 볼 수 있듯이 온난화에 의하여 일반적으로 온도가 상승하는 와중에서 특히 평균온도가 높은 경향을 보였다.											

2008년 무자년 기상 예측

무자년 기상 개황

2008년 무자년(戊子年)은 불의 화기(火氣)가 지상과 하늘에 강력한 한 해이다. 하늘의 온도가 높았던 2007년 정해년에 이어 2008년의 기상은 일반적으로 체감 온도가 높은 와중에 기습한파, 폭설, 폭우, 태풍과 같은 기상 변화가 심한 한 해가 될 것으로 예상된다. 그러나 2008년에는 5년 전, 즉 2003년 계미년과 같이 봄부터 늦가을까지 지속적으로 장기간에 비가 내려 건설공사에 큰 피해를 주었던 기상 현상은 발생할 가능성이 낮다. 반대로 기습한파, 열대야, 게릴라성 호우의 가능성이 높고 시간과 지역에 따라 폭우나 폭설 또는 한발의 차이가 크게 나타나는 변덕스러운 한 해가 예상된다.

겨울 1~2월 기상과 산불과 폭설

2008년 1월과 2월은 지상은 태양한수로서 차고 하늘은 화태과로서 온도가 높아 의외로 눈이나 비가 오는 횟수가 적거나 소량의 강수만이 지속적으로 나타 날 가능성이 높다. 따라서 겨울철과 초봄에 산불과 화재 예방에 주의가 요구된다. 그러나 하늘의 온도가 높아 포화수증기의 함유량이 많으므로 일단 눈비가 온다면 지역적 편차가 큰 폭설이나 기습한파의 가능성이 있다. 그러나 서해 바다의 온도가 높지 않기 때문에 2005년 12월과 같이 폭설에 의한 서해지방 시설하우스의 큰 피해가 나타날 가능성은 높지 않다. 그러나 작금의 지구촌, 특히 한반도에서는 온난화 가속화에 의한 바다 온도가 지속적으로 상승하는 추세이기 때문에 폭설에 대한 대비는 항상 요구된다. 1월에는 일진이 차고 더운 기운이 강력하게 교차하고 있기 때문에 한서의 변화가 심한 와중에 빈도수는 낮으나 기습한파와 폭설의 가능성이 있다. 그러나 2월에는 일진의 덥고 찬 기운의 분포가 순조롭기 때문에 1월에 비해 폭설이나 기습한파와 같은 극단적인 기상이 나타날 가능성이 낮다.

봄철 황사

황사는 2002년 임오년 발생하였던 황사에는 미치지 못할 것이나 비교적 심한 해가 될 것이다. 그 이유는 2002년 임오년 지상에는 소음군화의 더운 기운이 존재하고 하늘에는 목태과에 의한 강풍이 불어 심한 황사의 발생을 유도하였으나 2008년에는 지상은 온도가 높으나 하늘에는 임오년과 같은 강한 바람이 존재하지 않기 때문이다. 그러나 황사가 심하게 나타나는 봄철의 운기가 궐음풍목과 토불급으로 비교적 바람이 강하게 나타나고 있고 무자년의 전반적인 기운이 강한 화기를 가지고 있기 때문에 황사발생이 어느 정도는 심할 것으로 예상된다. 그러므로 황사에 관련된 산업과 건강 관점에서는 이에 대한 대비가 필요하다.

봄철 기상

2008년 봄철 기상의 특징은 3월에는 하늘의 온도가 높고 지상의 온도는 낮아 비가 오는 횟수가 많지 않거나 또는 비가 올 경우 소량의 강수만이 간헐적으로 내리는 것이 기본적인 패턴이 될 것이다. 그러나 3월의 일진이 찬 기운과 더운 기운이 강력하게 교차하고 있기 때문에 한서의 변화가 심한 와중에 비나 눈이 온다면 의외로 많은 양이 내릴 가능성이 있으며 이 경우 강우 양상도 지역적으로 차이가 많을 것이 예상된다. 그러나 4, 5월에는 하늘에 토불급의 기운이 나타나 하늘의 온도가 낮고 일진의 덥고 찬 기운의 분포가 순조롭기 때문에 규칙적으로 비가 내릴 가능성이 높다. 그러므로 일반적으로 봄철 한발이나 산불의 가능성이 크게 높지 않다고 판단된다. 그리고 궐음풍목의 찬 고기압의 기운이 동쪽에 존재하기 때문에 따듯한 봄철에 간헐적으로 찬바람이 불어와 꽃샘추위가 나타날 가능성이 있다. 그리고 화기가 강한 해이기 때문에 봄꽃의 개화 시기는 예년에 비하여 일주일 정도 일찍 나타날 것으로 판단된다.

여름 기상과 장마와 태풍

6월은 지상의 온도는 높으나 하늘은 금태과로서 건조하기 때문에 보통 6월 중순이나 하순 초에 시작하는 장마가 예년보다 늦게 시작할 가능성이 높다. 7월에는 한서의 기운이 강하게 교차하기 때문에 7월 장마 기간에 마른장마 현상이 나타날 가능성은 낮으나 간헐적인 폭우 형태가 유력하며 지속적인 장마의 가능성은 낮은 것으로 판단된다. 장마는 7월 말이나 늦으면 8월 초에 끝날 것으로 예상되며 그 이후에는 뜨거운 불볕더위와 간헐적인 호우가 나타날 가능성이 높다. 온도가 높기 때문에 태풍은 7월부터 늦은 여름과 초가을까지 지속적으로 발생하여 한반도에 영향을 미칠 가능성이 높다. 이 기간 중에 열대성 저기압이나 태풍에 의한 호우가 나타나지 않으면 강한 열대야 현상에 의한 찜통더위가 일어날 가능성이 크다.

가을 기상

2008년 가을은 밝고 화창하며 비교적 온도가 높은 가을이 될 것이다. 그러나 9월에는 일진의 분포가 한서의 교차가 강력하게 나타나고 있기 때문에 불규칙하게 호우성 강우가 나타날 가능성이 있다. 가을철 온도가 높기 때문에 2008년 단풍은 늦게 들고 곱지 않을 것이며 빙과류나 맥주의 판매가 여름철 성수기를 지나서도 호황을 보일 것이다. 비교적 온도가 높은 가을이나 초겨울의 기상은 때에 따라서는 늦은 가을철이나 초겨울에 기습한파나 이른 강설을 유발할 가능성이 있으므로 김장이나 때 이른 추위에 따른 농작물의 피해 등을 입지 않도록 주의하여야 한다.

12월과 2009년 1월 겨울 기상

2008년 12월과 2009년 1월의 운기는 지상은 건조한 양명조금의 기운이 나타나고 하늘에는 강한 바람이 부는 목태과의 기운이 나타난다. 따라서 온도의 변화가 심한 와중에 강설량이 적은 건조한 겨울철의 기상이 예상된다. 그러나 화가기 강한 한 해이기 때문에 폭설이나 한파의 가능성은 항상 존재한다. 운기가 건조하기 때문에 때때로 겨울철 안개 가능성이 높다.

농축산물의 작황과 질병

화기가 강한 해이기 때문에 고미(苦味), 즉 쓴맛이 나는 살구, 은행, 상추, 쑥갓과 같은 과일이나 야채의 작황이 좋은 해가 될 것이다. 따라서 배나 밤의 작황은 좋지 않을 것이다. 가축으로는 염소, 칠면조, 메뚜기 등의 생육이 좋다. 인간의 질병으로는 고혈압을 비롯한 혈관계 질환과 심장병, 견갑골, 명치 통증, 테니스 엘보, 묵지근한 생리통과 습관성 유산이 많을 것으로 예상된다. 따라서 구심이나 우황청심환과 같은 상비약을 갖추는 것이 좋을 것이다. 강한 화의 기운이 조류독감을 일으키는 금기를 억압하는 해가 될 것이기 때문에 조류독감이 창궐할 가능성은 비교적 낮으며 수산물의 작황은 평년작 이하가 될 가능성이 크다.

기상 경영과 심리

무자년의 무토의 강력한 기운은 사람의 사주팔자에 존재하는 천간의 여러 기운들을 활성화시켜 많은 사람들로 하여금 새로운 시작이나 변화를 시도하는 역동적인 한 해가 될 것이다. 2008년 일 년 주가나 부동산의 동향은 2008년 1, 2, 3월이 새로운 변화를 좌우하는 계축, 갑인, 을묘월로 구성되고 있기 때문에 이 3개월 동안에 사람들의 결정이 일 년 주식이나 부동산 투자에 큰 영향을 미칠 것으로 판단된다. 봄철 황사현상이 어느 정도 심하게 나타날 것이 예상되기 때문에 황사에 직간접으로 관련된 산업은 황사에 대한 주의가 요구된다. 여름철 장마 기간에는 지속적인 폭우 현상보다는 간헐적인 호우가 예상되며 또한 장마기간 이후에는 불볕더위가 예상되므로 2007년에 장마기간 이후에 많은 비가 내려 나타났던 해수욕장의 불황이 재현될 가능성은 높지 않다고 판단된다. 그리고 가을철에는 온도가 높고 화창한 가을이 예상되므로 빙과류나 맥주에 대한 지속적인 판매가 예상된다. 그리고 늦은 가을에는 온도가 높은 와중에 기습한파가 나타날 가능성이 높으므로 농산물 갈무리와 김장시기에 주의가 요구된다. 그리고 12월과 내년 1월에는 건조하여 일교차가 심할 것이 예상되나 지속적으로 많은 눈이 내릴 가능성이 적다. 그러므로 스키장 등에서는 이를 고려하는 것이 바람직하여 보인다.

戊子年(2008年) 運氣表

戊子年 기본 기운	天	무토(戊土)
	地	자수(子水)
戊子年 유도된 기운	천간합	무계합화화(戊癸合化火) 화태과(火太過)
	지지충	자오충(子午沖) 소음군화(少陰君火)

계절	겨울	봄	여름	가을	겨울
객운 (하늘의 변화 기운)	1운(화태과) 1월 8일~ 3월 31일	2운(토불급) 4월 1일~ 6월 7일	3운(금태과) 6월 8일~ 8월 12일	4운(수불급) 8월 13일~ 11월 15일	5운(목태과) 11월 16일~ 1월 19일

객기 (지상의 변화 기운)	1기	2기	3기	4기	5기	6기
	1월 21일~ 3월 19일 태양한수	3월 20일~ 5월 20일 궐음풍목	5월 21일~ 7월 21일 소음군화	7월 22일~ 9월 22일 태음습토	9월 23일~ 11월 21일 소양상화	11월 22일~ 1월 19일 양명조금

24절기													
월운	癸丑	甲寅	乙卯	丙辰	丁巳	戊午	己未	庚申	辛酉	壬戌	癸亥	甲子	乙丑
월 (양력)	2008년 1월	2	3	4	5	6	7	8	9	10	11	12	2009년 1월
음력	11/18	12/28	1/28	2/28	4/1	5/2	6/5	7/7	8/8	9/10	10/10	11/10	12/10
양력	1/6	2/4	3/5	4/4	5/5	6/5	7/7	8/7	9/7	10/8	11/7	12/7	1/5
절기	소한	입춘	경칩	청명	입하	망종	소서	입추	백로	한로	입동	대설	소한
	대한	우수	춘분	곡우	소만	하지	대서	처서	추분	상강	소설	동지	대한

	5운 6기 11.23. ~ 1.7.	1운 1기 1.8. ~ 3.19.	1운 2기 3.20. ~ 3.31.	2운 2기 4.1. ~ 5.20.	2운 3기 5.21. ~ 6.7.	3운 3기 6.8. ~ 7.21.	3운 4기 7.22. ~ 8.12.	4운 4기 8.13. ~ 9.22.	4운 5기 9.23. ~ 11.15.	5운 5기 11.16. ~ 11.21.	5운 6기 11.22. ~ 1.19.
객운(하늘)	수불급	화태과	화태과	토불급	토불급	금태과	금태과	수불급	수불급	목태과	목태과
객기(지상)	소양상화	태양한수	궐음풍목	궐음풍목	소음군화	소음군화	태음습토	태음습토	소양상화	소양상화	양명조금

2008년 기상 개황	
	2008년 무자년(戊子年)은 불의 화기(火氣)가 지상과 하늘에 강력한 한 해이다. 하늘의 온도가 높았던 2007년 정해년에 이어 2008년의 기상은 일반적으로 체감 온도가 높은 와중에 기습한파, 폭설, 폭우, 열대야, 태풍과 같은 기상 변화가 심한 한해가 예상된다. 장마철에는 불규칙한 호우는 예상되나 의외로 적은 비가 내릴 가능성이 높으며 오히려 장마 이후에 규칙적인 호우성 강우의 가능성이 있다. 가을철은 온도가 높은 계절이 예상되며 심장병과 고혈압 등 혈관계 질환이 심한 한해가 될 것이다. 농산물 작황은 쓴맛이 나는 살구나 자두, 상추, 쑥갓 등의 농사가 잘될 것이나 밤이나 수산물의 작황은 떨어질 것으로 예상된다. 사람들의 심리는 많은 새로운 일을 추진하는 등 분주한 한 해가 될 것이다.

2009년 기축년 기상 예측

정치와 경제

2009년의 태을에 의한 천문 정보는 야당이나 공격하는 기운을 나타내는 객산(客算)의 수(數)가 강한 해이다. 따라서 2008년과 마찬가지로 2009년의 여당이나 정부의 기운은 여전히 수세적인 입장을 취하여야 할 것이며 작년에 이어 야당이나 재야 등의 목소리는 높은 한 해가 될 것이다. 그리고 스포츠 경기에서도 적극적인 공격을 하는 팀이 수비 위주의 경기를 하는 팀에 비하여 비교적 좋은 유리하다고 판단된다. 육십갑자의 기운으로 볼 때 기축년의 천간의 기운인 기토(己土)는 토극수로 계수(癸水)를 극하여 종지부를 찍는 해이기 때문에 사회적으로는 불가피한 정리나 폐업이 많고 개인적으로도 하던 일을 정리하는 경우가 많은 한 해가 될 것이다. 그러므로 2009년에는 중고차 값이 내리고 휴업하는 상가나 가게가 많이 나타날 것으로 판단된다. 그리고 기문 예측에 의하면 2009년은 대형지진이나 해일 등과 같은 재앙이 직간접적으로 한반도에 영향을 미칠 가능성은 낮다.

농축 수산물

2009년은 토의 기운이 실한 해이므로 참외, 대추, 고구마, 미나리, 시금치, 호박 등 단맛이 나는 과일이나 야채 등의 작황이 좋을 것이다. 반면에 검은콩이나 수박, 딸기, 포도 등의 작황은 평년작이나 그 이하일 것으로 판단된다. 그러므로 작황이 좋은 과일이나 야채의 경우 과잉 생산에 따른 가격 하락에 대비하는 것이 필요하다. 김, 다시마 등 수산물 역시 평년작이나 그 이하일 것으로 사료된다.

2009년 기상 개황

기축년 한해의 대표적인 기상 특징은 온도가 비교적 낮고 쓸쓸한 와중에 소량의 강우나 강설 현상이 단속적(斷續的)으로 나타나는 양상을 보일 것으로 판단한다. 그러나 하늘의 기운이 토불급(土不及)으로 온도가 낮고 지상이 태음습토로서 찬 습기를 머금고 있기 때문에 한발현상이 나타날 가능성은 높지 않다. 지난 몇 년 동안 우리나라는 지구 온난화의 영향을 받아 장마기간을 지난 후에도 태풍이나 대기 불안정, 기압골 영향 등 많은 다른 기상요인들에 의해서도 국지성 호우나 많은 비가 내렸다. 그러나 2009년에는 장마철에는 덥고 많은 비가 내리겠으나 7월 말 장마가 지난 후에 이러한 호우 현상은 크게 나타나지 않을 것으로 판단된다. 가을은 비교적 맑고 건조하나 상공에는 바람이 많고 맑은 가을이 될 것이며 11월 중순 이후부터 비교적 이른 추위가 나타날 가능성이 높다. 2009년 기축년(己丑年)의 평균온도가 낮은 특징으로 인해 최근 몇 년 동안 강세를 보였던 온난화 현상이 일시적으로 약화되는 한 해가 될 것으로 예상된다. 그러나 여름철엔 예년과 같이 더울 것이 예상된다. 따라서 지난 몇 년 동안[예를 들어 임오년(2002년), 계미년(2003년), 갑신년(2004년), 을유년(2005년), 정해년(2007년), 무자년(2008년)]에 나타났던 비교적 높은 온도에 폭우 그리고 폭설 등 기상 현상은 어느 정도 완화될 것으로 사료된다.

기상달력이 제시하는 기상과 운기에 관한 정보의 특징을 독자들에게 보다 분명하게 설명하기 위하여 최근 10년간 예측한 기상 특징을 아래에 표로 비교하여 요약하였다.

2009년 주제별 기상 특징

황사

2009년은 비가 많지 않고 상공에 어느 정도 바람이 강하나 지상이 태음습토로서 습기가 많기 때문에 심한 황사가 나타날 가능성은 높지 않다. 그러므로 2009년의 황사는 2008년이나 2005년에 비하여 약할 것이다. 그러나 황사가 가장 많이 나타나는 봄철의 운기[4월 2일부터 5월 20일까지의 운기인 2운2기가 하늘은 건조한 금태과(金太過)이고 지상은 온도가 높은 소음군화(少陰君火)]가 지상은 덥고 하늘은 건조하기 때문에 실질적인 봄철 황사가 나타날 가능성은 충분하다.

산불

2008년 12월과 2009년 1월에 건조하고 강풍이 불어 특히 겨울철 산불과 화재 가능성이 높다.

장마

보통 6월 중순이나 하순에 발생하는 장마의 시작은 찬 기운이 집중적으로 나타나는 6월 24일 전후쯤으로 판단된다. 장마가 본격적으로 발생하는 7월은 하늘 온도가 수불급으로 낮지 않고 지상도 태음습토로 습기를 많이 머금고 있다. 그리고 7월 한 달 동안의 일진의 분포가 차고 더운 기운을 가진 일진이 강력하게 교차한다. 따라서 장마의 특성은 지속적으로 비가 내리는 장마라기보다는 간헐적으로 퍼붓는 포화성 강우의 형태를 보일 가능성이 높다. 장마는 7월 하순에도 찬 일진을 가진 기운이 집중적으로 나타나기 때문에 장마는 7월 31일까지 이어질 가능성이 높다. 장마 이후에는 목태과와 소양상화의 기운이 작용하기 때문에 지속적인 강우 현상은 나타나지 않을 것으로 판단된다.

태풍

태풍의 발생을 좌우하는 주요 변수는 그해의 연운과 7월 이후의 운기 및 더운 일진의 집중현상이라 할 수 있다. 2009년 기축년의 연운은 하늘에는 토불급으로 어느 정도 바람이 있으나 전반적으로 온도가 높지 않기 때문에 강력하고 빈번하게 태풍이 발생하지는 않을 것으로 생각된다. 그러나 태풍이 주로 발생하는 7, 8, 9월 여름철 오운육기의 기운이 수불급, 목태과, 태음습토, 소양상화 등으로 에너지를 많이 가진 기운으로 이루어져 있어 기본적인 숫자의 태풍은 한반도에 영향을 미칠 것으로 판단한다. 그러나 목태과의 기운이 도래하는 8월 13일 이후 동해 쪽에 강한 고기압의 형성이 이루어질 가능성이 높아 태풍이 발생하여 한반도를 동서로 관통할 가능성은 높지 않아 보인다.

서해안 폭설

겨울에 서해안 지방을 중심으로 눈발이 날리는 원인은 시베리아 고기압이 북서쪽에서 남하하기 때문이다. 이 경우 시설 하우스에 피해를 주는 서해안의 폭설 발생 가능성이 높은 시기는 겨울철 운기가 따듯하여 서해 바닷물의 온도가 높으며 기습한파가 도래할 때이다. 2008년 12월, 2009년 1월, 그리고 2009년 12월의 운기를 검토하여 볼 때 서해 바닷물의 수온이 높지 않고 일진의 덥고 찬 기운의 중첩현상이 약하기 때문에 일반적으로 서해안의 폭설 가능성은 크게 높지 않을 것으로 판단된다. 그러나 2009년 3월 초와 2009년 12월 하순경에는 다소의 주의가 요구된다.

2009년 계절별 기상특징

2008년 12월~2009년 1~2월

2008년 12월부터 2009년 2월까지는 지상의 기온이 비교적 낮고 건조한 양명조금이나 궐음풍목이 지배를 하고 있어서 더운 운기의 중첩에 의한 대형폭설의 가능성은 높지 않다고 판단된다. 오히려 건조한 와중에 강한 바람이 불어 산불이나 화재에 주의가 요구된다.

2009년 봄(3~5월)

토불급의 기운이 2009년 1, 2, 3월의 하늘을 지배하고 있기 때문에 하늘에는 찬 기운이 강한 것으로 판단한다. 따라서 봄꽃의 개화 시기는 평년수준이거나 조금 늦을 것으로 보인다. 토불급의 찬 기운이 강수에 도움을 주기 때문에 이 기간에 많은 비는 내리지 않아도 크게 가물지는 않을 것으로 보인다. 특히 날씨가 크게 풀리는 3월 초순에는 더운 일진과 찬 일진이 강력하게 교차하고 있기 때문에 의외로 따듯한 와중에 많은 비나 눈이 내릴 가능성이 높다. 이때 눈비가 온다면 때 이른 봄장마나 폭설에 주의가 요구된다. 그러나 3월 20일부터 4월 1일 사이에는 지상은 덥고 하늘은 차기 때문에 순조로운 강우가 예상된다. 4월과 5월은 지상은 소음군화로서 덥고 하늘은 금태과로서 건조한 기운이 지배하고 있다. 하늘이 건조하기 때문에 정상적인 강수보다는 강수의 횟수가 적고 약하게 일어날 가능성이 높다. 지상이 더워 수증기의 증발이 많은데 하늘에 함유할 수 있는 수증기의 양이 적어 이 기간에는 안개가 발생할 가능성이 높다.

2009년 여름

2009년의 전반적인 온도가 낮으나 2009년 여름의 운기는 하늘은 수불급으로 온도가 낮지 않고 지상은 태음습토와 소양상화로서 습기가 많고 온도가 높기 때문에 나름대로 더운 여름이 될 것이다. 또한 2009년은 복이 월복(越伏)을 하여 복(伏) 더위기간이 길기 때문에 보다 덥다고 느낄 가능성이 많다. 일반적으로 복더위는 태양의 뜨거운 열기가 땅속으로 잠복하는 금화교역을 의미하는 것으로 삼복의 과정이 지나야 더위가 수그러든다. 이러한 열기는 땅속의 경금(庚金)이라는 금속에 저장된다. 이는 마치 금속 저장합금에 에너지가 저장되는 것과 같은 이치이다. 그래서 복날은 천간이 경이 든 날에 발생하며 10일 간격으로 돌아온다. 이러한 복날에서 초복(初伏)은 하지(6월 21일)가 지난 뒤 셋째 경일(庚日, 7월 14일)이고, 중복(中伏)은 하지가 지난 뒤 네 번째 경일(庚日, 7월 24일)이다. 말복은 입추 이후 첫 번째 경일이다. 만일 다섯 번째 경일이 입추 이후라면 말복은 다섯 번째 경일이 되나 2009년은 다섯 번째 경일이 입추 전이기 때문에 여섯 번째 경일이며 입추 이후 첫 번째 경일인 8월 13일이 말복이 된다. 그러므로 2009년 복은 다섯 번째 경일을 건너 뛰어 10일 후가 되기 때문에 월복(越伏)하였다고 하며 그만큼 더위를 수렴하는 기간이 뒤로 연장됨을 의미한다.

2009년 가을과 겨울

2009년 가을 맑고 화창하며 건조한 날이 많은 가을이 될 것으로 판단된다. 많은 비가 내리지 않을 것이기 때문에 중추 이후에는 산불이나 화재에 관심을 기울일 필요가 있다. 11월 중순 이후부터 운기가 하늘에는 화불급으로 화의 기운이 부족하고 지상에는 건조한 양명조금이나 찬 태양한수의 기운이 지배하기 때문에 비교적 일찍이 추위가 나타날 가능성이 높으므로 김장이나 추수 등 이에 대비하는 것이 요구된다. 그러므로 눈이 일찍 올 가능성이 높다고 할 수 있다. 그러한 와중에서 특히 12월 20일 이후에는 찬 일진과 더운 일진이 강력하게 교차하기 때문에 기상변화가 심해 따듯한 와중에 의외로 많은 눈이나 한파의 가능성이 있다.

己丑年(2009年) 運氣表

己丑年 기본 기운	天干	己土(끈끈하여 뭉치려는 기운)
	地支	丑土(차고 단단한 흙)
己丑年 유도된 기운	간합	甲己合化土(토불급)
	지지충	축미충(丑未沖) 태음습토(太陰濕土)

계절	겨울	봄	여름	가을	겨울
객운 (하늘의 변화 기운)	1운(토불급) 1월 20일~ 4월 1일	2운(금태과) 4월 2일~ 6월 7일	3운(수불급) 6월 8일~ 8월 12일	4운(목태과) 8월 13일~ 11월 15일	5운(화불급) 11월 16일~ 1월 6일

객기 (지상의 변화 기운)	1기	2기	3기	4기	5기	6기
	1월 20일~ 3월 19일 궐음풍목	3월 20일~ 5월 20일 소음군화	5월 21일~ 7월 22일 태음습토	7월 23일~ 9월 22일 소양상화	9월 23일~ 11월 21일 양명조금	11월 22일~ 1월 19일 태양한수

24절기														
	월운	乙丑	丙寅	丁卯	戊辰	己巳	庚午	辛未	壬申	癸酉	甲戌	乙亥	丙子	丁丑
	월(양력)	2009년 1월	2	3	4	5	6	7	8	9	10	11	12	2010년 1월
	음력	12/10	1/10	2/9	3/10	4/11	5/13	(윤)5/15	6/17	7/19	8/20	9/21	10/21	11/21
	양력	1/5	2/4	3/5	4/5	5/5	6/5	7/7	8/7	9/7	10/8	11/7	12/7	1/5
	절기	소한	입춘	경칩	청명	입하	망종	소서	입추	백로	한로	입동	대설	소한
		대한	우수	춘분	곡우	소만	하지	대서	처서	추분	상강	소설	동지	대한

	5운6기 11.22. ~ 1.19.	1운1기 1.20. ~ 3.19.	1운2기 3.20. ~ 4.1.	2운2기 4.2. ~ 5.20.	2운3기 5.21. ~ 6.7.	3운3기 6.8. ~ 7.22.	3운4기 7.23. ~ 8.12.	4운4기 8.13. ~ 9.22.	4운5기 9.23. ~ 11.15.	5운5기 11.16. ~ 11.21.	5운6기 11.22. ~ 1.6.
객운(하늘)	목태과	토불급	토불급	금태과	금태과	수불급	수불급	목태과	목태과	화불급	화불급
객기(지상)	양명조금	궐음풍목	소음군화	소음군화	태음습토	태음습토	소양상화	소양상화	양명조금	양명조금	태양한수

2009년 기상 개황	
	기축년 한 해의 대표적인 기상 특징은 온도가 비교적 낮은 중에 소량의 강우나 강설 현상이 단속적(斷續的)으로 나타나는 양상을 보일 것으로 판단한다. 그러나 하늘의 기운이 토불급(土不及)으로 온도가 낮고 지상이 태음습토로서 습기를 머금고 있기 때문에 한발현상이 크게 나타날 가능성은 높지 않다. 2009년에는 장마철에는 덥고 많은 비가 내리겠으나 7월 말 장마가 지난 후에 이러한 호우 현상은 크게 나타나지 않을 것으로 판단된다. 가을은 비교적 맑고 건조하나 상공에는 바람이 강하게 부는 가을이 될 것이며 11월 중순 이후부터 강추위는 아니라고 하더라도 비교적 일찍이 추위가 나타날 가능성이 높으므로 일찍 겨울준비를 하는 것이 필요하다.

2010년 경인년 기상 예측

2010년 경인년은 금태과 소양상화의 해로서 전반적으로 건조하고 한서의 변화가 심한 와중에 밝은 햇살이 충만한 한 해가 될 것이다. 특히 한반도는 세계적으로 온난화의 속도가 빠르기 때문에 의외로 높은 온도에 의해 유도되는 한파나 열대성 호우등 기상이변이 있을 가능성이 높다. 겨울에서 봄으로 이어지는 1~3월은 온도차가 심한 중에 강수가 적고 건조하여 화재 가능성이 높다. 특히 1월 중순까지는 2009년 기축년의 운기의 영향을 받아 추운 와중에 기습한파 등의 가능성이 크다. 봄과 초여름(4~5월)은 온도가 비교적 높은 와중에 한발의 가능성과 국지성 호우의 가능성이 상존한다. 전형적인 여름장마 기간을 포함하는 6~7월에는 장마전선에 의해 전형적인 장마 비가 올 가능성은 높지 않다. 그러나 더위에 의한 포화성 형태의 강수가 규칙적으로 있을 것이 예상된다. 그러나 오히려 8월 중순의 늦은 여름 이후부터 가을에 비가 구질구질하게 자주 올 가능성이 높다. 그리고 늦은 가을에 한시적으로 일찍 추워질 가능성이 높으나 겨울로 가면서 크게 춥지 않을 것이다. 12월 중순 이후에는 일시적으로 한서의 변화가 심한 와중에 어느 정도의 폭설이나 추위의 가능성이 있다.

2010년 운기 분석

2010년 경인년(庚寅年)은 하늘은 금태과의 기운이 지배하고 지상은 소양상화로서 건조한 가운데 밝고 화창한 한 해가 될 것으로 판단된다. 경인년 5월 하순부터 6월 하순까지는 주기가 화창한 소양상화의 기간인 데다가 연과 계절의 운기가 소양상화의 기운으로 나타나 주기, 객기 그리고 연운에서 삼중으로 소양상화의 기운이 중첩되어 나타난다. 그러므로 2010년 경인년 5~6월에는 10년 만에 오는 밝고 화창한 상춘의 기운을 즐기게 될 것이다. 그러나 사람에 따라서는 삶의 존재에 대한 강한 괴리감으로 인하여 우울증과 같은 극도의 상실감이 나타날 가능성도 크다.

경인년은 건조하기 때문에 일진과 계절에 따라 어느 정도 달라질 수 있으나 일반적으로 일교차나 한서의 변화가 심한 한 해가 될 것이다. 온난화가 가속화되고 있는 작금의 한반도 상황을 고려하면 한서의 변화는 보다 더운 쪽으로 편향되어 나타날 가능성이 있다. 구체적으로 경인년 기상이 건조하다고 판단하는 이유는 하늘은 건조한 경금이 지배를 하기 때문이다. 그리고 이 경금에 의하여 다시 을경합금의 작용에 의하여 더욱 건조한 금태과의 기운이 발생된다. 따라서 경인년 하늘은 경금의 건조한 기운과 경금에 의하여 유도된 금태과의 조(燥)한 기운이 중첩되어 하늘은 매우 건조하여진다. 그리고 경인년의 지상은 인목(寅木)의 따듯하고 약간 습한 기운이 지배한다. 이러한 인목의 기운은 신금의 기운이 유도되어 인신충(寅申冲) 소양상화(小陽相火)의 기운이 발생된다.

그러므로 경인년은 하늘은 금기에 의하여 유도되는 금태과로서 건조하며 지상은 밝고 따듯한 기운을 지닌 소양상화(小陽相火)가 주조를 이룬다. 그러므로 2010년 경인년에 지상에서는 따듯한 기운에 의해 수증기의 증발이 어느 정도는 이루어지나 하늘은 건조하기 때문에 지상에서 발생한 수증기를 상공에서 다량으로 함유하지 못한다. 그러므로 경인년에는 일진이나 계절적인 인자의 영향을 고려하지 않는다면 전국적인 규모의 폭우나 폭설, 그리고 지속적인 호우성 강수현상의 가능성이 높지 않다. 반대로 일시적이며 소량의 강수현상이 나타날 가능성이 보다 높다. 그러므로 계절과 지역에 따라서는 일정기간 비가 오지 않아 가뭄이 들 가능성이 있다. 그러므로 2010년 경인년은 최근 몇 년 동안 지속적으로 발현되었던 온난화 현상이 가속화되는 와중에 가물고 온도 변화가 비교적 심한 한 해가 될 것으로 판단한다.

2010년 질병과 작황

2010년은 금태과의 해이기 때문에 금의 기관인 폐와 대장의 질환이 심하여지는 해이다. 폐와 대장에 지배를 받는 인체의 기관은 폐와 대장을 비롯하여 피부, 코, 항문, 손목 관절 등을 거론할 수 있다. 이것으로 생기는 질환은 폐렴, 폐암, 대장암, 치질, 각종 피부병, 축농증, 비염, 재채기 등이 그 쉬운 예라고 할 수 있다. 신체적으로 이러한 질병이 나타나면 정신적으로는 동정심과 눈물이 많고 때로는 독선적인 행동이나 자살과 같은 극단적인 생각을 많이 하게 된다. 이렇게 폐와 대장과 그에 관련된 질환이 발생하는 해에는 현미를 비롯하여 매운맛의 고추, 와사비, 마늘, 생강 등의 작황이 좋아진다. 이와 같은 곡식이나 작물의 작황이 좋아지기 때문에 이러한 작물을 과도하게 재배하면 풍작에 의하여 가격이 폭락할 수 있기 때문에 시설하우스나 농가에서는 주의가 요구된다. 이렇게 생산된 매운맛의 신미(辛味)의 음식을 보다 많이 섭취하게 되면 위에서 거론한 2010년에 유행하는 질병에서 보다 편안하게 한 해를 지낼 수 있을 것이다. 이것이 동서양 의학에서 거론하고 있는 의식동원의 개념이다. 반대로 2010년에는 신맛이나 고소한 맛을 가진 과일이나 채소의 작황이 좋지 않을 것이다. 그러므로 참깨나 땅콩 등의 고소한 맛을 가진 작물과 귤이나 사과와 같은 신맛의 과일의 작황이 나빠 가격의 상승이 예상된다.

2010년 주제별 기상 특징

황사

2010년은 일반적으로 건조한 와중에 지상은 따듯하여 황사 발생에는 특히 유리하다. 그러나 하늘의 기운이 금태과로서 목의 바람의 기운을 억제하고 있기 때문에 높은 하늘에 강풍이 불어 황사를 한반도로 이동시킬 가능성이 낮다. 한마디로 중국 등 황사발원지에서는 다량의 황사가 발생할 가능성이 높으나 이것이 한반도까지 크게 영향을 미칠 가능성은 높지 않다고 판단된다. 그러나 계절적으로 바람이 강한 지역풍이 강한 봄철이나 목태과(木太過)의 기운이 지배하는 2010년 여름철에는 중국에서 발생하는 황사의 절대량이 많을 것으로 예상되기 때문에 나름대로의 주의가 요구된다. 황사의 관점에서 고려하여야 할 다른 인자는 태을이론에 의하면 2010년부터 백육재기가 1986년부터 24년을 지배하였던 술방(戌方)에서부터 해방(亥方)으로 이동하여 중국 서북부 방향의 사막화 현상이 완화될 가능성이 있기 때문에 이곳에 의한 황사의 영향이 서서히 감소할 가능성이 있다.

산불

2010년 경인년은 2000년 경진년에 이어서 다시 맞이하는 금태과의 건조한 해이다. 금태과의 해는 어느 해를 막론하고 산불이나 화재의 가능성이 매우 높다. 특히 2010년 경인년은 겨울에서 봄으로 이어지는 1운1기(2010년 1월 7일~3월 2일)가 하늘은 금태과이고 지상은 소음군화이다. 그러므로 2010년은 특히 겨울과 봄으로 이어지는 계절에 화재나 산불 예방에 주의가 요구된다. 특히 201년은 사람들의 마음이 경제적인 불황의 여파로 매우 메말라 있기 때문에 화재에 세심한 배려를 기울이는 것이 좋을 것이다. 그러나 가을철은 소량의 지속적인 강수가 예상되므로 산불이나 화재의 가능성은 낮다고 보인다.

장마

2000년 경인년에는 특정한 장마기간을 설정하기가 어렵다. 그 이유는 6월과 7월의 운기가 하늘은 목태과이고 지상은 소양상화와 양명조금의 기운이 지배하기 때문에 한랭전선의 찬 기운을 형성시킬 만한 강력한 기운이 없기 때문이다. 그러나 6월과 7월의 두 달 동안에는 일진은 '병정 사오미'와 '임계 해자축'과 같은 한서(寒暑)의 교차가 뚜렷하다. 그러므로 특히 7월 초순부터 7월 한 달 동안에는 이렇게 강력한 일진의 기운에 의하여 장마철과 같은 강수는 아니더라도 장마기간에 비가 오지 않는 마른장마와 같은 현상은 발생하지 않을 것으로 보인다. 이 기간 동안에는 여름철에 더위를 식혀 주는 포화성 강수 현상이 주기적으로 나타날 것으로 예상된다.

태풍

한반도는 늦은 여름 이후로 한두 개의 태풍이 주기적으로 상륙하는 것이 상례였다. 그러나 지난 몇 년 동안 한반도에는 태풍의 직접적인 영향을 거의 받지 않는 현상이 나타났다. 운기상으로는 뜨거운 운기와 강한 목기를 가질 때 한반도에도 태풍이 도래할 가능성은 항상 존재하나 한반도가 태풍으로부터 영향을 받지 않는 현상은 이해하기 어렵다. 단 한반도가 세계적으로 가장 온난화가 심한 지역임을 고려한다면 에너지의 구배가 높지 않다는 점에서 부분적으로 이해가 간다. 경인년의 7, 8월의 운기가 목태과와 양명조금의 영향을 받기 때문에 온도상승과 바람에 의한 영향이 충분히 예상되므로 경인년에도 이 기간 동안에 태풍이 도래할 가능성이 있으므로 주의가 요구된다. 그러나 8월 13일 이후에는 하늘의 운기가 화불급으로 바뀌기 때문에 강력한 바람을 동반한 태풍보다는 오히려 열대성 저기압에 의한 많은 비가 내릴 가능성이 높다.

서해안 강설

한반도에 온난화가 본격적으로 가시화된 이후로 해수면의 온도의 상승은 중고위도 지역의 항상 도래할 수 있는 시베리아기단과 같은 찬 기단과 결합되면서 충남과 호남의 서해안 지역에 폭설이 내리는 새로운 기상이변의 문제로 대두되었다. 서해안 지역의 폭설의 원인은 늦은 가을 이후 겨울철 운기가 온화하여 바닷물이 충분히 냉각되지 않은 상태에서 기습적으로 찬 한파가 도래할 때 발생한다. 이때 다량의 수증기가 미쳐 내륙으로 확산되지 못한 상태에서 한파에 의하여 응결되면서 일부 바닷가 지역에서만 폭설로 변하는 현상에 기인한다. 2010년 1월이나 12월에는 운기가 일시적으로 강력한 한파가 도래할 가능성이 존재한다. 그러나 바닷물의 수온상승은 크게 기대되지 않기 때문에 대량의 폭설가능성은 높지 않다. 그러나 작금의 기상 이변에 따른 온난화가 가속화되고 있기 때문에 2009년 겨울인 12월의 온도가 충분히 낮아지지 않는다면 2010년 1월에 폭설의 가능성이 있으므로 충분한 주의가 요구된다.

2010년 계절별 기상특징

1~2월

1월 19일까지의 기상은 경인년의 금태과의 운기가 도래하였으나 지상은 2009년 기축년의 태양한수의 운기를 받는다. 따라서 1월 중순까지는 춥고 매우 건조한 날씨가 지속될 가능성이 있다. 이 기간 중에는 일진의 분포도 춥고 더운 일진이 강력하게 교차하여 나타나고 있으므로 강한 추위와 함께 대형 산불과 같은 화재의 가능성이 있다. 2009년 겨울이 찬 운기가 지속된다면 서해안 지역에 폭설이 나타날 가능성은 크게 높지 않으나, 2009년 12월 온난화 현상이 강력하게 나타난다면 의외로 서해안 폭설의 가능성이 있으므로 주의가 요구된다. 1월 하순부터 2월까지는 2010년 소음군화와 금태과의 운기의 지배를 받는다. 즉 하늘은 건조하고 지상은 소음군화로 온도가 높다. 지상에서 발생하는 수증기의 양은 적지 않으나 하늘의 기운이 금태과로서 건조하여 온도의 변화가 심한 와중에 소량의 눈비가 자주 올 가능성이 있다.

3~5월

3, 4, 5월의 봄의 계절에는 하늘은 수불급으로서 온도가 낮지 않다. 반면에 지상은 태음습토로서 비교적 습기를 함유하였다고 할 수 있다. 그러므로 이 기간에는 지상에서 증발하는 수증기의 양은 비교적 많으나 하늘에서는 이를 응결시키지 못하고 높은 온도에서 함유하고 있는 형태가 된다. 물론 경인년의 하늘의 기운이 금태과이기 때문에 다량의 수증기를 함유하기는 어려울 것이나 일단 봄철에는 온도가 비교적 높은 와중에 한발의 가능성과 넓은 지역에 구름이 낀 상태에서 국지성 호우의 가능성이 상존한다.

6~8월

6월과 7월은 장마기간이나 하늘은 목태과이고 지상은 소양상화와 양명조금의 기운이 지배를 하고 있어서 객운과 객기에서 뚜렷이 찬 기운을 가진 기운이 존재하지 않는다. 그러므로 뚜렷하게 장마전선의 형성에 의한 장마기간을 설정하기가 어렵다고 판단된다. 그러나 6, 7월에는 일진의 분포가 "병정 사오미"의 더운 기운과 "임계 해자축"의 찬 기운이 6월 중순부터 7월까지 교차하여 나타나기 때문에 이러한 일진의 영향에 의하여 규칙적인 강수가 일어날 가능성이 높다. 목태과의 기간인 데다가 지상이 덥고 건조하기 때문에 여름철에 황사가 나타날 가능성도 배제할 수 없다. 8월 13일 이후 11월 중순까지는 하늘이 화불급으로 찬 기운이 도래한다. 그리고 지상의 기운도 9월에는 태양한수의 기운이 나타나기 때문에 장마철이 지난 8월 중순 이후에 오히려 단속적으로 강수현상이 나타날 가능성이 있다.

9~11월

2010년 가을철은 하늘은 화불급의 기운이 존재하고 지상은 태양한수가 지배하므로 일반적으로 하늘과 지상 모두가 온도가 낮다. 거기다가 경인년은 건조한 해이기 때문에 가을철에 온도가 낮아 쓸쓸한 가을이 될 가능성이 높으며 단풍도 일찍 들 가능성이 있다. 물론 이 경우 지속적인 소량의 강수현상이 이어질 가능성이 높다. 그러나 이러한 예측은 온난화가 두드러지게 나타난다면 어느 정도는 완화되어 나타날 것이다.

12월~2011년 1월

2010년 12월과 2011년 1월은 모두 2010년의 5운6기인 토태과와 궐음풍목의 지배를 받으면서 일진의 분포가 한서의 변화가 심하게 나타나는 특징을 지닌다. 그러므로 경인년의 12월 이후의 겨울은 어느 정도는 춥고 눈이 온다면 함박눈 형태가 될 것이나 강력하게 춥거나 또는 많은 눈이 내리지는 않을 것으로 판단된다.

庚寅年(2010年) 運氣表

庚寅年 기본 기운	天干	庚金(경금)
	地支	寅木(인목)
庚寅年 유도된 기운	간합	乙庚合化金(을경합화금) 작용에 의한 금태과(金太過)
	지지충	인신충(寅申冲) 소양상화(少陽相火)

계절	겨울	봄	여름	가을	겨울
객운 (하늘의 변화 기운)	1운(금태과) 1월 7일~ 4월 1일	2운(수불급) 4월 2일~ 6월 8일	3운(목태과) 6월 9일~ 8월 12일	4운(화불급) 8월 13일~ 11월 15일	5운(토태과) 11월 16일~ 2월 1일

객기 (지상의 변화 기운)	1기	2기	3기	4기	5기	6기
	1월 20일~ 3월 20일 소음군화	3월 21일~ 5월 20일 태음습토	5월 21일~ 7월 22일 소양상화	7월 23일~ 9월 22일 양명조금	9월 23일~ 11월 21일 태양한수	11월 22일~ 1월 19일 궐음풍목

24절기													
월운	丁丑	戊寅	己卯	庚辰	辛巳	壬午	癸未	甲申	乙酉	丙戌	丁亥	戊子	己丑
월 (양력)	2010년 1월	2	3	4	5	6	7	8	9	10	11	12	2011년 1월
음력	11/21	12/21	1/21	2/21	3/22	4/24	5/26	6/27	8/1	9/1	10/2	11/2	12/3
양력	1/5	2/4	3/6	4/5	5/5	6/6	7/7	8/7	9/8	10/8	11/7	12/7	1/6
절기	소한	입춘	경칩	청명	입하	망종	소서	입추	백로	한로	입동	대설	소한
	대한	우수	춘분	곡우	소만	하지	대서	처서	추분	상강	소설	동지	대한

	5운6기 11.22.~1.6.	1운1기 1.7.~3.20.	1운2기 3.21.~4.1.	2운2기 4.2.~5.20.	2운3기 5.21.~6.8.	3운3기 6.9.~7.22.	3운4기 7.23.~8.12.	4운4기 8.13.~9.22.	4운5기 9.23.~11.15.	5운5기 11.16.~11.21.	5운6기 11.22.~2.1.
객운(하늘)	화불급	금태과	금태과	수불급	수불급	목태과	목태과	화불급	화불급	토태과	토태과
객기(지상)	태양한수	소음군화	태음습토	태음습토	소양상화	소양상화	양명조금	양명조금	태양한수	태양한수	궐음풍목

2010년 기상 개황	
	2010년 경인년은 금태과 소양상화의 해로서 일 년 동안 전반적으로 건조하고 한서의 변화가 심한 와중에 밝은 햇살이 충만한 한 해가 될 것이다. 특히 한반도는 온난화 가속화의 정도가 빠르기 때문에 의외로 온도가 높은 와중에 추위가 닥치는 등 기상이변과 같은 변화가 있을 것이 예상된다. 겨울에서 봄으로 이어지는 1~3월은 건조하여 화재 가능성이 높다. 특히 1월에는 추운 와중에 기습한파 등의 가능성이 있다. 봄과 초여름(4~5월)은 온도가 비교적 높은 와중에 한발의 가능성과 국지성 호우의 가능성이 상존한다. 전형적인 여름장마 기간을 포함하는 6~7월에는 장마전선에 의해 전형적인 장마 비가 올 가능성은 높지 않다. 그러나 더위에 의한 포화성 형태의 강수가 규칙적으로 있을 것이 예상된다. 그러나 오히려 8월 중순의 늦은 여름 이후부터 가을에 비가 구질구질하게 자주 올 가능성이 높다. 그리고 늦은 가을에 한시적으로 일찍 추워질 가능성이 높으나 겨울로 가면서 크게 춥지 않을 것이다. 12월 중순 이후에는 일시적으로 한서의 변화가 심한 와중에 어느 정도의 폭설이나 추위의 가능성이 있다.

2011년 신묘년 기상 예측

신묘(辛卯)라는 기운은 천간은 신이고 지지는 묘이다. 지상에는 습기가 촉촉한 묘목의 기운이 존재한다. 반대로 천간은 신금이므로 하늘에는 기본적으로 건조한 기운이 있다. 그리고 신금의 기운은 천간합에 의하여 병신합수의 수불급(水不及)이라는 기운이 파생되어 하늘에 존재한다. 수불급이므로 하늘에 찬 기운이 약하다는 이야기가 된다. 그러므로 2011년 하늘은 온도가 낮지 않다. 즉 온도가 높을 수 있다는 점이 매우 중요하다. 그리고 지상은 묘유충에 의하여 양명조금이 되므로 지상의 묘목이 가진 습기는 양명조금의 건조한 기운으로 바뀌어 나타난다. 그러므로 일반적으로 신묘년의 전반적인 기상은 지상(地上)은 건조하고 하늘은 온도가 낮지 않은 양상이다. 그러므로 지상에서는 건조한 상태를 유지하기 위하여 수증기를 함유하지 않으려 한다. 그러므로 장기적인 관점에서 증발되는 수증기의 양이 적다(그러나 일시적으로는 시간과 지역에 따라서 건조한 상태를 유지하기 위하여 많은 양의 수증기가 일시적으로 분출하려는 경향도 보일 수 있다). 하늘에서는 그나마 찬 기운이 부족하여 이를 응결시키지 못한다. 이를 정리하면 아래와 같다.

<u>신묘년 하늘과 지상의 기운</u>

<u>하늘: 건조하면서 온도가 높음</u>
<u>지상: 건조한 기운</u>

그러므로 신묘년에는 전반적으로 가물고 비가 적게 오는 기상이 예측된다. 만일 가물다가 비가 온다면 하늘에 넓은 지역에 더운 기운에 의해 과포화 상태로 수증기가 존재하며 수증기 응결이 가능한 곳에서만 국지성 호우형태가 나타날 가능성이 높다. 그러나 수자원이 많은 지역이나 계절에는 양명조금의 기운이 오히려 많은 수증기를 발산시키는 역할을 할 수 있으므로 국지성 호우가 매우 강력하게 나타날 수도 있음에 유의하여야 한다.

신묘년의 제일 중요한 기상인자는 앞에서 언급한 바와 같이 하늘은 신금의 건조한 기운에서 발생한 수불급의 기운이 작동한다. 그러므로 하늘에는 찬 기운이 부족하고 온도가 높다. 그리고 지상은 묘유충 양명조금에 의하여 건조한 기상이 예상된다. 그러므로 신묘년은 지상은 건조하고 하늘은 온도가 높다. 그리고 전반적으로 건조한 특성이 많기 때문에 한서의 변화 또한 적지 않다. 지상이 건조하고 하늘이 온도가 높기에 전반적으로 지상에서 방출되는 수증기의 양이 적으며 하늘은 온도가 높아지기에 함유할 수 있는 수증기의 양이 많다. 그러므로 일반적으로 수자원의 공급이 많은 지역으로 제외하고는 강수나 강설현상은 상대적으로 약하게 일어난다. 그러나 일단 강수나 강설현상이 일어난다면 온도가 높은 하늘에 많은 수증기가 유입되어야 하므로 구름은 한반도 전 지역에 넓게 형성되나 강수 현상은 국지적으로 과포화성 형태의 강수나 강설 현상이 예상된다. 그러나 하늘의 온도가 낮지 않기에 일진이나 월운의 도움을 받지 못하면 많은 경우 구름은 끼나 비나 눈은 오지 않을 가능성도 빈번하다. 그러면 크게 가물게 된다.

5운6기(五運六氣) 구분에 따른 기상 개황

5운6기에 따른 기상 개황은 일 년을 열 개의 기간으로 나누어 기상 특징을 설명한다. 이는 일 년이나 계절별 기상 개황이나 장마나 황사 등과 같은 다양한 기상특징을 설명하는 기본이 된다. 그렇기 때문에 다른 기상정보에 앞서 먼저 상술한다. 전문용어로 설명한 이 내용이 어렵거나 불필요한 독자의 경우에는 이 부분을 건너뛰고 다음 내용인 주제별 기상 정보 편을 보아도 무방하다.

2010년 5운6기 기간(1월 1일~2월 1일; 토태과, 궐음풍목) : 무난한 겨울이며 서해안 폭설 가능성은 낮다.

이 기간은 2010년 경인년의 기운이 작용한다. 신묘년의 기운은 2011년 2월 2일 이후부터 하늘과 지상에 공히 본격적으로 나타난다. 하늘의 기운은 금태과의 해에 객운은 토태과이다. 그러므로 금태과의 건조한 기운이 토기에 의하여 약화되어 나타난다. 또는 반대로 이야기하여도 좋다. 그리고 지상에 영향을 미치는 기운은 경인년의 소양상화의 바탕하에 구간별 오운육기 기운은 궐음풍목이다. 따듯한 소양상화 바탕하에 궐음풍목이므로 겨울철에 일시적으로 찬바람이 불 가능성이 있다. 겨울철에는 온도가 높을 때 따듯한 와중에 기습한파가 발생하며 반대로 온도가 낮아 추울 때는 수생목 현상에 의하여 찬바람이 분다. 그러나 여러 기상인자를 종합적으로 고려할 때 이 기간에는 특별히 온도가 높거나 낮지 않기 때문에 기습한파나 강력하게 추운 날씨가 없는 무난한 1월이 될 것으로 보인다. 서해안 폭설의 관점에서는 특히 2010년 가을부터 초겨울까지의 기간이 하늘과 지상이 온도가 비교적 낮아 서해바다의 온도가 크게 상승할 가능성이 적었다. 그러므로 지속적인 온난화 현상을 감안한다고 하더라도 서해바다의 겨울철 수온이 크게 높지 않을 것으로 보인다. 그러므로 일시적인 한파가 도래한다고 하여도 서해폭설의 가능성은 크게 높지 않다. 일진에 따른 영향은 그달의 기상달력을 참조하기 바란다.

1운1기(2월 2일~3월 20일; 수불급, 태음습토; 겨울에서 봄으로 환절기)
: 눈비가 적어 한발이 예상되며 따라서 산불도 어느 정도 주의가 요구된다.

겨울에서 봄으로 넘어가는 환절기인 이때에 구간별 오운육기는 수불급에 태음습토이다. 태음습토는 신묘년 지지의 대표적인 기운인 양명조금과 상대적인 기운이므로 양명조금의 영향을 받아서 습토의 역할이 많이 감소할 것으로 보인다. 즉 지상은 건조한 기운과 습한 기운이 만나서 건습의 정도가 상쇄된다. 하늘이 세운과 1운1기가 같이 수불급이므로, 수불급의 기운이 증폭되어 하늘은 온도가 높다. 이상의 결과를 요약하여 구체적으로 언급하면 봄에서 겨울로 바뀌는 환절기이기는 하나 강수현상에 절대적인 영향을 미치는 지상에서 방출되는 수증기의 양이 태음습토와 양명조금의 상쇄효과 등에 의하여 실질적으로 많을 것으로 생각되지 않는다. 그리고 하늘이 수불급이므로 온도가 높아 수증기의 응결에 의한 강수 가능성이 높지 않다. 그러므로 규칙적인 강수나 강설현상이 이루어지지 않고 구름이 끼기는 하나 강수현상은 약하게 일어나 일반적으로 가물 것이 예상된다. 그러나 오랜만에 비가 온다면 의외로 많은 강수현상이 나타날 가능성이 있다. 지역에 따라 이러한 현상이 일어날 때는 주의가 요구된다.

1운2기(3월 21일~4월 1일; 수불급, 소양상화; 봄철)
: 전반적으로 가물어 한발에 대한 대책이 요구된다.

완연한 봄의 기운이 느껴지는 계절이다. 하늘은 1운의 객운인 수불급이고 지지는 2기인 소양상화이다. 세운의 사천인 양명조금의 바탕하에 일어나는 소양상화이므로 소양상화의 힘이 배가된다. 그러므로 지상은 따듯하고 온도가 상승하나 세운의 사천이 양명조금이므로 온도의 상승에 직접적으로 비례하여 지상에서 수증기 증발이 이루어지지 않는다. 따듯한 봄에 소양상화에 양명조금의 효과가 가해져서 지상의 온도가 상승하므로 호수나 하천과 같은 풍부한 수자원이 존재하는 지역 외에는 규칙적인 강수를 기대하기 어렵다. 전반적으로 가물어서 가뭄의 대책이 요구된다. 가문 와중에 일단 비가 온다면 넓은 지역에 형성된 구름에 의하여 호우성 강수현상이 국지적으로 강력하게 발생할 가능성이 높다.

2운2기(4월 2일~5월 20일; 목태과, 소양상화; 봄철)
: 황사와 한발의 피해가 예상되는 계절이다.

봄철에 지상은 양명조금의 영향을 받은 소양상화이다. 봄의 계절이 무르익을수록 지상의 온도가 높아져서 수증기의 증발이 많아진다. 이때 하늘은 수불급의 기운에서 객운 2운인 목태과로 바뀐다. 하늘은 온도가 낮지 않은 수불급에서 바람이 강해지는 목태과로 기운이 바뀌었다. 2010년 황사와 태풍에 관한 논문에 의하면(김현경, 황사 태풍 장기 예측을 위한 황제내경 운기론의 현대기상학적 연구, 충남대학교 환경공학과 2010년 박사학위 논문), 10년마다 한 번씩 돌아오는 천간이 신년(辛年)인 해에는 우리나라의 황사의 빈도수가 크게 증가한다고 한다. 아마도 그 이유는 신년에는 수불급으로 온도가 높아지고 오운육기의 분포에서 객운의 2운이 황사가 많이 발생하는 봄철에 목태과이기 때문이라고 설명하고 있다. 구체적으로 우리나라 지난 50년 동안 신년이 되는 수불급의 해에 황사발생일수는 56.4일로서 가장 작은 토태과의 해의 16.2일에 비하여는 3배 이상이며 두 번째로 많은 화태과의 해의 38.6일에 비하여서도 월등히 많다. 그러므로 2011년 목태과의 객운이 도래하는 봄철 2운에는 특히 황사발생에 주의를 필요로 한다.

통계적으로 황사발생 현상이 많다는 것은 황사는 물론 흙비형태로 올 가능성도 있으나 일반적으로 강수현상이 적어짐을 시사한다. 2운2기는 계절적으로 늦은 봄이다. 이때 소양상화의 운기는 지상의 온도를 높이는 역할을 한다. 그러므로 수증기의 증발량은 적지 않을 것이나 하늘의 기운인 목태과는 강한 바람이나 이동현상으로 강수현상에 직접적으로 도움을 주는 냉기를 가진 기운이 아니다. 그러므로 2운2기 동안에도 역시 실질적으로 흡족한 비가 내리기보다는 온도상승에 따른 간헐적인 과포화 형태의 강수 현상이 유력하여 보인다.

2운3기(5월 21일~6월 8일; 목태과, 양명조금; 늦은 봄)
: 막바지 봄에 더운 여름철과 같은 때 이른 더위가 예상된다.

지상이 소양상화에서 양명조금으로 바뀌고 하늘은 목태과의 기운을 유지하고 있다. 황사와 건조한 가운데 국지적인 호우의 가능성이 상존하는 가운에 늦은 봄에 매우 더운 여름철 같은 날씨가 예상된다. 일찍 냉방장치에 대한 준비가 필요할지도 모른다.

3운3기(6월 9일~7월 22일; 화불급, 양명조금; 여름철 장마의 계절)
: 장마전선의 시작될 것이나 강수량은 생각보다 적을 듯하다.

6월 중순의 들어서 장마가 시작되는 계절인데 운기는 하늘은 화불급이고 지상은 양명조금이다. 사천이 양명조금의 해에 객기가 양명조금이면 지상에서 발생하는 수증기의 양은 어느 정도 제한을 받을 것으로 보인다. 그러나 지상이 뜨거운 6월이라 강수에 필요한 실질적인 양의 증발은 이루어질 것으로 판단된다. 수불급의 해에 화불급이기는 하나 기간별 운기가 하늘은 온도가 높지 않고 찬 기운이 작용하는 기간이다. 그러므로 2010년 경인년의 부실한 장마전선의 형성과는 다르게 2011년에는 제대로 장마 전선이 형성되어 장맛비가 내릴 것 같다. 그러나 생각보다는 강수량은 많지 않을 가능성이 높다. 보다 구체적인 장마의 시작은 아마도 찬 기운이 시작되는 6월의 일진분포에 의하여 6월 중순경이 될 것으로 판단된다.

3운4기(7월 23일~8월 13일; 화불급, 태양한수; 긴 장마와 장마 후의 궂은 날씨)

: 장마 이후에도 지속적 궂은 날씨가 예상되며 긴 장마와 함께 냉해 피해가 예상된다.

7월 23일부터 운기는 하늘은 화불급으로 온도가 낮고 지상 역시 태양한수가 되어 하늘과 지상 모두 찬 기운이 도래한다. 즉 수분의 발생의 많은 7, 8월의 폭염에 하늘과 땅에 찬 기운이 영향을 미치고 있다. 이것은 장마기간이 매우 긴 장마로 이어지거나 장마 후에도 지속적으로 비가 오는 궂은 날씨가 이어질 가능성이 상존한다. 만일 수증기의 발생이 적은 지역이나 일진이라면 여름철 냉해에 청명한 기상도 부분적으로 나타날 가능성이 있다. 그러므로 긴 장마와 함께 냉해에 의한 피해에 대비가 요구된다. 긴 장마가 되든지 아니면 냉해가 나타나든지, 어느 경우가 되더라도 이 기간에 해수욕장 등의 경기에 부정적인 영향을 줄 것으로 보인다.

4운4기(8월 14일~9월 22일; 토태과, 태양한수; 피서 시즌)

: 본격적인 피서 철이 예상된다. 태풍의 기운은 장마기간의 날씨가 변수이다.

하늘의 운기가 토태과로 바뀌어 하늘에 냉기가 사라지고 습기를 많이 함유할 수 있어 강수현상은 크게 감소할 것이다. 그러나 지상이 태양한수이므로 소량의 지속적인 강수현상이 발생하든지 아니면 청명한 날씨가 이어진다. 이는 지역에 따라 차이가 클 것으로 보인다.

토태과의 기운이 지배하므로 강력한 태풍은 기대하기 어렵다. 최근에 한반도에 영향을 미치는 태풍의 수가 감소하고 있다. 이는 온난화 현상에 의한 바닷물 수온 상승의 인자를 감안하면 일견 이해가 가지 않는 현상이다. 그러나 한반도 주변의 온난화가 다른 지역의 온난화보다 강력함을 고려할 때 한반도 주변의 온난화에 의한 압력 상승의 효과가 한반도로 태풍의 진로를 부분적으로 차단하고 있다고 생각한다. 그러나 2010년 경인년은 봄부터 여름 장마기간을 거치면서 많은 비가 내리지 않을 경우 바닷물의 온도 상승이 지속적으로 이루어졌고 곰파스라는 강력한 태풍이 한반도에 피해를 주었다. 2011년도 역시 건조한 해이므로 특히 장마기간에 강수현상이 제대로 이루지지 않는다면 바닷물의 온도상승이 이루어지고 이것이 태풍발생으로 이어지기 때문에 이러한 점을 고려하여야 할 것으로 보인다. 2011년 8월에는 특히 8월 광복절이 낀 주부터 일진이 온도가 병정 사오미가 중복되어 나타나면서 온도가 높아지기에 이때 발생한 태풍이 8월 20일 이후에 한반도에 영향을 미칠 가능성이 있다고 보인다.

4운5기(9월 23일~11월 16일; 토태과, 궐음풍목; 천고마비의 가을)
: 평범하지만 약간 온도가 높고 구름이 많은 가을이 예상된다.

수불급의 해에 가을철 토태과이다. 토태과이므로 토극수를 하여 하늘에는 찬 기운이 비교적 약할 것이다. 그러므로 하늘에 그런대로 수증기의 함유가 많을 것이다. 지상은 양명조금의 해에 가을철 궐음풍목이므로 궐음풍목의 국지풍 역시 강력하여 보이지 않는다. 그러므로 이 기간 동안에는 청명한 가을이라기보다는 온도가 약간 높으면서 비가 많지 않은 가을이 될 것이다. 따라서 일찍 쉽게 추워지지는 않을 것으로 보인다. 아마도 단풍은 예년에 비하여 약간 늦게 들 가능성이 있으며 김장시가 또한 늦어질 가능성이 높다.

<u>5운5기(11월 17일~11월 22일; 금불급, 궐음풍목; 늦가을)</u>

4운5기와 큰 차이는 없으나 하늘에 습기가 많은 토태과에서 건조하지 않다는 금불급으로 바뀌었다. 17일부터 22일까지 6일간의 짧은 기간인데다가 운기의 변화도 토태과에서 금불급으로 연속성을 보이기에 기상에 큰 변화가 나타날 것으로 보이지는 않는다. 약간 온도가 높은 평범한 가을이 계속될 것으로 예상된다.

<u>5운6기(11월 23일~2012년 1월 7일; 금불급, 소음군화; 겨울)</u>
: 일반적으로 따듯한 겨울이나 일진이나 지형적인 영향으로 많은 비나 폭설 가능성

본격적인 겨울의 운기는 금불급에 소음군화이다. 2011년 신묘년의 대표적인 운기가 수불급에 양명조금임을 고려하면 신묘년 12월의 기온은 높은 편이다. 즉 수불급의 기운에 금불급이므로 하늘에는 온도가 높은 수증기가 존재할 가능성이 있고 지상은 양명조금에 소음군화이므로 습기는 많지 않으나 온도가 높아진다. 그러므로 지상은 온도가 높아지거나 수자원이 풍부한 지역에서는 수증기의 실질적인 증발이 이루어질 가능성이 있다. 결국 신묘년 겨울철에는 나름대로 많은 수증기가 상공에 함유될 가능성이 존재한다. 이것이 의미하는 바는 겨울철은 일반적으로 따듯하여 지속적으로 많은 눈이 내릴 가능성은 적다. 그러나 일진이나 지역적인 영향으로 찬 대륙성 고기압의 영향을 받는 상황에서 눈이나 비가 온다면 폭설이나 많은 비가 내릴 가능성이 있다. 특히 서해안 바닷가 시설 하우스 등은 사전에 주의가 요구된다. 특히 4운5기 이후 가을철 운기가 차지 않았고 온난화의 효과가 가세한다면 바닷물의 수온이 하강하지 않아 이러한 가능성이 실질적으로 존재한다.

2011년 신묘년 주제별 기상 특징

황사

아래 황사관측일수 연구결과가 보여 주듯이 우리나라에서는 신묘년과 같이 병신합수에 의한 수불급의 기운이 나타나는 해에 황사의 발생빈도가 높게 나타나고 있다(김현경, 2010). 특히 신묘년에는 지지의 묘목에 의하여 묘유충 양명조금의 기운이 발생하여 지상이 건조하다. 그렇기 때문에 몽고나 중국 내륙에서의 황사발생의 가능성이 매우 높다. 그러므로 특히 일 년 중 오운육기 분포에 의하여 하늘에 강한 바람이 부는 목태과의 기간(2011년에는 2운2기와 2운3기, 즉 4월 2일~5월 8일)에는 황사가 한반도에 나타날 가능성이 보다 높다고 할 수 있다.

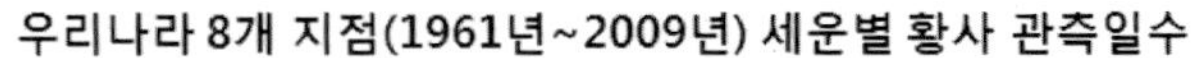

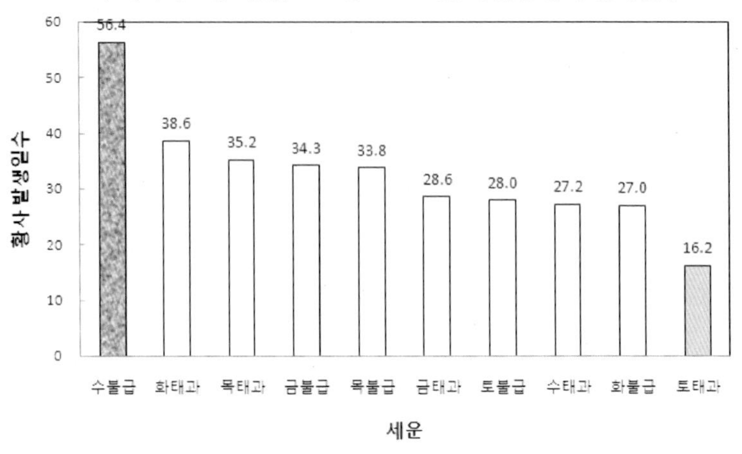

그림 1961~2009년 한반도 세운에 따른 황사 발생 빈도수(김현경, 2010)

산불과 화재

특히 건조한 봄가을 등으로 강수현상이 많지 않으나 일반적으로 운기가 습한 기운이 도래하여 산불이나 화재 등으로 직접적인 연결로 이루어질 가능성은 높지 않다고 판단된다. 그러나 신묘년은 신금이 본질적으로 건조한 기운이며 묘유충 양명조금에 의하여 건조한 기운이 유도되는 등 여러 건조한 기운이 존재하기에 겨울 봄의 환절기나 가을~겨울의 환절기에는 어느 정도 주의가 요구된다.

장마

한반도의 장마는 보통 6월 중순경부터 시작한다. 장마는 지상의 기운이 상승하면서 이에 대응하는 찬 기운이 존재할 때 장마전선의 형성되면서 발생한다. 6월의 운기는 6월 9일 화불급의 3운이 시작한다. 그러므로 장마전선이 형성될 최소한의 조건이 갖추어진다. 일진의 분포를 보면 6월 중순경 임계 해자축의 기운이 중첩되어 나타나므로 장마는 이때부터 시작할 것으로 판단된다. 만일 이때 장마가 시작되지 않는다면 6월 하순경에 과포화성 강수 현상이 이루어진 후 6월 25일 경부터 장마가 나타나기 시작할 것이다. 2011년 신묘년은 여름철에 운기가 3운3기(6월 9일~7월 22일, 화불급 양명조금)이고 3운4기(7월 23일~8월 13일, 화불급 태양한수) 그리고 4운4기(8월 14일~9월 22일)로 찬 운기가 길게 초가을 무렵까지 나타나고 있어서 장마기간이 매우 길어질 가능성이 있다. 운기와 계절의 변화 등을 고려할 때 아마도 8월 13일 전후까지 장마가 이어질 가능성이 높다. 그러므로 2011년 신묘년은 긴 장마를 대비한 준비가 필요하다. 장마 후에도 8월이 태양한수의 찬 기운이 나타나기에 냉해 등의 가능성이 있으므로 이 점에 유의하여야 한다.

태풍이나 열대성 저기압에 의한 호우 또는 열대야

앞에서 언급한 김현경 박사의 논문에 의하면, 신묘년과 같은 수불급의 해는 태풍의 발생강도가 다음에 제시한 그림에서 보듯이 그렇게 낮지는 않다. 증상위권에 속함을 알 수 있다. 그러나 신묘년에는 사천지기가 묘유충 양명조금이 된다. 이러한 사천지기에 따른 태풍 발생 강도수는 제일 낮다. 그러므로 통계적인 관점에서는 2011년 신묘년의 태풍발생 가능성은 크게 높다고 할 수는 없다. 그러나 신묘년은 일반적으로 건조하고 온도가 높은 특징을 지닌 해이기 때문에 북태평양의 바다 온도가 지속적으로 상승할 가능성이 높아 주의가 요구된다. 특히 태풍발생이 높은 8, 9월이 토태과의 기운을 가졌고 또한 일진의 분포가 특히 병정 사오미로 크게 더운 경우에는 주의가 요구된다. 예를 들면 2011년 8월 중순경의 일진이 18일, 19일, 20일이 을사, 병오, 정미로 매우 뜨거워지기에 이 기간을 전후하여 태풍이 발생할거나 열대성 저기압에 의한 호우현상이 나타날 가능성이 높다고 할 수 있다. 만일 이 기간에 태풍이나 열대성 저기압에 의한 호우와 같은 기상 현상이 발생하지 않는다면 더운 열대야로 이어질 것이다. 다음 달력은 2011년 8월 광복절이 낀 주의 일진을 보여 준다. 이러한 때는 일진이 덥기 때문에 열대성 저기압에 의한 호우나 태풍발생이 그 주의 후반부에서부터 시작할 가능성이 있다.

2011년 8월 광복절 포함한 주(週)의 일진

14 辛丑 7.15	15 壬寅 광복절	16 癸卯	17 甲辰	18 乙巳	19 丙午	20 丁未

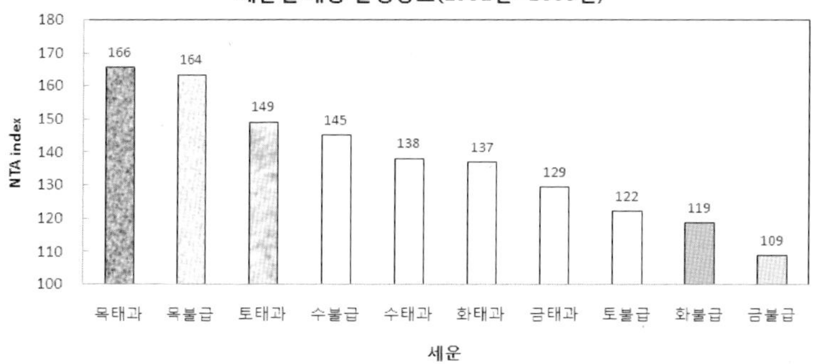

1951~2005년 동안 세운에 따른 태풍강도 분포

(김현경, 2010)

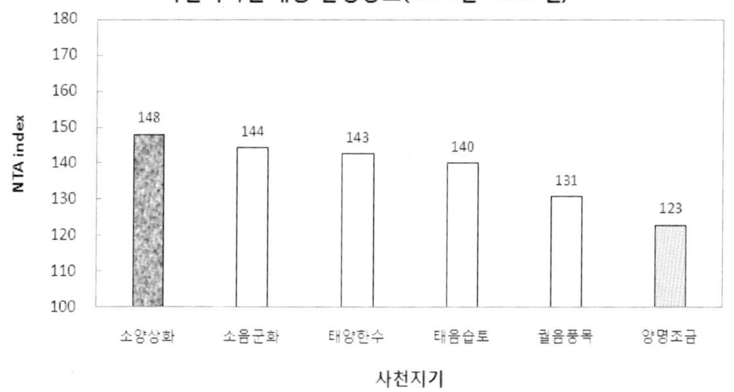

1951~2005년 대한민국 사천지기에 다른 태풍의 강도 분포

(김현경, 2010)

서해안 폭설

2010년 가을과 겨울의 온도가 높지 않았기 때문에 2010년 12월과 2011년 1월에 서해안 폭설이 내릴 가능성은 높지 않다. 그러나 2011년 본격적인 겨울의 운기는 금불급에 소음군화이다. 2011년 신묘년의 대표적인 운기가 수불급에 양명조금임을 고려하면 신묘년 12월의 기온은 높은 편이다. 즉 수불급의 기운에 금불급이므로 하늘에는 온도가 높은 수증기가 존재할 가능성이 있고 지상은 양명조금에 소음군화이므로 습기는 많지 않으나 온도가 높아진다. 그러므로 지상은 온도가 높아지거나 수자원이 있는 지역에서는 수증기의 실질적인 증발이 이루어질 가능성이 있다. 그리고 2011년 신묘년 12월의 일진은 병정 사오미나 임계 해자축과 같은 차고 더운 일진이 교차하여 나타나므로 눈이나 비가 온다면 일시적으로 폭설이나 많은 비가 내릴 가능성이 있으므로 특히 서해안 바닷가 시설하우스 등은 시설물 관리에 주의가 요구된다.

안개

2011년 신묘년은 지상이 양명조금이므로 지상의 공기가 수분을 배출하여 건조한 공기상태를 유지하려고 한다. 그러므로 지역에 따라서는 많은 안개가 형성될 가능성이 있다. 특히 5월 말 이후 7월 중·하순까지가 양명조금의 기간이고 수증기의 증발이 많은 기간이므로 이 기간 동안에 농무가 발생할 가능성이 높아 주의가 요구된다.

2011년 계절별 기상 특징

겨울(2011년 1~2월)

1월의 하늘의 기운은 경인년의 지배한다. 그리고 지상은 1월 20일 이후에는 신묘년의 운기가 관장한다. 하늘의 건조한 기운이 토태과의 기운에 의하여 완화되며 지상의 신묘년의 양명조금의 기운도 태음습토의 기운에 의하여 역시 감소한다. 그러므로 1월은 특히 건조한 기운이 감소되기에 한서의 변화가 아주 크지는 않을 것으로 보인다.

2월은 본격적으로 신묘년 기운에 영향을 받기 시작하는 달이다. 신묘년의 대표적인 기운은 하늘은 수불급이고 지상은 양명조금이다. 1운 1기는 수불급에 태음습토이고 따듯하여지기 시작하는 2월이다. 그러므로 태음습토로 수분을 많이 함유한 동토가 녹으면서 수증기 증발이 어느 정도 이루어지나 하늘은 수불급이기에 지상에서 상승한 수분을 강력하게 냉각시켜 눈이나 비로 내리게 하는 힘이 약하다. 그러나 일진의 분포가 차고 더운 기운이 교차하고 있으므로 강력하지는 않으나 실질적으로 눈비도 제법 내리고 따듯한 와중에 한파도 예상된다. 일반적으로 2010년 가을철 온도가 낮았기에 이 기간 중에 서해안 폭설 등이 나타날 가능성은 크게 높지 않다. 그러나 2월 말에 아주 따듯한 운기에 강력하게 찬 일진이 도래하므로 이때는 주의가 요구된다.

봄

3월은 수불급의 해에 수불급과 태음습토의 기운을 가진 1운1기가 지배한다. 그러므로 3월의 봄은 잔설과 찬바람 속에서도 한기가 많이 가신 따듯한 봄날의 정취를 즐길 수 있다. 특히 초순에 일진의 분포가 "병정 사오미"로 매우 따듯하다고 "임계 해자축"으로 강력하게 찬 기운이 도래하므로 포화성 강수나 강설 현상이 나타날 가능성이 높다. 초순을 지나고 나면 하순에는 수불급에 소양상화의 1운2기의 기운이 나타나므로 따듯한 봄날이 이어질 것이다. 하늘이 수불급이므로 의외로 강수현상이 적을 가능성이 높다

4월에는 목태과의 기운을 가진 2운2기의 절기가 봄철에 신묘년의 우려하고 있는 황사현상이 본격적으로 나타날 가능성이 높다. 양명조금의 해에 소양상화의 기운이 4월에 나타나므로 지상은 쉽게 온도가 상승하고 수자원이 분포한 지역에서는 실질적인 수증기의 증발량이 이루어질 가능성이 높다. 그러나 하늘은 목태과이므로 중순까지는 강수현상이 약할 가능성이 있으나 중순 이후에는 일진의 분포가 한서의 변화가 뚜렷하므로 포화성 또는 응결성 강수 현상이 지역에 따라 나타날 것으로 예상된다.

5월은 운기가 2운2기의 목태과와 소양상화, 그리고 2운3기의 목태과 양명조금으로 구성되어 있다. 그러므로 수불급의 해에 황사의 빈도수가 높고 봄철에 하늘에 강풍이 부는 목태과 지상에는 온도가 높거나 건조한 소양상화와 양명조금의 기운으로 구성되어 있으므로 황

사가 나타날 가능성이 높다. 지상에서 발생하는 수증기의 양은 많지 않은데 하늘은 세운이 수불급이고 계절운기가 목태과이므로 응결력이 약하다. 그러므로 규칙적인 강수는 가능성이 낮다. 단 초순에 일진의 한서교차가 강하므로 이때는 나름대로 실질적인 포화성 또는 응결성 강수가 기대된다.

여름

6월은 본격적으로 온도가 높아지고 따라서 장마가 시작하는 달이다. 6월의 하늘의 운기는 6월 9일부터 목태과에 화불급으로 바뀌므로 하늘에는 비로소 냉기에 의한 응결의 기운이 나타난다. 그리고 중순경부터 찬 기운을 가진 일진이 중첩되어 나타나므로 이 시기부터 본격적인 장마가 시작할 가능성이 높다. 만일 이때 장마가 시작되지 않는다면 25일 이후에 장마전선이 형성될 것이다. 그러나 일진의 기운이 한서가 분명하게 교차하므로 장마 전이라도 호우성 강수현상이 나타날 것이다. 장마전선이 형성된다고 하더라도 지상이 양명조금으로 건조하기에 지역에 따라서는 강수현상이 적을 가능성이 있다.

7월 역시 운기가 6월과 중순까지는 비슷하다. 즉 7월 22일까지는 화불급에 양명조금이다. 지상이 양명조금이므로 수자원이 풍부한 지역에서는 수증기의 방출량이 많아서 제대로 된 장맛비가 내릴 것이나 수자원이 부족한 지역에서는 그 반대의 현상이 나타날 수 있다. 7월 23일 이후에는 지상의 운기가 바뀌어 화불급에 태양한수(3운4기)가 도래한다. 장마가 끝나가는 시점에 찬 기운이 지상과 하늘에 나타나게 되므로 장마가 연장되어 긴 장마가 중부지방으로 이동하여 나타날 가능성이 있으며 지역적으로 냉해도 예상된다.

8월의 13일까지는 3운4기의 화불급과 태양한수의 기운이 지배하므로 이때까지는 장마가 이어질 가능성이 높다. 그러나 8월 14일 이후에는 4운4기로서 토태과의 기운이 도래한다. 그러므로 하늘에 냉기는 약하여진다. 그러므로 이때가 되면 장마의 기운이 사라질 것으로 판단한다. 그러나 일진이 한서의 교차가 강력하나 태양한수의 기운이 존재하여 열대야의 현상을 어느 정도 완화시켜 줄 것으로 판단한다. 그리고 병정 사오미 기운이 8월 말에 나타남은 태풍이나 열대성 저기압에 의한 호우의 가능성이 있다. 광복절에는 비가 올 가능성은 높아 보이지 않는다.

가을

9월은 처서를 지나 천지에 습기가 감소한다. 이러한 9월에 4운4기의 토태과와 태양한수의 기운과 4운5기의 토태과와 궐음풍목의 기운이 지배한다. 그러므로 수증기의 증발은 적어지고 하늘에 찬 기운이 적다 그러므로 9월은 맑은 하늘을 보일 것으로 예상된다. 9월 초에 일진의 한서분포가 분명하므로 포화성 강수현상이나 응결성 강수현상이 나타날 가능성이 높다.

10월의 운기는 4운5기로서 토태과와 궐음풍목이 지배한다. 토태과 궐음풍목은 한서의 기운이 명확하지 않은 기운이다. 2011년 신묘년은 수불급에 양명조금의 해인데 가을철의 이러한 5운6기의 도래는 가을철의 기운이 크게 부각되지 않는 것으로 판단된다. 그러므로 단풍이 비교적 늦을 것으로 예상되나 약간 온도가 높은 가을철이 지속될 것으로 보인다. 그러나 10월의 중순 이후 일진분포가 한서차가 명확하므로 의외의 찬바람이 불 가능성도 상존한다.

11월은 4운5기, 5운5기, 그리고 5운6기의 기운이 상존하여 복잡하게 얽혀 있는 달이다. 그러나 4운5기의 토태과 궐음풍목의 기운은 5운5기의 금불급 궐음풍목과 큰 차이가 없다. 그리고 마지막 운기인 5운6기의 기운이 금불급 소운군화의 기운으로 나타난다. 결국 2011년 후반기 겨울은 하늘과 지상에 모두 온도가 높은 쪽으로 나타난다. 그러나 일진의 분포가 한서의 균형을 이루고 있어서 따듯한 와중에 강력한 기습한파가 나타날 가능성은 약하여 보인다.

겨울(2011년 12월)

12월 금불급에 소음군화가 5운6기로 지배한다, 가을철부터 온도가 낮지 않았고 특히 12월에는 소음군화가 지상을 지배한다. 그리고 12월 중순 이후부터 일진이 한서의 차가 강력하므로 서해안 등에 폭설의 가능성이 있어 주의가 요구된다.

2011년 신묘년 운기표

辛卯年 기본 기운	天干	辛金
	地支	卯木
辛卯年 유도된 기운	간합	丙辛合化水(수불급)
	지지충	묘유충(卯酉冲) 양명조금(陽明燥金)

계절	겨울	봄	여름	가을	겨울
객운 (하늘의 변화 기운)	1운(수불급) 2월 2일~ 4월 1일	2운(목태과) 4월 2일~ 6월 8일	3운(화불급) 6월 9일~ 8월 13일	4운(토태과) 8월 14일~ 11월 16일	5운(금불급) 11월 17일~ 1월 7일

객기 (지상의 변화 기운)	1기	2기	3기	4기	5기	6기
	1월 20일~ 3월 20일 태음습토	3월 21일~ 5월 20일 소양상화	5월 21일~ 7월 22일 양명조금	7월 23일~ 9월 22일 태양한수	9월 23일~ 11월 22일 궐음풍목	11월 23일~ 1월 20일 소음군화

24절기														
	월운	己丑	庚寅	辛卯	壬辰	癸巳	甲午	乙未	丙申	丁酉	戊戌	己亥	庚子	辛丑
	월 (양력)	2011 년 1월	2	3	4	5	6	7	8	9	10	11	12	2011 년 1월
	음력	12/3	1/2	2/2	3/3	4/4	5/5	6/7	7/9	8/11	9/13	10/13	11/13	12/13
	양력	1/6	2/4	3/6	4/5	5/6	6/6	7/7	8/8	9/8	10/9	11/8	12/7	1/6
	절기	소한	입춘	경칩	청명	입하	망종	소서	입추	백로	한로	입동	대설	소한
		대한	우수	춘분	곡우	소만	하지	대서	처서	추분	상강	소설	동지	대한

	5운 6기 11.22. ~ 1.19.	5운 1기 1.20. ~ 2.1.	1운 1기 2.2. ~ 3.20.	1운 2기 3.21. ~ 4.1.	2운 2기 4.2. ~ 5.20.	2운 3기 5.21. ~ 6.8.	3운 3기 6.9. ~ 7.22.	3운 4기 7.23. ~ 8.13.	4운 4기 8.14. ~ 9.22.	4운 5기 9.23. ~ 11.16.	5운 5기 11.17. ~ 11.22.	5운 6기 11.23. ~ 1.7.
객운(하늘)	토태과	토태과	수불급	수불급	목태과	목태과	화불급	화불급	토태과	토태과	금불급	금불급
객기(지상)	궐음풍목	태음습토	태음습토	소양상화	소양상화	양명조금	양명조금	태양한수	태양한수	궐음풍목	궐음풍목	소음군화

2011년 기상 개황	
	일반적으로 온도가 높고 건조하며 한발의 가능성이 높은 한 해이다. 특히 봄철에는 황사의 가능성이 있고 여름철 장마는 6월 중순부터 8월 중순경까지 긴장마가 예상된다. 태풍이나 열대성 저기압에 의한 호우 가능성은 북태평양 바다의 온도에 영향을 미칠 봄부터 여름까지의 한발 정도가 중요할 역할을 할 것이다. 특히 8월 중・하순경이 가능성이 높다. 가을과 겨울은 온화하나 온화한 와중에 2011년 12월 이후 서해안 폭설 등의 가능성이 존재한다. 금극목의 작용이 강한 해이므로 기업이나 가계의 도산, 쇠붙이에 의한 사람의 다침이나 구제역이나 조류독감과 가축의 질병 역시 우려되는 한 해이다. 실력에 따른 신인들의 등장이나 기존의 인물들의 부침이 많아 보이는 해이다.

2012년 임진년 기상 예측

2012년은 지구촌 인류에게 시사하는 의미가 크다. 주지하다시피 한 시대의 끝을 의미하는 마야력이 끝이 난다. 그리고 2012년 12월 21일 동지는 태양계가 광자대(photon belt)의 중심과 완전 일치하는 해이기도 하다. 이 경우 지구의 자연환경뿐만 아니라 사람들의 에너지 또한 좋은 방향이나 나쁜 방향이든지 크게 증폭될 것이기에 우리는 격렬한 변화의 와중에 서게 될 것이다. 그리고 『보이지 않는 지평』이란 책에서 언급한 대로 주역의 64괘의 변화이론에 기초한 예측은 지구촌 인류의 영성의 극대화를 수학의 'singularity'와 같은 극한의 개념으로 표시하고 있다. 이들 메시지가 주는 의미는 어느 하나도 가볍지 않지만 이것은 60년 주기 이론에 기초하는 기상달력의 영역을 넘어서는 내용들로서 더 이상의 언급은 자제하기로 한다. 대한민국의 차원에서도 풍수이론의 180년 순환주기 이론은 대한민국의 60년 길운에서 이미 50년의 좋은 시기를 보내고 마지막 호운기인 간운(艮運, 2004~2023년)을 10여 년 정도만 남겨 놓은 시점에서 대선과 총선을 치른다는 점에서 임진년은 매우 중요한 한 해가 될 것이다. 그러하기에 태을의 주객산 수에 의한 역대 대선의 결과를 정리하였다.

태을수의 주산과 객산으로 본 역대 선거와 추후 동향

연도	주산(主算)	객산(客算)	비고
	안정적, 守成 (여당의 기운)	능동적, 攻城 (야당의기운)	
1971년	29	31	주산과 객산의 수가 29 대 31로 여야백중, 박정희 대통령 당선, 김대중 후보 선전, 주산과 객산의 기운이 비슷하여 다른 인자가 선거에 변수 역할을 함.
1987년	1	37	객산의 기운이 37로 주산의 기운 1을 압도함. 즉 변화를 능동적으로 주도하는 세력이 선거에 유리함. 6·29 선언으로 여당의 프리미엄을 포기하고 적극전인 변화를 선택한 노태우 대통령 당선
1992년	2	17	객산의 기운이 주산의 기운을 압도함. 삼당합당으로 공격적인 변화를 선택한 김영삼 대통령 당선
1997년	32	31	주산과 객산 기운이 비슷함. 그러므로 안정이나 변화 외에 다른 변수가 선거에 영향을 미침. 김대중 대통령 당선
2002년	33	10	주산의 기운이 객산의 기운을 압도함. 그러므로 이때는 변화나 공격적인 전술을 사용하는 후보가 불리함. 여당의 프리미엄을 가진 노무현 대통령 당선
2007년	25	27	주산과 객산의 기운이 비슷함. 다른 안정과 변화이외에 다른 변수가 선거를 주도함. 이명박 대통령 당선
2012년	27	16	주산의 수가 객산의 수에 비하여 크므로 민심이나 기득권을 얻은 세력이 큰 변화 없이 선거에서 승리

우리가 보통 말하는 기상은 기상(氣象)으로 일반적인 기운의 물리적 상태를 총칭하는 말이다. 그러므로 2012년 임진년 기상달력에서는 좁은 의미의 날씨를 포함하여 건강이나 기타 농축산물의 작황, 그리고 시험이나 건강 그리고 사업에 좋은 길방(吉方) 등 생활에 필요한 정보를 수록하였다. 이 기상달력은 1821년부터 발간하여 중장기 기상예측에 80% 이상의 적중률을 보이고 있는 미국의 민력(民曆, Farmers' Almanac)의 수준을 자랑하는 대한민국 고유의 중장기 기상 예측의 방법이다.

2012년 기상 개황

2010년과 2011년은 건조한 기운이 강해 온도의 변화가 심한 해였다. 이러한 강력한 온도의 변화는 북극진동에 의한 강력한 한파가 나타나는가 하면 집중적인 폭설이나 폭우로 이어지기도 하였다. 그러나 2012년 하늘과 지상에 모두 찬 기운이 나타나면서 하늘에는 강풍이 부는 해가 될 것으로 보인다. 지상도 차고 하늘도 찬 기운이 돈다. 그러므로 수증기의 발생이 많은 계절이나 지역을 제외하고는 쓸쓸한 와중에 이슬비성 강수현상이 잦은 한 해가 될 것으로 보인다. 그러나 지역적으로 수증기의 유입이나 발생이 많은 지역이나 계절에는 냉기에 의한 응결현상에 의하여 집중적인 호우의 가능성이 있다. 반대로 북쪽이나 산악의 한랭하고 건조한 지역이나 찬 운기가 지배하는 시공간에서는 오히려 청명한 날씨가 예상된다. 이것은 북미나 유럽 그리고 중국과 같이 비슷한 위도에 있는 다른 대륙이나 나라에도 적용된다.

1월의 겨울철부터 이른 봄은 건조한 가운데 강풍이 불고 4월 이후 늦은 봄부터 초여름까지는 한랭한 가운데 봄장마의 가능성이 있다. 여름 장마기간인 6~7월 장마기간에는 정상적인 장마 비가 내릴 것으로 보이며 2011년과 같은 늦은 여름 장마나 가을장마 가능성은 낮다. 그러므로 장마 이후 경기나 피서나 행락에는 큰 문제가 없을 것으로 판단한다. 그리고 가을철은 무난한 가을이 될 것이며 늦은 가을이나 겨울철에는 강력한 기습한파나 폭설보다는 지상은 온도가 높고 하늘은 냉하여 강수나 강설현상이 규칙적으로 나타나는 전형적인 겨울 기상이 예상된다.

그리고 2012년은 목성의 기운이 강하여지는 목태과의 해이기에 간 질환이나 근육질환 그리고 안과의 질병이 심한 해가 된다. 그러므로 간을 영양하는 신맛의 과일이나 고소한 맛의 견과류 그리고 닭이나 계란 등을 주기적으로 섭취하는 것이 건강에 크게 도움을 줄 것이다. 농축산으로는 봄철의 냉해나 빈번한 강수에 의한 기상상태가 크게 영향을 미치지 않는다면 신맛이 나는 과일이나 고소한 맛이 나는 견과류 그리고 참깨나 들깨 등의 작황이 좋거나 무난할 것이다. 그리고 닭과 개의 생육이 좋아 계란이나 닭과 개의 값이 크게 하락할 가능성이 있다. 목태과의 해이기에 매운맛의 파, 양파, 생강, 후추 등의 작황이 좋지 않아 값이 상승할 가능성이 있다. 4~5월에 온도가 낮거나 지속적인 강수현상이 나타날 가능성이 있으므로 건조한 지역이 아닌 양봉업계에서는 이에 대한 대비가 필요하다.

2012년 주제별 기상 특징

겨울~초봄

2011년 12월은 따듯한 와중에 기습한파와 함께 폭설의 가능성이 있으며 2012년 1월과 2월은 하늘에 강풍 가능성이 높다. 전반적인 계절별 기상특징은 1월부터 3월까지 겨울과 초봄의 기간은 지상은 따듯하거나 건조하고 하늘에는 찬바람을 동반한 강풍이 예상된다. 그러므로 화재 발생과 아울러 황사현상이 일찍 나타날 가능성이 있다. 수증기의 유입이나 발생량이 많은 지역에서는 의외로 실질적인 양의 강설이나 강수현상이 나타날 수 있다.

봄철 황사에 대하여 구체적으로 언급하면 아래 황사관측일수 연구 결과가 보여 주듯이 우리나라에서는 신묘년과 같이 병신합수에 의한 수불급의 기운이 나타나는 해나 화태과 또는 목태과의 해에 황사의 발생빈도가 높게 나타나고 있다(김현경, 2010). 그리고 지상이 건조한 특성을 가지는 해에 황사의 빈도가 높다고 할 수 있다. 그러나 2012년 임진년은 목태과의 해이면서 봄철 건조한 기운이 나타나기에 2002년 임오년보다는 약하지만 어느 정도의 실질적인 봄철 황사가 있을 것으로 판단된다.

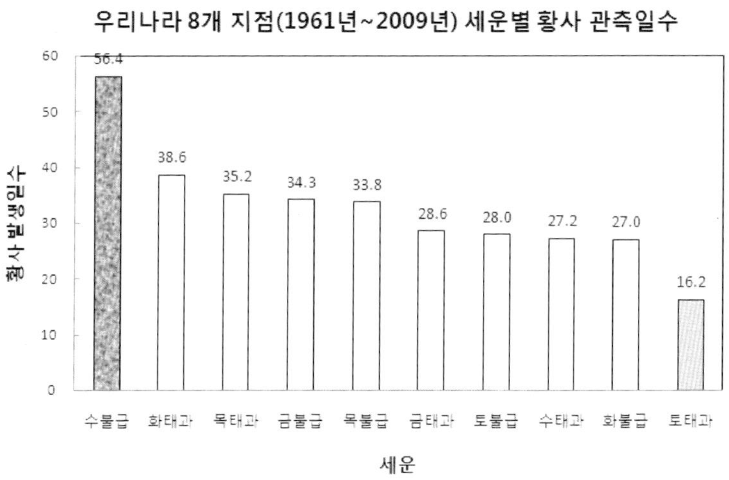

우리나라 8개 지점(1961년~2009년) 세운별 황사 관측일수

황사 발생일수

세운

수불급 56.4
화태과 38.6
목태과 35.2
금불급 34.3
목불급 33.8
금태과 28.6
토불급 28.0
수태과 27.2
화불급 27.0
토태과 16.2

1961~2009년 한반도 세운에 따른 황사 발생 빈도수

(김현경, 2010, 충남대 환경공학과)

늦은 봄~초여름

4월 초순부터 6월 초순까지 따듯하여지는 계절에 운기상으로 찬 기운이 들어 온도가 낮거나 쌀쌀할 가능성이 있으며 간헐적으로 봄비가 내리거나 심하면 봄장마와 같은 지속적인 강수 현상이 있을 가능성이 있다. 특히 2운3기인 5월 21일부터 6월 8일까지는 그 가능성이 크다. 그러나 건조한 지역이나 시공간적으로 수증기의 발생이나 유입이 적은 경우에는 오히려 아주 청명한 기상이 나타날 가능성이 있다.

장마와 태풍

6월 중순 이후 7월 하순까지 장미기간에는 장맛비가 내릴 것이나 2011년 신묘년과 같은 지속적인 집중호우에 의한 재난은 없을 것으로 보인다. 또한 장마기간 이후 늦은 장마나 가을장마의 가능성도 높지 않아 보인다. 임진년은 운기가 뜨겁지 않은 해이기에 온난화가 크게 가속화되지 않는 한 강력한 힘을 가진 태풍이 한반도까지 올라올 가능성은 낮아 보인다. 구체적으로 태풍은 7월의 운기가 크게 덥지 않기에 7월에 발생할 가능성은 적어 보인다. 반대로 8월에는 병정 사오미의 뜨거운 운기가 집중적으로 나타나기에 8월 기상달력에 표시된 더운 운기기간 동안에 열대야가 발생하거나 열대성 저기압에 의한 호우 그리고 태풍의 북상 가능성을 예상할 수 있다.

가을~겨울

가을철은 크게 건조하지 않은 와중에 더운 운기가 지배하기에 따듯한 와중에 한서의 변화가 크지 않을 전망이다. 그러나 가을 이후에는 지금과 같이 온난화가 두드러진 한반도에서는 따듯한 운기기간에는 항상 북쪽의 찬바람이 불어올 가능성을 염두에 두어야 한다. 늦은 가을이나 겨울철에는 지상은 따듯하고 하늘에는 찬 기운이 존재하여 강력한 기습한파나 폭설보다는 강수나 강설현상이 주기적으로 나타나는 전형적인 겨울 기상이 될 것이다.

2012년 임진년 운기표

壬辰年 기본 기운	天干	壬水(냉기)
	地支	辰土(냉기와 바람의 저장고)
壬辰年 유도된 기운	간합	丁壬合化木(목태과)
	지지충	진술충(辰戌冲) 태양한수(太陽寒水)

계절	겨울	봄	여름	가을	겨울
객운 (하늘의 변화 기운)	1운(목태과) 1월 8일~ 3월 31일	2운(화불급) 4월 1일~ 6월 7일	3운(토태과) 6월 8일~ 8월 12일	4운(금불급) 8월13일~ 11월15일	5운(수태과) 11월 16일~ 2월 1일

객기 (지상의 변화 기운)	1기	2기	3기	4기	5기	6기
	1월 21일~ 3월 19일 소양상화	3월 20일~ 5월 20일 양명조금	5월 21일~ 7월 21일 태양한수	7월 22일~ 9월 21일 궐음풍목	9월 22일~ 11월 21일 소음군화	11월 22일~ 1월 19일 태음습토

24절기	월운	辛丑	壬寅	癸卯	甲辰	乙巳	丙午	丁未	戊申	己酉	庚戌	辛亥	壬子	癸丑
	월(양력)	2012년 1월	2	3	4	5	6	7	8	9	10	11	12	2011년 1월
	음력	12/13	1/13	2/13	3/14	윤3/15	4/16	5/18	6/20	7/21	8/23	9/24	10/24	11/24
	양력	1/6	2/4	3/5	4/4	5/5	6/5	7/7	8/7	9/7	10/8	11/7	12/7	1/5
	절기	소한	입춘	경칩	청명	입하	망종	소서	입추	백로	한로	입동	대설	소한
		대한	우수	춘분	곡우	소만	하지	대서	처서	추분	상강	소설	동지	대한

	5운 6기 11.23. ~ 1.7.	1운 6기 1.8. ~ 1.20.	1운 1기 1.21. ~ 3.19.	1운 2기 3.20. ~ 3.31.	2운 2기 4.1. ~ 5.20.	2운 3기 5.21. ~ 6.7.	3운 3기 6.8. ~ 7.21.	3운 4기 7.22. ~ 8.12.	4운 4기 8.13. ~ 9.21.	4운 5기 9.22. ~ 11.15.	5운 5기 11.16. ~ 11.21.	5운 6기 11.22. ~ 1.19.
객운(하늘)	금불급	목태과	목태과	목태과	화불급	화불급	토태과	토태과	금불급	금불급	수태과	수태과
객기(지상)	소음군화	소음군화	소양상화	양명조금	양명조금	태양한수	태양한수	궐음풍목	궐음풍목	소음군화	소음군화	태음습토

2012년 기상 개황

2012년 임진년은 하늘과 지상에 모두 찬 기운이 나타나고 하늘에 강풍이 분다. 그러므로 수분발생량이 많은 기간이나 지역을 제외하고는 온도가 낮아 쓸쓸한 와중에 폭우보다는 이슬비성 강수현상이 잦은 한 해가 될 것으로 보인다. 지역별로 구체적인 기상특징은 충남대 환경광학과 전산열유체 실험실로 문의를 바란다. 1월의 겨울철부터 이른 봄은 건조한 가운데 추운 강풍이 불고 4월 이후 늦은 봄부터 초여름까지는 쓸쓸한 가운데 봄장마의 가능성이 있다. 6~7월에는 장맛비가 예상되나 2011년과 같은 집중적인 호우는 없을 것으로 보인다. 그리고 늦은 여름 장마나 가을장마 역시 가능성이 낮다. 그리고 가을철은 무난한 가을이 될 것이며 늦은 가을이나 겨울철에는 강력한 기습한파나 폭설보다는 강수나 강설현상이 주기적으로 나타나는 전형적인 겨울이 예상된다. 그리고 목태과의 해이기에 간질환이나 근육질환 그리고 안과의 질병이 심한 해가 된다. 농축산 작황으로는 봄철의 기상상태가 크게 영향을 미치지 않는다면 신맛이 나는 과일이나 고소한 맛이 나는 견과류 그리고 참깨나 들깨 등의 작황이 좋거나 무난할 것이다. 그리고 닭과 개의 생육이 좋아 계란이나 닭과 개의 값이 크게 하락할 가능성이 있다. 목태과의 해이기에 매운맛의 파, 양파, 생강, 후추 등 신미(辛味)의 작황이 좋지 않아 값이 상승할 가능성이 있다.

2. 기상 예측자료에 대한 검증과 분석의 예

이 절에서는 기상달력의 내용에 대하여 몇 개의 검증사례를 제시한다. 많은 체계적인 검증은 충남대 환경공학과 송우영 박사의 논문(기상재난 방지를 위한 시스템연구: 오운육기 열유동 중장기 기상 예측모델의 통계적 검증 및 이산화탄소 저감 가스화 수치해석, 2010년 2월)에 잘 정리되어 있으므로 관심 있는 독자는 그 논문을 참조하기 바란다.

2003년 계미년의 일 년 내내 내린 강수 현상

이 내용에 대하여서는 2003년 12월 26일에 동아일보에 실린 기사로 대신한다.

충남대 장동순교수, 道에 제공한 '동서양 기상예보' 적중 화제
공학 교수가 동양사상에 기초해 2년째 지방자치단체에 기상과 생활환경 등을 담은 '생활 기상' 예보를 제공하고 있는 데다 이 예보가 올해의 경우는 대체로 적중해 화제다.
충남대 환경공학과 장동순(張同淳·51) 교수는 25일 충남도에 '동서양의 기상이론을 접목시킨 2004년 갑신년 생활기상 달력'을 제출했다. 그는 충남도 정책자문교수이기도 하다.
장 교수는 이 자료에서 새해에는 홍수나 태풍 피해는 크지 않으나 봄철 안개와 한발, 가을철 산불, 냉해가 심할 것으로 예측했다. 장마는 6월 말경 시작돼 7월 21일경 끝날 것으로 내다봤다. 그는 올해(계미년)에 심했던 심장질환은 감소하는 반면 위장병 환자가 늘어날 것으로 관측했다. 또 농축산 분야에서는 참외, 호박, 고구마 재배나 소 사육은 좋을 것이지만 콩과 깨 재배나 양돈은 다소 부진하며 벼농사는 평년작일 것으로 전망했다. 인간 심리변화와 관련, 올해는 방화나 투신 등이 많았지만 내년에는 칼이나 쇠붙이 같은 흉기와 관련된 범죄가 늘어날 것이라고 주장했다.
장 교수는 충남도의 자문으로 올해 초 계미년에 대해 조언한 데 이어 이번에 두 번째로 생활기상을 예보했다. 그는 올해 초 2002년에 극심했던 황사와 한발 등은 없을 것이나 봄부터 초가을까지 비가 '지긋지긋하고 지속적으로' 내리고 가을철에는 건조하기는 하나 산불이 없을 것이라고 예측했다. 그의 예측은 실제 상황과 맞아떨어졌다. 하지만 장 교수는 태풍 '매미'의 강타에도 불구하고 태풍 경계보를 내지 못했다.
장 교수는 10년 전부터 동양사상에 매료돼 60갑자(甲子)와 운기(運氣)의 순환법칙을 토대로 한 '절기(節氣) 이론'을 과학적으로 해석하고 일반화해 기상 분야에 적용하는 작업을 하고 있다. 장 교수는 "서양식 예측법으로는 1주일 이상 장기 기상을 내다보기 어려워 실제 2, 3일마다 예측을 번복하는 실정"이라며 "절기이론을 접목하면 훨씬 장기적이고 포괄적이며 정확한 기상 예측이 가능할 것"이라고 말했다.
그는 "현재 기상 규정상 개인은 예보를 할 수 없으며 충남도에 대한 기상예보는 정책자문 차원일 뿐"이라고 덧붙였다. 장 교수는 충남대 이공계 교양과목 교재로 쓰이고 있는 '동양사상과 서양과학의 접목과 응용' 등 많은 관련 서적을 저술했다.

동아일보 지명훈 기자 | 2003.12.25.

2004년 7월 장마

기상달력 내용

장마는 6월 말부터 7월 22일까지 예상되며 22일 이후 8월 12일까지는 그런대로 비가 오고 8월 13일 이후부터는 강우횟수는 크게 줄어들 것이다.

기상청 7월 월보

상순에는 태풍과 장마전선의 영향으로 비가 오는 날이 많았다. 3~4일에는 제7호 태풍 "민들레"의 영향으로 남부일부와 강원영동지역에 많은 비가 내렸으며, 중순에는 장마전선의 영향을 자주 받아 비가 오는 날이 많았다. 장마는 제주도에서 11일 종료되었고 중순 후반에 북태평양 고기압이 빠르게 확장하면서 남부지방에서는 17일, 중부지방에서는 18일에 장마가 종료되었다. 18~20일은 북태평양 고기압의 영향으로 동해안 및 영남지역을 중심으로 33℃가 넘는 고온경향을 보였다. 하순에는 북태평양고기압의 영향을 주로 받아 동해안과 영남내륙 지역을 중심으로 최고기온이 35℃를 웃도는 무더운 날씨를 보였으며 남부와 제주도지방을 중심으로 열대야 현상이 나타났다.

2005년 여름 기상

기상달력 내용

6월은 壬午月이다. 6월 월운인 임수의 작용으로 지난 4, 5월과는 달리 비는 소나기 형태로 바뀌어 내릴 가능성이 많다. 비가 지속적으로 내리며 흐리기보다는 비 온 뒤 곧바로 개어 맑은 하늘이 많을 것이다. 7월 7일 소서 이후 8월 7일 입추 전까지는 흐리고 비 오는 날이 많을 것이며 따라서 습도가 높은 여름이 될 것이다. 7월 23일 대서가 지나면서 하늘의 온도도 낮고 지상도 태양한수가 들어 장마 전선과 관계없이 본격적으로 많은 비가 내릴 가능성이 높다. 또한 여름철 냉해의 가능성이 있다.

기상청 7월 월보 내용

전반에는 장마전선의 영향을 주로 받아 비가 오는 날이 많았다. 장마는 제주도 지역에서는 15일 남부와 중부지역에서는 18일에 종료되었다. 후반에는 북태평양 고기압이 확장하면서 무더위와 함께 전국적으로 많은 지역에 열대야 현상이 나타났다. 상순에는 장마전선의 영향을 받아 비가 오는 날이 많았다. 북동기류의 영향으로 상순 후반에는 동해안 지역을 중심으로 저온현상이 나타났다. 중순에는 장마전선의 영향으로 비가 오는 날이 많았다. 장마전선상에서 발달한 저기압의 영향으로 11일에는 중부지방을 중심으로 많은 비가 내렸으며 중순 전반에는 동해안 지역을 중심으로 평년보다 2~3℃가량 낮은 저온현상이 지속되었다. 장마는 제주도 지방 15일 종료되었다. 남부와 중부 지방은 8일에 종료되었다. 장마전선이 북상하고 점차 북태평양 고기압의 영향을 받으면서 일부 지역에서는 열대야 현상이 나타났다. 하순에는 북태평양 고기압의 영향을 주로 받아 기온이 높고 무더운 날씨를 보였으며 중순에 이어 전국적으로 많은 지역에 열대야 현상이 나타났다. 하순 후반 들어 고기압 가장자리를 지나는 저기압의 영향으로 전국적으로 비가 내렸다.

2008년 무자년 가을 더위

기상달력에 나타난 가을 기상

2008년 가을은 밝고 화창하며 비교적 온도가 높은 가을이 될 것이다. 그러나 9월에는 일진의 분포가 한서의 교차가 강력하게 나타나고 있기 때문에 불규칙하게 호우성 강우가 나타날 가능성이 있다. 가을철 온도가 높기 때문에 2008년 단풍은 늦게 들고 곱지 않을 것이며 빙과류나 맥주의 판매가 여름철 성수기를 지나서도 호황을 보일 것이다. 비교적 온도가 높은 가을이나 초겨울의 기상은 때에 따라서는 늦은 가을철이나 초겨울에 기습한파나 이른 강설을 유발할 가능성이 있으므로 김장이나 때 이른 추위에 따른 농작물의 피해 등을 입지 않도록 주의하여야 한다.

가을 기상에 대한 신문 기사

① 카스 "9월 무더위, 고맙다"

7·8월 브랜드 선호도조사 '하이트' 앞질러
여름캠페인 호응 이달 매출도 45.6% 상승

가을의 문턱 9월이 시작되었지만, 한낮 기온이 30도를 넘는 무더위 덕에 오비맥주가 불경기 속 호황을 누리고 있다. 오비맥주의 '카스'는 조사회사 시노베이트에서 만 19세 이상 55세 이하 성인을 대상으로 조사한 월별 브랜드 선호도에서 여름 최고 성수기인 7월에 '카스'가 36.2%, '하이트'가 34.4%로 조사되었고, 8월에는 '카스'가 39%, '하이트'가 37.6%의 선호도를 나타내 브랜드 간 격차가 점점 벌어지고 있는 것으로 나타났다. 이는 실제적인 시장점유율에서도 상당한 변화를 일으키고 있다.

대한주류공업협회에 따르면, 2005년 '카스'의 시장점유율은 27.3%, 2006년 27.9%, 2007년 30.6%를 기록했다. 특히, 2008년에는 여름 성수기를 앞둔 5월 34.4%를 시작으로, 8월 36.8%의 시장점유율을 기록했다.

이처럼 오비맥주는 '카스'의 약진에 힘입어 전체적인 시장점유율도 상승세를 보이고 있다. 대한주류공업협회에 따르면 오비맥주의 맥주 시장 전체 시장점유율은 2006년 40.3%에서 2007년 40.9%, 2008년 8월까지 평균 41.8%를 기록했다.
이러한 상승세는 9월에도 이어지고 있다. 9월 2째 주(1~12일)의 경우 지난해 동기 대비 약 45.6%의 매출 상승을 기록했다.

오비맥주 마케팅팀의 황인정 상무는 "올 여름 최대 목표는 카스가 맥주의 대표 브랜드로 자리 잡는 것이다. 이를 위해 대대적으로 진행한 '카스 쿨 서머 캠페인'이 소비자들의 오감을 만족시키며 폭발적인 호응을 얻음으로써 선호도가 높아진 것 같다. 앞으로도 소비자들의 트렌드를 면밀히 파악하고 그들과 호흡할 수 있는 마케팅 활동을 통해 향후 시장점유율 상승에 더욱 박차를 가해 나갈 것"이라고 밝혔다.

스포츠월드 류근원 기자 | 2008.09.21.

② 이상 고온 직격탄, 일 유니클로 판매량 25% 급감

일본캐주얼브랜드 유니클로가 이상 고온현상에 매출이 급감하는 등 직격탄을 맞은 것으로 나타났다.
5일 산케이신문 등 일본 언론에 따르면 저가 패스트패션기업 유니클로를 소유하고 있는 패스트(FAST)사는 9월 일본 내수 시장 매출이 전년 동월 대비 24.7% 급감하는 등 2003년 2월 이후 7년 만에 최악의 판매감소를 기록했다. 전년 동월 대비 20% 이상 하락한 것은 2003년 2월(25.8% 감소) 이후 7년 7개월 만이다. 폭염으로 고전했던 8월 매출이 9.3% 감소를 보인 데 이어 9월에도 한여름을 방불케 하는 폭염 때문에 가을 옷들이 팔리지 않아 유니클로의 마이너스 폭은 더욱 확대돼 적자를 기록했다. 2008년 금융 불황 속에 의류업계에서 '나 홀로 호황'을 누려온 유니클로의 추락이 선명해지고 있는 것.

유니클로는 8월 기록적인 무더위가 계속되는 가운데 초봄의 매출 부진을 회복하기 위해 8월부터 순차적으로 가을, 겨울 의류를 판매했지만 계속돼 온 늦더위에 비상이 걸렸다. 코트와 스웨터 등 울 소재를 중심으로 한 겉옷뿐만 아니라 거의 모든 가을, 겨울 의류들이 판매 부진을 보였다.

한국일보 권경희 기자 | 2010.10.05.

2010년 9월 광화문 지하도를 잠기게 한 가을 장마

기상달력 내용

전형적인 여름장마 기간을 포함하는 6~7월에는 장마전선에 의해 전형적인 장맛비가 올 가능성은 높지 않다. 그러나 더위에 의한 포화성 형태의 강수가 규칙적으로 있을 것이 예상된다. 그러나 오히려 8월 중순의 늦은 여름 이후부터 가을에 비가 구질구질하게 자주 올 가능성이 높다. 그리고 늦은 가을에 한시적으로 일찍 추워질 가능성이 높으나 겨울로 가면서 크게 춥지 않을 것이다.

기상 현상에 대한 기사

> 2010년 6~9월은 서쪽지방에 많은 비가 집중적으로 내리고 동쪽지방은 강수량 부족한 현상을 보인 것으로 나타났다. 서울 및 경기북부, 강원도 영서북부, 충남 서해안과 남부지방의 지리산 부근, 제주도를 중심으로 크게 3지역에 1,000mm 이상의 강수가 집중되어 연 강수량의 200mm 이상(10~50%)을 초과했다. 8월 이후 일본열도에 중심을 둔 북태평양 고기압이 강화되어 정체하면서 서해상과 우리나라 서쪽지방은 저위도에서 고온・다습한 남서류가 유입되고, 몽골 부근에 평년보다 일찍 대륙고기압이 강하게 발달하여 차고 건조한 북서류가 유입되어 두 기압계 사이에서 기압골의 통로가 형성되어 서해안과 경기북부, 강원영서 북부지방을 중심으로 많은 비를 내렸다.
>
> 서울의 8월 1일부터 9월 12일까지의 강수일수는 기상관측 이래 최대인 32일을 기록하였고, 누적강수량은 951.7mm로 3위에 해당한다.

서울 8월 1일~9월 12일 누적 강수일수와 누적강수량 순위

순위	강수일수	연도	순위	누적강수량	연도
1	32일	2010	1	1318.6mm	1998
2	31일	1936	2	968.1mm	1972
3	26일	2003, 2007	3	951.7mm	2010

한편, 9월 1일부터 12일까지 서울의 강수일수는 8일로 관측 이래 3번째로 많았으며, 강수량도 3번째로 많은 353.0mm를 기록하였다.

어니스트 뉴스 손유민 기자 | 2010.09.12.

우면산 산사태를 일으킨 2011년 두 달간의 긴 장마

2011년 기상달력 내용

일반적으로 온도가 높고 건조하며 한발의 가능성이 높은 한해이다. 특히 봄철에는 황사의 가능성이 있고 여름철 장마는 6월 중순부터 8월 중순경까지 긴 장마가 예상된다. 태풍이나 열대성 저기압에 의한 호우 가능성은 북태평양 바다의 온도에 영향을 미칠 봄부터 여름까지의 한발 정도가 중요할 역할을 할 것이다. 특히 8월 중・하순경이 가능성이 높다. 가을과 겨울은 온화하나, 온화한 와중에 2011년 12월 이후 서해안 폭설 등의 가능성이 존재한다. 금극목의 작용이 강한 해이므로 기업이나 가계의 도산, 쇠붙이에 의한 사람의 다침이나 구제역이나 조류독감과 가축의 질병 역시 우려되는 한 해이다. 실력에 따른 신인들의 등장이나 기존의 인물들의 부침이 많아 보이는 해이다.

2011년 장마에 대한 기사

"폭우, 장마 아직 안 끝난 탓" 새 주장 제기
동양절기 활용 '기상달력' 제작 충남대교수 예측

"장마전선이 사라졌다고 하지만 우리가 만든 기상달력을 볼 때 다음 달 13일까지는 장마가 지속될 것입니다." 서울과 강원, 경기 지역에 27일 수십 명의 인명피해를 낸 '물폭탄'이 쏟아진 가운데 2004년부터 기상달력을 만들어 온 충남대 장동순(59) 교수는 다음 달 13일까지 장마가 지속될 것으로 예측했다.

기상청이 제주도 및 남부지방은 지난 10일, 중부지방은 지난 17일 장마가 사실상 종료된 것으로 발표한 상황에서 장 교수의 예측이 들어맞을지 관심을 끌고 있다. 28일 충남대에 따르면 환경공학과 장 교수는 지난 2004년부터 동양의 절기 이론을 이용해 1년치 날씨를 예측한 달력을 펴내고 있다. 그는 '5운(運) 6기(氣) 이론'을 재해석해 황사와 장마, 태풍, 폭설 등 일상생활과 밀접한 기상 현상을 예측하고 있다.

그는 주역을 바탕으로 한 한의학 경전인 『황제내경(黃帝內經)』에 나온 운기이론을 활용해 운과 기의 조합에 따라 계절을 나눈다. 장 교수는 "5운6기 이론에서는 1년을 10개의 기간으로 나눠 기상의 특징을 설명한다"며 "여섯 번째 기간인 7월 23일부터 8월 13일까지는 폭염 때문에 수분 증발이 많아 매우 긴 장마로 이어지거나 장마 후에도 지속적으로 비가 오는 궂은 날씨가 이어질 것"이라고 주장했다.
이어 "장마는 지상의 기온이 상승하면서 이에 대응하는 찬 기운이 존재할 때 장마전선이 형성되면서 발생한다"며 "장마가 끝나가는 시점에 찬 기운이 지상과 하늘에 나타나 장마가 연장되고, 중부지방이나 한반도 북부로 이동해 나타날 가능성이 높다"고 덧붙였다.

장 교수는 이번 서울과 강원지역에 내린 폭우도 5운6기 이론을 통해 설명했다. 그는 "장마전선이 사라졌으니 어떻게 보면 장마가 끝난 것도 맞지만 폭염 때문에 서해의 수분이 대량 증발했고, 수분을 머금은 구름대가 전선을 형성하면서 중부지방으로 이동, 그곳에서 찬 기운과 만나면서 폭우가 쏟아진 것"이라고 설명했다.

또 "일곱 번째 기간인 내달 14일 이후에는 장마 기운이 사라지겠지만 20일 이후에는 태풍이 올라올 수 있다"며 "이 기간은 열대야와 피서의 계절이 될 것"이라고 전망했다.

장 교수는 "과학적 상식으로는 태양의 고도와 거리가 일정한 춘분에는 매년 똑같은 기상이 나와야 하는데 그렇지 않다"며 "동양 절기이론으로는 더운 봄과 추운 봄, 건조한 봄, 비가 많은 봄, 꽃이 일찍 피는 봄 등 해마다 다르다. 기상달력은 수천 년 내려온 조상의 지혜를 풀어놓은 것"이라고 전했다.

서울대 원자핵공학과를 졸업하고 미국 루이지애나 주립대에서 기계공학 박사학위를 받은 장 교수는 전산열유체학 연구가 본업인 과학자다. 20년 전 건강이 나빠져 민간요법 전문가를 찾았다가 동양의학에 매료되면서 운기이론에 관심을 두게 됐다.

장 교수는 "운기이론은 일관된 법칙이 있는 과학으로 그동안 일반화하지 못해 제대로 활용하지 못했다"며 "운기 이론에 온난화 등 인공적 요인을 결합, 시뮬레이션을 통해 기상을 예측한다. 예측 정확도는 인공적 요인과 자연의 주기가 어떻게 결합하느냐에 따라 좌우된다"고 설명했다.

그는 "지난해에도 장마다운 장마가 없고 늦은 장마가 올 것으로 예측했는데, 실제로 기상청에서는 장마가 끝났다고 했지만 8월 중, 하순에 구질구질하게 비가 왔다"며 "최근 들어 서해안의 폭설과 폭우도 온난화 때문에 서해 바다의 온도가 높아지면서 수증기가 많아졌고, 북쪽에서 찬 기단이 내려오기만 하면 폭설, 폭우로 변한 것으로 설명할 수 있다"고 말했다.

동아일보 디지털뉴스팀 | 2011.07.28.

맺는 말

지난 10여 년간 동양의 운기이론에 기초하여 우리나라의 매년 기상 예측을 시도하여 왔다. 사실 충남대 환경공학과 전산열유체 실험실에서 기상 예측을 한 이론은 『황제내경』 소문 운기편에 나온 운기이론에 기초한 것임은 사실이다. 그러나 내용을 해석함에 있어서 본 연구실에서 환경 공학 장치의 설계도구로 사용하고 있는 열과 유체의 이동 개념을 도입하여 상황을 재현하고 슈퍼컴으로 문제를 풀듯이 그 상황에서 나타나는 현상을 이론적으로 해석하였다. 실제로 소문에 나타나 있는 내용에 대한 자귀의 해석에 있어서는 교수와 학생들 간의 토론에 있어서 여러 내용을 스스로 새롭게 정리하여 기상 예측에 사용하곤 하였다. 그렇게 때문에 본 저에서 사용한 운기이론은 내경의 소문의 운기이론을 열유체의 개념으로 새롭게 해석한 버전으로 보면 타당할 것이다.

앞에서 이미 언급한 바와 같이 동양의 절기이론은 육십갑자라는 60년의 순환에 기초하여 매년 10개의 구간을 오운육기로 구분한다. 육십년 순환에 따른 매년의 운기 특성에 의하여 그해 기상의 일반적인 개황이 결정된다. 예를 들어 2014년 갑오년이면 갑목에 의한 토태과의 습기 찬 기운이 하늘의 상태를 나타내고 오화의 뜨거운 열기와 자오충에 의하여 유도된 소음군화가 상승작용을 일으켜서 지상은 매우 더운 기운이 지배하는 것이 된다. 그러므로 갑오년은 지상의 뜨거운 열기에 의하여 발생한 많은 수증기가 하늘에 과포화 상태로 존재한다는 것이 갑오년 기상의 일반적인 개황이다.

갑오에 의하여 각각 유도된 토태과와 소음군화는 일정한 기운의 발현 양상을 따라서 하늘과 지상에 객운과 객기로 자리 잡아서 그해의 오운과 육기를 담당하게 된다. 이렇게 하여 한 해에는 10개의 기상특징을 나타내는 구간 또는 계절이 1운1기부터 5운6기까지 나타나게 된다. 이러한 10개의 구간은 양자적인 개념을 가진 구간으로서 그 구간의 운기가 시작하는 시각부터 끝나는 시각까지 매우 정확하게 작용함으로써 기상이나 날씨의 변화가 절기의 어느 시점을 기준으로 갑자기 변화하는 양상을 나타낸다. 그러므로 운기론에 의하여 기상을 예측하려면 그해의 기상 개황에 바탕을 두고 각 구간별 오운육기의 특성이 계절이나 주운주기에 따라 어떻게 발현할지를 예측하여야 한다.

이렇게 그해의 기상 개황과 객운과 객기에 의한 오운육기의 특성을 파악한 후 365일의 일진이 어떻게 분포되었는지를 살피는 것이 중요하다. 구체적으로 일진은 60일을 주기로 순환하는데 “병정 사오미”의 더운 기운과 “임계 해자축”의 찬 기운은 대개 두 달에 한 번씩 강력하게 중복되어 나타난다. 이러한 일진의 덥고 찬 기운의 중복이 기상변화에 실질적인 영향을 나타내게 되므로 이에 대한 세심한 고려가 요구된다.

기상 예측을 함에 있어서 가장 어려운 일들은 육십갑자와 그 변화에 나타난 물리적인 속성에 대한 정확한 개념 파악이었다. 매년 새로운 해가 도래함으로써 그해에 대한 우리가 가지고 있는 물리적인 정의가 과연 옳았는지는 그해 일 년이 지나야 비로소 확인이 가능하곤 하였다. 물론 육십갑자는 육십년을 주기로 순환함으로써 2012년 임진년의 기상은 1952년 임진년의 기상으로 어느 정도 유추가 가능하다. 그러나 지난 60년 동안의 온난화와 기타 지형학적인 변화, 그리고 기상자료의 정확성 여부 등이 문제로 대두되었으며 또한 60년 주기의 순환에 365일의 일진의 순환은 일치하지 않는다는 것이 또 다른 변수로 작용하였다.

본 저에서는 지난 10년간의 운기론적인 기상 예측에 대한 여러 내용을 설명하고자 하였으나 이 과정에서 여러 오류가 발생하였다. 그 오류는 첫째로 육십갑자와 그 변화이론의 해석상의 잘못이며, 둘째는 운기이론에 나타나는 기상변수들의 가상적인 이동현상에 대한 해석 실수이다. 마지막으로는 이러한 결과를 한반도라는 위도와 지형학적인 특성을 가진 장소에 적용할 때 범하는 오류가 나타난다. 이러한 제반 오류에 대하여서는 지속적인 보완과 수정을 필요로 한다. 결론적으로 이 책에서 제시한 동서기상학의 내용은 제왕학으로서 21세기에 나라를 다스리고자 하는 사람들의 학문이며 고비용 저효율의 문제를 해결하는 새로운 패러다임을 제시하여 주고 있다.

참고문헌

1. 이현영 저, 『한국의 기후』, 법문사, 2000년 10월.
2. 장동순, 『100년의 기상 예측』, 중명, 2004년 7월.
3. 장동순, 『2007년 정해년 기상달력』, 중명, 2006년 11월.
4. 장동순, 『易의 科學』, cnupress, 2007년 3월.
5. 장동순・신미수・김혜숙・송우영・김현경, 『기상백서』, 궁미디어, 2011년.
6. 장동순 외, 『2006년 병술년 기상달력』, 중명, 2006년 1월.
7. 장동순 외, 『2011년 신묘년 기상달력』, 홍진북스, 2010년 10월.
8. 김현경, 황사태풍 장기 예측을 위한 황제내경 운기론의 현대 기상학적 연구, 충남대학교 환경공학과 박사학위 논문, 2010년 8월.
9. 송우영, 기상재난 방지를 위한 시스템 연구: 오운육기 열유동 중장기 기상 예측 모델의 통계적 검증 및 이산화탄소 저감 가스화 수치해석, 충남대학교 환경공학과 박사학위 논문, 2010년 2월.
10. Mads Faurschou Knudsen, Marit-Solveig Seidenkrantz, Bo Holm Jacobsen & Antoon Kuijpers, Tracking the Atlantic Multidecadal Oscillation through the last 8,000 years, *Nature Communications*, 2011.
11. Scafetta, Nicolla, Empirical evidence for a celestial origin of the climate oscillations and its implication, *Journal of Atmospheric and Solar-Terrestrial Physics,* Volume 72 Issue 13, August 2010, pp.951~970.

부록: 서울시와 대전시 기상자료를 이용한 통계와 운기적 분석

아래 표에는 서울시와 대전시의 30년 기상자료를 제시하였다. 월별 평균과 표준 편차를 제시하였으므로 온난화와 오운육기에 따라 기상자료가 얼마나 심각한 현상인지를 판단하는 자료로 사용할 수 있을 것이다. 이를 위하여 표준정규분포 표를 같이 나타내었다. 한 가지 예를 들면 2012년 2월 7일 기습한파가 몰아쳤다는 서울시의 온도 자료는 다음과 같다.

2012년 2월 7일 서울시 기상 자료(기상청)

평균기온: -8.7℃

최고기온: -0.1℃

최저기온: -11.5℃

평균운량: 0.0

일강수량: 0.0mm

이때 최저기온이 최저기온: -11.5℃로 나타났는데 2월 30년 기상자료에서 최저 기온 평균이 -4.0C이고 표준편차가 1.44C이다. {-11.5-(-4.0)}/1.44=5.2 이므로 표준편차 5보다도 온도가 낮은 경우이다. 표준편차 2보다 온도가 낮은 경우가 확률상으로 제로에 가까우므로 이 경우는 아주 발생하기 힘든 이례적으로 온도가 낮은 기습한파의 경우라 할 수 있다. 이러한 기습한파가 발생한 운기학적인 이유는 임진년에는 하늘에 강풍이 불고 2월 초 일진의 운기가 병정 사오미로 따듯하여 시베리아기단의 강한 바람을 유도하였기 때문이다.

1971년~2000년 서울시 30년 기상자료

		01월	02월	03월	04월	05월	06월	07월	08월	09월	10월	11월	12월	평균
평균 기온	평균	-2.55	-0.28	5.23	12.11	17.35	21.89	24.89	25.35	20.81	14.39	6.913	0.23	12.19
	표준편차	0.75	1.52	1.92	2.10	1.53	1.14	1.11	0.93	1.76	2.28	2.87	1.36	
최고 기온	평균	1.55	4.11	10.22	17.65	22.76	26.87	28.78	29.47	25.61	19.68	11.46	4.21	16.86
	표준편차	0.67	1.59	2.14	2.19	1.58	0.98	1.13	1.00	1.41	2.35	3.11	1.40	
최저 기온	평균	-6.11	-4.0	1.12	7.32	12.60	17.79	21.79	22.10	16.73	9.78	2.92	-3.37	8.22
	표준편차	0.82	1.44	1.74	2.00	1.60	1.44	1.20	0.99	2.19	2.33	2.72	1.34	
평균 풍속	평균	2.47	2.72	2.84	2.88	2.62	2.25	2.27	2.10	1.94	2	2.25	2.32	2.39
	표준편차	0.19	0.24	0.17	0.14	0.23	0.15	0.15	0.15	0.14	0.14	0.20	0.18	
평균 습도	평균	62.65	60.96	61.21	59.26	64.07	70.99	79.81	77.36	71.03	66.21	64.57	63.83	66.83
	표준편차	3.10	2.24	1.71	2.90	2.79	3.66	1.76	1.49	3.62	2.18	1.77	1.72	
일조량	평균	5.11	5.72	6.37	7.03	7.23	6.27	4.21	5.01	6.15	6.47	5.04	4.83	5.79
	표준편차	0.71	0.67	0.68	0.65	0.89	0.99	0.81	0.74	1.05	0.51	0.53	0.46	

대전지역 강수량 자료(1981~2010년)

연도	01월	02월	03월	04월	05월	06월	07월	08월	09월	10월	11월	12월	합계
1981	27.3	24.5	26.1	44.3	24.2	150.8	273.7	374.8	170.3	45.9	26.7	17.9	1,206.5
1982	14.9	12.7	63.3	40.1	146.9	8.1	166.1	320.3	6.3	54.1	129.2	45.6	1,007.6
1983	12.6	31.9	75.5	161.2	50	219.2	270.1	178.7	148.3	35.2	38	7.6	1,228.3
1984	8.7	13	28.3	133.7	55.6	164.9	284.1	274.4	205.8	26.4	98.7	25.2	1,318.8
1985	17	35.2	68.2	58.9	123.9	63.3	402.4	258.5	412.6	137.2	71.2	44.4	1,692.8
1986	15.9	14.5	44.4	34.5	130	189.4	192.8	274.8	151	100.5	30.9	65.8	1,244.5
1987	73.1	60.5	39.5	55.1	84.2	136	681.7	580.2	19.1	80.2	67.7	3.4	1,880.7
1988	10.2	5.1	56.7	60.4	58.5	62.4	443.9	154.2	18.9	2.1	18.7	29.8	920.9
1989	90.4	82.1	76.9	21.9	51.6	170.3	511.6	105.5	323.6	35.3	51	17.8	1,538
1990	73.4	111.1	58.9	88.4	113.4	277.8	334.6	215	151.6	4.2	48.8	19.2	1,496.4
1991	23.2	56.9	89.4	69.4	50.2	169	275	139	218.3	16.1	18.6	57	1,182.1
1992	12.6	27	46.5	119.9	92.3	24.4	187.7	232.1	163.6	34.2	47.4	49.2	1,036.9
1993	8	82.9	40.1	64.8	154.9	222.4	295.6	364.3	142.4	39.3	93.7	24.7	1,533.1
1994	17.9	16.8	46.5	38.7	138.4	115.1	105.3	145.9	37.9	145.3	24.3	25.8	857.9
1995	23.5	16.9	33.8	54.7	62.2	33.6	155.4	641.9	53.4	36	17.5	7.3	1,136.2
1996	32.7	4.4	138	49.8	62.9	411.4	257.7	114.4	11.4	90.8	77.1	28.6	1,279.2
1997	15.6	51.1	37.1	55.4	200.9	267.5	424.2	463.5	30.2	7.7	168.2	44.5	1,765.9
1998	33.3	36.3	31.1	154.3	119.5	297.2	256.1	781.7	254.7	71.5	31.6	2.7	2,070
1999	1.8	12.2	79.4	103	116.8	245.7	137.8	203	359.5	171.6	16.5	7.9	1,455.2
2000	27.5	4.1	17.8	67.8	54.3	238.3	470.1	473.6	263.2	24.6	44.6	21.6	1,707.5
2001	61.2	70	16	20.4	30.2	234.2	171	78.1	25.2	91.2	10.8	20.4	828.7
2002	92.1	12	33.5	155.5	130.5	55.4	149.1	538.8	77	67.8	24	43	1,378.7
2003	11.2	59.2	44.2	217.5	119.5	186.4	576.3	254.9	208.5	21.5	32.6	17.1	1,748.9
2004	10.9	30.6	83.2	73.1	109	383.5	391	198.3	133.7	5	37.1	41.1	1,496.5
2005	6	37.5	38.8	48.5	60.5	209.6	463.3	499.5	226.4	30.5	20.3	15.2	1,656.1
2006	31.2	33.1	8.1	94.2	119.7	131	531	113.6	24.1	19.3	60	29.9	1,195.2
2007	14	45	117.5	28.6	130.1	133	275.7	373	549.9	47.4	9.8	26.9	1,750.9
2008	45.3	9.1	29.1	34.4	59.2	148.3	253.4	325.2	85.5	19.6	12.1	16.4	1,037.6
2009	15.4	27.5	60.3	34.5	124.3	87.3	429.2	148.3	46	24.7	54.7	38.2	1,090.4
2010	46.4	81.5	100.1	88.5	117.6	65.6	223.1	376.4	250.5	17.9	16.4	35.7	1,419.7
평년값	29.5	36.4	60.5	87.2	97	174.3	292.2	296.5	141.5	56.9	51.7	30.1	1,353.8
최대값	92.1	111.1	138	217.5	200.9	411.4	681.7	781.7	549.9	171.6	168.2	65.8	2,070
최소값	1.8	4.1	8.1	20.4	24.2	8.1	105.3	78.1	6.3	2.1	9.8	2.7	828.7
표준편차	25.1	27.9	30.4	48.1	42.5	100.1	146.0	176.5	133.2	43.7	37.0	16.0	320.3

서울지역 강수량 자료(1981~2010년)

연도	01월	02월	03월	04월	05월	06월	07월	08월	09월	10월	11월	12월	합계
1981	21	12	55.4	55.4	80.8	109.1	463.8	192.9	129	34.1	46.7	16	1,216.2
1982	26	2.9	46	8.1	134.6	15.7	195.5	255.8	4.8	46.5	164.8	48.6	949.3
1983	11.1	11.7	67.5	113.4	69	27.4	398.6	132.2	253.4	82.2	28.7	9.9	1,205.1
1984	10.7	14.9	11.4	41.8	35.2	105.5	269.9	330.9	348.1	21.4	35.5	24.2	1,249.5
1985	31.2	25.9	57.8	69	177.4	85.4	185.2	438.9	171.7	177.8	82.4	41.9	1,544.6
1986	11.7	8.3	44.3	20.6	71.5	117.1	351.8	370.3	101	79.6	39.3	31.9	1,247.4
1987	43.4	36.2	34.2	55.3	126.6	130.3	651.2	521.8	61.1	21.9	66.8	2.6	1,751.4
1988	3.3	4.5	31.3	60.5	42.8	73.7	382.3	81.3	39.7	8.4	21.1	11.9	760.8
1989	44.6	32.7	116.7	14	41.1	177.1	343.5	329.4	101.2	69.9	154.5	12.4	1,437.1
1990	62.2	64.8	92.3	94.2	122.8	497.2	486.5	283.5	570.1	0	56	25.9	2,355.5
1991	14.4	28.4	65.5	48.5	83.2	81.8	487.8	68.2	175.2	27.3	35	42.9	1,158.2
1992	13.6	46.6	11.2	76.5	155.5	99.6	270.1	418.8	168.5	33.6	89.5	71.4	1,454.9
1993	2.2	69.5	29.2	85.5	135.7	198.2	424.4	197.8	56.1	15.4	66.6	12.1	1,292.7
1994	6.5	14.8	31.7	44.9	152.4	85	139.5	232.7	60.7	214.5	49.6	23.5	1,055.8
1995	11.6	5.2	60.6	44.4	60.6	70.7	436.1	786.6	47.2	39.3	32.9	3.4	1,598.6
1996	16.3	1	77.9	62	29.3	249.7	512.8	132.4	11	90.3	62.9	11	1,256.6
1997	16.8	39.6	25.3	56.1	291.3	110	299.6	117.2	76.9	45.5	93.8	38.1	1,210.2
1998	10.4	32.3	45.1	120.2	121.5	234.1	311.8	1237.8	177.9	27.4	26.9	3.7	2,349.1
1999	10.2	2.9	55	97.2	109.7	131.8	230.4	600.5	377.3	81.6	19.5	17	1,733.1
2000	42.8	2.1	3.1	30.7	75.2	68.1	114.7	599.4	178.5	18.1	27.1	27	1,186.8
2001	39.4	45.7	18.1	12.3	16.5	157.4	698.4	252	49.3	68.2	13	15.7	1,386
2002	37.4	2.4	31.5	155.1	58	61.4	220.6	688	61.1	45	12.5	15	1,388
2003	14.1	39.6	26.8	139.6	106	156	469.8	684.2	258.2	41.5	69.3	6.9	2,012
2004	19.8	54.6	27.6	74.1	168.5	138.1	510.7	193.3	198.7	6.5	80	27.2	1,499.1
2005	4.5	17.2	12.5	94.7	85.8	168.5	269.4	285	313.3	52.6	44.6	10.3	1,358.4
2006	34.3	15.7	14	51.8	156.2	168.5	1014	121.2	11.1	30.2	47.6	17.3	1,681.9
2007	10.8	12.6	123.5	41.1	137.6	54.5	274.1	237.6	241.9	39.5	26.4	12.7	1,212.3
2008	17.7	15	53.9	38.5	97.7	165	530.8	251.2	99.2	41.8	19.6	25.9	1,356.3
2009	5.7	36.9	63.9	66.5	109	132	659.4	285.3	64.5	66.9	52.4	21.5	1,564
2010	29.3	55.3	82.5	62.8	124	127.6	239.2	598.7	671.5	25.6	10.9	16.1	2,043.5
평년값	21.6	23.6	45.8	77	102.2	133.3	327.9	348	137.6	49.3	53	24.9	1,344.2
최대값	62.2	69.5	123.5	155.1	291.3	497.2	1014	1237.8	671.5	214.5	164.8	71.4	2,355.5
최소값	2.2	1	3.1	8.1	16.5	15.7	114.7	68.2	4.8	0	10.9	2.6	760.8
표준편차	15.0	20.1	30.3	36.0	56.0	88.2	192.8	257.4	159.4	46.1	37.3	15.2	371.4

표준정규 분포 Z값

Z값	0	0.01	0.02	0.03	0.04	0.05	0.06	0.07	0.08	0.09
0	0.0000	0.0040	0.0080	0.0120	0.0160	0.0199	0.0239	0.0279	0.0319	0.0359
0.1	0.0398	0.0438	0.0478	0.0517	0.0557	0.0596	0.0636	0.0675	0.0714	0.0753
0.2	0.0793	0.0832	0.0871	0.0910	0.0948	0.0987	0.1026	0.1064	0.1103	0.1141
0.3	0.1179	0.1217	0.1255	0.1293	0.1331	0.1368	0.1406	0.1443	0.1480	0.1517
0.4	0.1554	0.1591	0.1628	0.1664	0.1700	0.1736	0.1772	0.1808	0.1844	0.1879
0.5	0.1915	0.1950	0.1985	0.2019	0.2054	0.2088	0.2123	0.2157	0.2190	0.2224
0.6	0.2257	0.2291	0.2324	0.2357	0.2389	0.2422	0.2454	0.2486	0.2517	0.2549
0.7	0.2580	0.2611	0.2642	0.2673	0.2704	0.2734	0.2764	0.2794	0.2823	0.2852
0.8	0.2881	0.2910	0.2939	0.2967	0.2995	0.3023	0.3051	0.3078	0.3106	0.3133
0.9	0.3159	0.3186	0.3212	0.3238	0.3264	0.3289	0.3315	0.3340	0.3365	0.3389
1	0.3413	0.3438	0.3461	0.3485	0.3508	0.3531	0.3554	0.3577	0.3599	0.3621
1.1	0.3643	0.3665	0.3686	0.3708	0.3729	0.3749	0.3770	0.3790	0.3810	0.3830
1.2	0.3849	0.3869	0.3888	0.3907	0.3925	0.3944	0.3962	0.3980	0.3997	0.4015
1.3	0.4032	0.4049	0.4066	0.4082	0.4099	0.4115	0.4131	0.4147	0.4162	0.4177
1.4	0.4192	0.4207	0.4222	0.4236	0.4251	0.4265	0.4279	0.4292	0.4306	0.4319
1.5	0.4332	0.4345	0.4357	0.4370	0.4382	0.4394	0.4406	0.4418	0.4429	0.4441
2.0	0.4772	0.4777	0.4783	0.4788	0.4793	0.4798	0.4803	0.4807	0.4812	0.4816
2.5	0.4938	0.4940	0.4941	0.4943	0.4945	0.4946	0.4948	0.4949	0.4951	0.4952
3.0	0.4987	0.4987	0.4987	0.4988	0.4988	0.4989	0.4989	0.4989	0.4990	0.4990
3.5	0.4998	0.4998	0.4998	0.4998	0.4998	0.4998	0.4998	0.4998	0.4998	0.4998
3.9	0.5000	0.5000	0.5000	0.5000	0.5000	0.5000	0.5000	0.5000	0.5000	0.5000

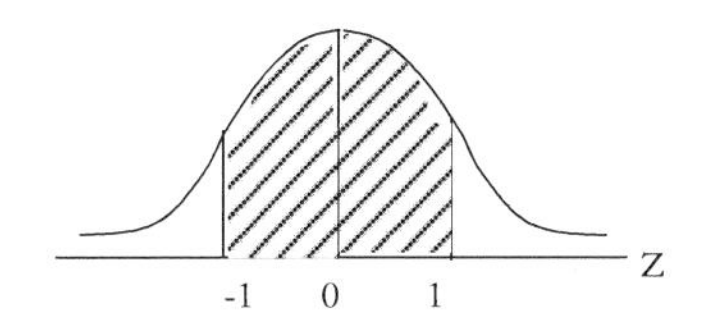

확률=0.3413×2=68.2%

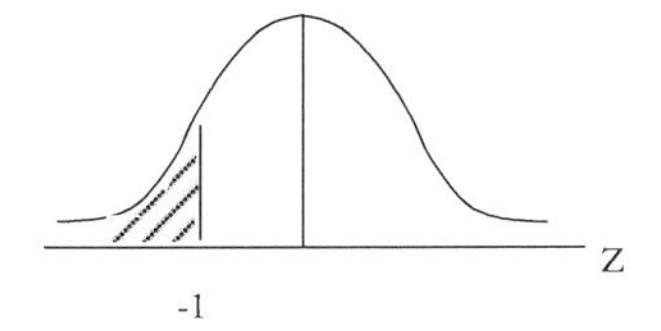

확률=0.5-0.3413=15.87%

2012년 2월 서울시 기상 자료

일요일	월요일	화요일	수요일	목요일	금요일	토요일
			1일	2일	3일	4일
			평균기온: -12.8℃ 최고기온: -8.1℃ 최저기온: -15.3℃ 평균운량: 0.0 일강수량: -	평균기온: -13.7℃ 최고기온: -9.5℃ 최저기온: -17.1℃ 평균운량: 0.0 일강수량: -	평균기온: -8.6℃ 최고기온: -3.9℃ 최저기온: -14.5℃ 평균운량: 3.4 일강수량: 0.1mm	평균기온: -3.0℃ 최고기온: 1.0℃ 최저기온: -5.2℃ 평균운량: 3.0 일강수량: 0.2mm
5일	6일	7일	8일	9일	10일	11일
평균기온: -0.9℃ 최고기온: 4.8℃ 최저기온: -4.5℃ 평균운량: 4.3 일강수량: -	평균기온: 0.9℃ 최고기온: 7.0℃ 최저기온: -3.2℃ 평균운량: 8.0 일강수량: 0.2mm	평균기온: -8.7℃ 최고기온: -0.1℃ 최저기온: -11.5℃ 평균운량: 0.0 일강수량: 0.0mm	평균기온: -8.0℃ 최고기온: -3.8℃ 최저기온: -12.1℃ 평균운량: 2.5 일강수량: -	평균기온: -4.5℃ 최고기온: -0.5℃ 최저기온: -9.0℃ 평균운량: 3.8 일강수량: -	평균기온: -3.5℃ 최고기온: 1.7℃ 최저기온: -6.9℃ 평균운량: 3.6 일강수량: 0.0mm	평균기온: -3.8℃ 최고기온: 0.8℃ 최저기온: -9.2℃ 평균운량: 0.1 일강수량: -
12일	13일	14일	15일	16일	17일	18일
평균기온: -0.1℃ 최고기온: 4.8℃ 최저기온: -5.0℃ 평균운량: 4.9 일강수량: -	평균기온: 3.1℃ 최고기온: 8.4℃ 최저기온: 0.2℃ 평균운량: 5.3 일강수량: -	평균기온: 3.0℃ 최고기온: 8.3℃ 최저기온: -0.3℃ 평균운량: 4.0 일강수량: -	평균기온: -1.3℃ 최고기온: 3.0℃ 최저기온: -4.1℃ 평균운량: 5.6 일강수량: -	평균기온: -2.8℃ 최고기온: 2.7℃ 최저기온: -6.1℃ 평균운량: 2.0 일강수량: -	평균기온: -6.4℃ 최고기온: -2.9℃ 최저기온: -8.8℃ 평균운량: 1.0 일강수량: -	평균기온: -6.8℃ 최고기온: -2.2℃ 최저기온: -9.6℃ 평균운량: 0.5 일강수량: -
19일	20일	21일	22일	23일	24일	25일
평균기온: -4.4℃ 최고기온: 1.3℃ 최저기온: -9.6℃ 평균운량: 0.0 일강수량: -	평균기온: -0.2℃ 최고기온: 5.3℃ 최저기온: -5.5℃ 평균운량: 0.5 일강수량: -	평균기온: 2.3℃ 최고기온: 5.5℃ 최저기온: -0.9℃ 평균운량: 6.9 일강수량: -	평균기온: 5.8℃ 최고기온: 12.1℃ 최저기온: -0.8℃ 평균운량: 5.4 일강수량: -	평균기온: 4.4℃ 최고기온: 8.2℃ 최저기온: 1.1℃ 평균운량: 6.9 일강수량: 0.3mm	평균기온: 4.3℃ 최고기온: 9.7℃ 최저기온: 0.2℃ 평균운량: 6.8 일강수량: -	평균기온: 1.2℃ 최고기온: 5.0℃ 최저기온: -2.3℃ 평균운량: 7.1 일강수량: -
26일	27일	28일	29일			
평균기온: -1.6℃ 최고기온: 3.2℃ 최저기온: -4.0℃ 평균운량: 4.4 일강수량: -	평균기온: -0.7℃ 최고기온: 5.2℃ 최저기온: -5.9℃ 평균운량: 0.0 일강수량: -	평균기온: 2.1C 최고기온:3.6℃ 최저기온:-3.2℃ 평균운량: - 일강수량: -	평균기온:5.4℃ 최고기온:11.8℃ 최저기온:-1.5℃ 평균운량3.6 일강수량: -			

출처: 기상청 홈페이지(http://www.kma.go.kr/weather/observation/past_cal.jsp)

중요 단어 설명

태과와 불급: 태과는 한 해를 주관하는 운기가 왕성하여 크게 발현하는 것이고, 불급은 한 해를 주관하는 기운이 약하여 발현이 평년보다 약한 것이다. 예를 들어 갑병무경임의 5개의 양간의 해는 태과의 해가되고 반대로 을정기신계의 5개의 음간의 해는 불급의 해가 된다. 예를 들어 소문의 기교변대론(기교변대론)에는 갑년과 같이 토운이 태과한 해(갑자, 갑술, 갑신, 갑오, 갑진, 갑인)에는 토의 끈적끈적한 기운이 왕하여 공기중에 함습량이 높아진다. 그래서 비와 습기가 유행한다고 하고 토운이 불급한 해에는 육기년(기사, 기묘, 기축, 기해, 기유, 기미)에는 토극수를 하지 못하므로 수생목을 하여 바람이 크게 성행한다고 하였다. 그러나 위의 간단한 논리 그대로 기상변화가 일어나는 것은 아니므로 일률적인 적용에는 무리가 있고 보다 심도 깊게 전달현상론을 고려하여야 한다.

오운육기: 하늘에 다섯 가지의 기운과 땅의 여섯 가지의 기운이 순환한다는 모델이다. 구체적으로 하늘에는 주운과 객운이 있고 지상에는 주기와 객기가 있다. 주운은 매년 일정한 순서로 나타나는 사계절과 같이 목운, 화운, 토운, 금운, 수운의 순서로 나타난다. 반면에 객운은 해마다 순서가 달라져 나타난다. 목태과, 화불급, 토태과, 금불급, 수태과, 목불급, 화태과, 토불급, 금태과, 수불급 중에서 다섯 개의 기운이 순서대로 나타난다. 예를 들어 2000년 경진년이라면 연운에서 유도된 기운이 금태과의 기운인데 이때 금태과의 기운이 객운의 1운으로 나타난다. 그래서 금태과를 시작으로 하여 금태과(1운), 수불급(2운), 목태과(3운), 화불급(4운), 토태과(5운)이 된다. 한편 주기는 1기 궐음풍목, 2기 소음군화, 3기 소양상화, 4기 태음습토, 5기 양명조금, 6기 태음습토로 고정되어 나타난다. 반면에 객기는 그해에 지지의 충이 되는 기운이 제3기로 나타나서 궐음풍목, 소음군화, 태음습토, 소

양상화, 양명조금, 태양한수의 순서대로 순환한다.

우리나라 기단: 기단은 스케일이 큰 넓은 대륙이나 해양에서 잘 발생한다. 주로 고기압에서 발생한다. 왜냐하면 고기압에서는 밀도가 높아 하강기류가 발생돼 동일 성질을 가진 공기가 넓은 지역을 지배하기 때문이다. 그러나 저기압에서는 사방에서 서로 다른 공기가 모여들기 때문에 같은 성질의 공기를 유지할 수 없어 기단이 발생되지 않는다. 우리나라에 영향을 주는 기단의 성질과 이에 따른 변화관계를 살펴보면, 겨울철의 시베리아 기단은 시베리아의 넓은 평야지대가 겨울철에 강력한 복사냉각을 일으켜 1040mbar의 높은 압력을 가진 차고 건조한 기단을 형성한다. 이 기단이 겨울철에 추위와 한파를 몰고 온다. 서해를 건너오는 도중에 더운 운기에 의하여 함습량이 많은 수증기를 만나면 서해 쪽에 폭설을 만들기도 한다. 서해안 폭설 현상은 서해바다의 온도가 온난화에 의하여 높아진 요즈음 보다 빈번하게 발생하고 있다. 여름의 북태평양기단은 온도가 높고 습기가 많아 무더운 날씨와 소나기, 천둥번개를 동반한다. 오호츠크해기단은 우리나라 동해안 쪽으로 차고 습기가 많은 공기를 유입시켜 냉해를 발생시킨다. 그리고 북태평양기단과 합세해 장마전선을 형성시키는 역할을 한다. 봄과 가을에 좋은 날씨를 보이는 이동성 고기압은 따뜻하고 건조한 공기를 만들어 낸다.

삼한사온: 시베리아 기단이 발원해서 2~3일 경과하면, 서서히 그 세력이 약화하면서 원래의 성격이 변질되어 온난 건조한 상태가 되며, 일반적으로 이런 상태일 때를 이동성 고기압이라고 부른다. 이때는 비록 겨울이라 하여도 포근한 날씨가 나타난다. 이 공기는 원래 성격의 시베리아기단과 온도 차이가 크기 때문에 우리나라에 영향을 미칠 때는 눈이 내리면서 포근하다. 삼한사온은 이와 같이 겨울철에 시베리아기단의 세력의 확장과 약화의 주기에 의해서 나타나는 우리나라의 특징적인 기후현상이다. 그러나 보다 근본적으로는 겨울철에 육십갑자 순환에 의한 찬기운의 성쇠를 기상학적 특성과 함께 살피는 것이 보다 합리적인 판단이라고 보인다. 예를 들어 임진년의 경우라면 임진년의 기운에 유도된 목태과와 태양한수의 기운, 그리고 겨울철에 해당하는 오운육기의 기운에 그 겨울철의 일진의 육십갑자 순환을 살펴서 그 한열의 순환을 살펴보면 차고 따듯한 기운의 순환주기를 판단할 수 있을 것이다.

오호츠크해기단: 오호츠크해기단은 장마가 시작되기 이전의 우리나라

기후에 영향을 미치며, 장마 전 건기의 원인이 된다. 발원지인 오호츠크해가 그리 넓지 않기 때문에 오랜 기간 영향을 미치지는 못한다. 오운육기의 운기상으로는 궐음풍목이나 목태과의 기운이 봄철에 작용할 때 강하게 나타나는 것으로 판단된다. 영동지방은 이 기단의 영향 하에 있을 때 한랭 습윤하여 음산한 날씨가 나타나지만, 영서지방은 높새현상으로 고온 건조하다. 높새 현상이 나타날 때의 최고 기온은 30℃를 훨씬 넘기도 하지만, 대기 중에 수증기량이 적기 때문에, 열이 저장되어 있지 않아 아침 기온은 낮다.

온난전선: 따뜻하고 가벼운 기단(氣團)이 차갑고 무거운 기단 쪽으로 이동하여 불연속면을 타고 그 위로 오르며 형성되는 전선이다. 폭넓은 구름이 발생하며 비를 내리게 하며, 진행 속도가 느리며 통과한 뒤에는 기온이 오른다. 운기상으로는 찬 일진이 도래할 때 나타날 가능성이 높다.

한랭전선: 한랭전선면의 경사는 온난전선보다 크다. 찬 기단이 따뜻한 기단 밑으로 파고들어 가 난기가 상승하게 되고 단열팽창에 의한 냉각으로 구름이 발생하여 비나 눈이 내리게 된다. 발생하는 구름은 적운 또는 적란운이 대부분이기 때문에 소낙성 비가 내린다. 뇌우를 동반하는 경우가 많고 그 강수 폭은 전선 전면과 후면의 폭 80~150km 정도에 이른다. 한랭전선의 전면에는 상승기류가 있기 때문에 전선이 가까이 오면 기압은 하강하며 돌풍을 일으키기도 한다. 전선이 통과하면 한랭기단 내에 들어가서 기온이 급강한다.

우리나라 추운 한극(寒極)과 더운 서극(暑極): 우리나라에서 최근 기록된 가장 낮은 온도는 1933년 1월 12일 중강진의 -43.6C이다. 남한에서는 1981년 1월 5일 경기도 양평의 최저기온이 -32.6C로 떨어져 음료수와 상수관의 동파가 발생하였다. 서울에서는 1927년 12월 31일에 -23.1C까지 기온이 하강하였으나 1980년 이후에는 -10C 이하의 온도가 나타나는 횟수가 크게 감소하였다. 1933년 1월 12일은 1932년 5운6기의 지배를 받는 기간으로서 1932년 초 운기가 찬 것을 고려하면 중강진의 온도가 그렇게 낮게 나타난 것을 이해할 수 있다. 나머지 한극과 서극의 자료에 대하여서도 운기론의 차원에서 검토를 하여 보는 것이 흥미로울 것이다.

북극진동: 북극에 있는 찬 공기의 소용돌이가 수십 일 또는 수십 년 주

기로 강약을 되풀이하는 현상이다. 이러한 찬 공기의 진동현상이 북극의 기온이 상승하면 찬 공기 소용돌이가 약해지면서 북극 지역의 찬 공기가 아래로 남하해 중위도 지역에 한파가 온다. 북극진동에 대한 운기론적인 해석은 다음과 같다. 주기적으로 진동하던 북극 지방의 찬 공기가 순환이 약화된 것은 일차적으로 경인년 경금의 해에 을경합화금의 금태과의 기운이 발생하였다(아래 운기표 참조). 그러므로 경금의 기운과 금태과의 기운이 복합적으로 작용하여 경인년에는 강력한 금기가 금극목 현상을 일으켜서 북극진동뿐만 아니고 제트기류의 운동마저도 약화시킨 것이 일차적인 원인으로 분석된다. 거기에다가 경인년의 전반을 지배하였던 금태과의 건조한 기운과 인신충 소양상화의 따듯한 기운이 경인년의 마지막 운기(5운6기 기간: 2010년 11월 22일~2011년 2월 1일)가 토태과와 궐음풍목으로 차지 않아서 북반구의 온도상승에 일조를 하였다. 결국 북극의 순환하는 기류의 약화와 경인년의 운기 그리고 온난화의 효과가 복합적으로 작용하여 북극과 북반구의 여러 지역 간에 온도구배를 심화시키고 상승기류에 따른 북극의 찬 공기를 유입시키는 역할을 한 것으로 판단된다.

<table>
<tr><td rowspan="2">庚寅年
기본 기운</td><td>天干</td><td colspan="10">庚金(경금)</td></tr>
<tr><td>地支</td><td colspan="10">寅木(인목)</td></tr>
<tr><td rowspan="2">庚寅年
유도된 기운</td><td>간합</td><td colspan="10">乙庚合化金(을경합화금) 작용에 의한 금태과(金太過)</td></tr>
<tr><td>지지충</td><td colspan="10">인신충(寅申沖) 소양상화(少陽相火)</td></tr>
<tr><td>계절</td><td colspan="2">겨울</td><td colspan="2">봄</td><td colspan="2">여름</td><td colspan="2">가을</td><td colspan="3">겨울</td></tr>
<tr><td></td><td>5운
6기
11.22.
~
1.6.</td><td>1운
1기
1.7.
~
3.20.</td><td>1운
2기
3.21.
~
4.1.</td><td>2운
2기
4.2.
~
5.20.</td><td>2운
3기
5.21.
~
6.8.</td><td>3운
3기
6.9.
~
7.22.</td><td>3운
4기
7.23.
~
8.12.</td><td>4운
4기
8.13.
~
9.22.</td><td>4운
5기
9.23.
~
11.15.</td><td>5운
5기
11.16.
~
11.21.</td><td>5운
6기
11.22.
~
2.1.</td></tr>
<tr><td>객운(하늘)</td><td>화불급</td><td>금태과</td><td>금태과</td><td>수불급</td><td>수불급</td><td>목태과</td><td>목태과</td><td>화불급</td><td>화불급</td><td>토태과</td><td>토태과</td></tr>
<tr><td>객기(지상)</td><td>태양한수</td><td>소음군화</td><td>태음습토</td><td>태음습토</td><td>소양상화</td><td>소양상화</td><td>양명조금</td><td>양명조금</td><td>태양한수</td><td>태양한수</td><td>궐음풍목</td></tr>
</table>

EPR 패러독스(유령의 원격작용): 1935년 EPR, 즉 아인슈타인(E), 포돌스키(P), 로젠(R)에 의해 쓰인 한 연구 논문과 더불어 시작된다. 이 논문에서

그들은 공통된 기원을 갖고 있는 두 개의 입자 혹은 광자를 갖고 행한 실험에서 비록 A와 B가 서로 격리되어 있으며, 두 개의 입자 혹은 광자가 서로 의사소통할 수 있는 방법이 전혀 없는 것처럼 보였음에도, 양자론은 이 두 개의 입자나 광자 중 A의 장소에 위치하고 있는 것의 측정 결과가 B에 있는 다른 것의 측정 결과에 의존하게 될 것임을 예측한다는 놀라운 사실을 발표함으로써 주목을 끌었다. 아인슈타인은 이 효과를 '유령의 원격작용'으로 언급하였으며, 보통은 EPR 역설로 불리고 있다.

적벽대전 동남풍: 역사상의 적벽대전은 동한 헌제 건안 13년(208)에 발생하였다. 이 대규모의 전쟁에서 손권과 유비의 연합군은 5만 명의 군사만으로 조조가 이끄는 수십만 대군에 저항하여 반격을 가했다. 연합군은 교묘한 화공법으로 조조군을 대파함으로써 위, 촉, 오 삼분정립 형성에 기초를 다졌던 전쟁이었다.

장마의 실종: 최근 장마 양상도 90년 들어 크게 변했다. 80년대 이전에는 장마전선이 6월 말부터 7월 초까지 서서히 북상하며 20~30일 동안 넓은 지역에 균등하게 비를 뿌렸다. 그러나 90년대 들어 이와 같은 '교과서적 장마'는 자취를 감췄다. 대신 장마전선이 특정 지역에만 1~2일 동안 수백mm의 국지성 호우를 퍼붓고 며칠 만에 엉뚱한 지점으로 북상하거나, 아예 소멸됐다가 8월에 태풍이나 가을장마와 함께 집중 호우를 뿌리는 등 불규칙해졌다. 이러한 현상은 기상 예측을 더욱 어렵게 만들고 있으며 따라서 전통적인 기상 예측의 방법과 함께 운기론적인 방법의 병행에 더욱 요구된다.

연간 강수량: 대한민국의 연간 강수량의 변화는 매우 크다. 그것은 온난화에 지속적인 증가에 따른 연도별 운기 특성에 의한 증폭현상에 영향을 받는 점이 큰 것으로 보인다. 연간 강수량의 변동률(ratio of variation)은 수문기상학적인 측면에서 중요하므로 온난화 효과와 강수 시에 빗물의 직접적인 증발에 따른 수자원 사이클의 단축현상이 지역적인 집중호우를 야기하는 원인으로 작용하고 있으므로 이에 대한 대책이 요구된다.

장동순

1952년생
서울대학교 공과대학 원자핵공학과 졸업
루이지애나 주립대학 기계공학 석사 및 박사
국방과학연구소·한국에너지기술연구원 연구원 역임
미 육군연구소 파견 연구원 역임
현) 충남대학교 환경공학과 교수(1990~)

연구분야
환경공학장치의 전산해석에 의한 고도 설계
동아시아 전통 유·무형문화재에 대한 과학적 탐구
易學과 "명복의상산" 오술의 과학적 해석과 실용적 응용
체질과 진맥, 풍수와 기상 그리고 운명과 미래 예측

저서
『동양사상과 서양과학의 접목과 응용』(1999)
『음양오행으로 풀어본 건강 상식 100가지』(1999)
『동양자연사상의 탐구(아산 연구 보고서 제70집)』(2001)
『체질을 알아야 氣 펴고 산다』(2003)
『체질에 맞는 스트레스 해소법』(2004)
『100년의 기상 예측』(2004)
『캠퍼스의 도사들』(2006)
『2005, 2006, 2007, 2008, 2009, 2011, 2012년 기상달력』
『易의 科學』(2007)
『산업용 탈수건조 기술』(2009)
『기상백서(2011년 신묘년)』(2010)
『생활동의보감(기본원리와 건강편)』(2011)
『생활동의보감 2편(체질심리편)』(2012)
『공학수학(동화기술)』(2012)
『얼굴형상체질의 인간경영 알고리즘』(2012)
『생활동의보감 3편(스트레스편)』(2012, 근간)

매스컴
SBS 한선교 정은아의 좋은 아침
SBS 건강스페셜 현대인의 스트레스(2회)
KBS 제1라디오 일요 건강강좌, 건강 365일 싱싱 건강 센스
MBC 라디오 손석희의 시선집중(2010년 기상 예측 인터뷰 2회)
MBC 라디오 손석희의 시선집중(2011년 9월 12일, 추석특집 동양절기이론과 기상 예측)
2003년 12월 25일, 동아일보 기상 예측 적중보도
2007년 주간조선 사람들
2011년 관훈클럽 동양기상과 풍수 특강

Oriental & Scientific

동서 기상학

Weather Prediction

초판인쇄 | 2012년 10월 5일
초판발행 | 2012년 10월 5일

지 은 이 | 장동순
펴 낸 이 | 채종준
펴 낸 곳 | 한국학술정보(주)
주 소 | 경기도 파주시 문발동 파주출판문화정보산업단지 513-5
전 화 | 031) 908-3181(대표)
팩 스 | 031) 908-3189
홈페이지 | http://ebook.kstudy.com
E-mail | 출판사업부 publish@kstudy.com
등 록 | 제일산-115호(2000. 6. 19)

ISBN 978-89-268-3815-0 93450 (Paper Book)
978-89-268-3816-7 95450 (e-Book)

내일을여는지식 은 시대와 시대의 지식을 이어 갑니다.